爱因斯坦与量子理论

[美] A. 道格拉斯·斯通 （A. Douglas Stone） 著

伍义生 译

机械工业出版社

本书简体中文版由普林斯顿大学出版社授权机械工业出版社在中华人民共和国境内地区（不包括香港、澳门特别行政区及台湾地区）出版与发行。未经许可之出口，视为违反著作权法，将受法律之制裁。

北京市版权局著作权合同登记　图字：01-2018-2230 号。

图书在版编目（CIP）数据

爱因斯坦与量子理论/（美）A. 道格拉斯·斯通（A. Douglas Stone）著；伍义生译. —北京：机械工业出版社，2019.4

书名原文：Einstein and the Quantum：The Quest of the Valiant Swabian

ISBN 978-7-111-62408-0

Ⅰ. ①爱… Ⅱ. ①A…②伍… Ⅲ. ①量子论－普及读物 Ⅳ. ①O413-49

中国版本图书馆 CIP 数据核字（2019）第 060568 号

机械工业出版社（北京市百万庄大街 22 号　邮政编码 100037）
策划编辑：徐　强　责任编辑：徐　强
责任校对：王明欣　封面设计：鞠　杨
责任印制：孙　炜
保定市中画美凯印刷有限公司印刷
2019 年 5 月第 1 版第 1 次印刷
169mm×239mm · 17 印张 · 326 千字
标准书号：ISBN 978-7-111-62408-0
定价：59.00 元

凡购本书，如有缺页、倒页、脱页，由本社发行部调换
电话服务　　　　　　　　　　网络服务
服务咨询热线：010-88361066　机 工 官 网：www.cmpbook.com
读者购书热线：010-68326294　机 工 官 博：weibo.com/cmp1952
　　　　　　　　　　　　　　　金 书 网：www.golden-book.com
封面无防伪标均为盗版　　教育服务网：www.cmpedu.com

权威推荐

通常人们认为爱因斯坦对物理学的主要贡献是相对论。但道格拉斯·斯通在这本学术性的、通俗易懂的书中令人信服地论证了爱因斯坦对量子理论发展所产生的深远影响。他以活泼、迷人和令人愉快的散文形式，明确地阐述了这个课题的确切发展历史。他让我们生动地了解到爱因斯坦的天才渗透到 20 世纪科学这一最令人惊叹的发展过程中。

——布赖恩·格林（Brian Greene），*The Elegant Universe*（《优雅的宇宙》）的作者

道格拉斯·斯通以他清晰而迷人的风格写出了科学史上最有趣的一个故事。尽管爱因斯坦后来不大喜欢量子理论，但斯通阐明了爱因斯坦在量子理论发展中所起的决定性作用。这是一个揭示爱因斯坦的天才和创造力本质的精彩故事。道格拉斯·斯通是讲述这个故事最恰如其分的人。我能听到爱因斯坦在期待中发出的轻盈笑声。

——沃尔特·艾萨克森（Walter Isaacson），*Einstein：His Life and Universe*（《爱因斯坦：生命的全部》）和 *Steve Jobs*（《史蒂夫·乔布斯传》）的作者

道格拉斯·斯通是一生都在使用量子理论探索引人注目的新现象的物理学家。现在他把他娴熟的写作技巧转向思考爱因斯坦和量子理论。他发现的并使人们能够广泛理解的爱因斯坦丰富多彩的思想，不是有关相对论，不是他与玻尔（Bohr）的争论，而是他100多年前对量子世界的洞察深度，现在道格拉斯·斯通将这一切生动而深入地向我们娓娓道来。这是一本美妙的书，生动、引人入胜，并且有着非凡的物理直觉。

——彼得·加里森（Peter Galison），*Einstein's Clocks, Poincare's Maps*（《爱因斯坦的钟表，庞加莱图》）的作者

马克斯·玻恩（Max Born）说："爱因斯坦毫无疑问地参与了波动力学的建立，没有任何借口可以反驳它。"道格拉斯·斯通在这本内容丰富和引人入胜的书中，发现和揭示了在这整个主题中爱因斯坦留下的印记。

——理查德·L. 加温（Richard L. Garwin），物理学家，恩利克·费米奖和国家科学奖章获得者

这本书里有很多非常好的内容。我非常喜欢它。没有其他的书能像这本书这样通俗易懂地概括了爱因斯坦在量子力学中的贡献。

——丹尼尔·F. 斯太尔（Daniel F. Styer），*Relativity for the Questioning Mind*（《质疑心灵的相对论》）的作者

本书简明、清晰、透彻……爱因斯坦在量子理论方面所做贡献的广度和深度变得非常明显……值得一读。书中表明，爱因斯坦著作中所包含的内容甚至比大多数量子物理学家所知道的还要多。道格拉斯·斯通说爱因斯坦的工作值得获四个诺贝尔奖，他的说法听起来是合理的，这也是对本书成就的衡量。

——格雷厄姆·法米罗（Graham Farmelo），*Nature*（《自然》）

道格拉斯·斯通在这本有许多关于爱因斯坦个人故事所渲染的非常生动的历史分析中令人信服地说明，虽然这位偶像科学家拒绝量子理论作为微观物理的最后理论，但量子理论的核心概念，包括波粒二象性、不确定性和一致性的意义确是爱因斯坦提出的。

　　——迈克尔·贝里（Michael Berry）爵士，*Times Higher Education*（《泰晤士高等教育》）

道格拉斯·斯通写了一本引人入胜的书，讲述了爱因斯坦对早期量子理论的贡献。他令人信服地说明，爱因斯坦的大部分工作是在1905～1925年这20年所做的，其贡献被历史性地低估了，量子理论的最初发展应该归功于爱因斯坦本人，而不是普朗克（Planck）或玻尔……这本书妙极了。

　　——保罗·爱德华兹（Paul Edwards），*Australian Physics*（《澳大利亚物理学》）

这是一本我毫不犹豫会推荐的好书……各个高校图书馆都应像每个公共图书馆系统那样尽可能多地获取这本书。它是送给物理学家或者科学迷们的极好礼物。

　　——约翰·杜普斯（John Dupuis），一位科学馆员的自白

物理学史上只有几本书我可以尽情地推荐给学者型的历史学家以及对他们的学科历史感兴趣的物理学家。由于道格拉斯·斯通的广泛研究和写作能力，《爱因斯坦与量子理论》确实是其中的一本好书。

　　——迈克尔·赖尔登（Michael Riordan），物理学史论坛

这是本引人入胜的书……用新的视角以及引用不为人知的来自爱因斯坦和他同行们的引证，使通常的历史变得鲜活。任何对此课题有兴趣的人，从学者到普通人，都可以阅读和享受这本书。

　　——*Choice*（《选择》）

《爱因斯坦与量子理论》将成为热力学、现代物理或科学史本科课程的优秀课外读物。道格拉斯·斯通用一种熟练而巧妙的方法概括了复杂的想法，即使是学科"小白"也能理解。

——*Physics World*（《物理世界》）

一本出色的五星级的书……如果你真的想要感受一下量子理论从何而来……读读此书非常值得。

——*Popular Science*（《大众科学》）

道格拉斯·斯通是个有才华的作家。他用犀利、干净、讽刺的散文形式将一套复杂的物理转换成直观的图像，并进行清晰的推理……甚至外行的读者也能掌握爱因斯坦开创性的建议和他所面对的理论问题的基本特征。在我看来，这是道格拉斯·斯通著作最令人赞叹的地方。

——罗伯托·拉利（Roberto Lalli），*Metascience*（《元科学》）

译者序

　　经典物理的两大支柱是牛顿力学和麦克斯韦电磁波理论，现代物理的两大支柱是量子理论和爱因斯坦的相对论。人们通常认为爱因斯坦的主要贡献是相对论，而量子理论则属于另一批科学家，如普朗克、玻尔、薛定谔、海森堡等。

　　作者在他的研究工作中发现，量子理论的开创人实际上应该是爱因斯坦，许多量子理论的革命性概念都是爱因斯坦最先提出的。因此作者在书中用了大量篇幅介绍爱因斯坦在量子理论方面所做的大量工作和突出贡献。爱因斯坦自己也说他在量子理论上所花费的精力是相对论的 100 倍。

　　1905 年爱因斯坦提出光量子理论，指出光波实际上是一系列的粒子，称为光子，光有时像波相互干扰，有时像粒子与物质交换能量。他最先提出了波粒二象性，又是第一个试图建立一个新的电子和力学理论来将它们结合起来的人。爱因斯坦还提出了固体比热的量子理论、光电效应理论，他还通过光量子研究辐射，通过比热研究原子力学。他还提出了量子理论的许多概念性支柱，如自发发射、辐射能的空间量子性质，他以完美的量子形式推导普朗克定律，提出光量子的"鬼场"概念来解释光粒子表现的与波相关的干涉性。另外，他还发现了新的数学工具——拓扑不变性，提出了量子混沌理论。

　　后人发展的量子理论都受到爱因斯坦的启发和影响。例如，薛定谬的巅峰之作波动方程是建立在爱因斯坦和德布罗意洞察力的基础上。海森堡用矩阵力学建立了一种新的量子力学，后来在爱因斯坦的启发下提出不确定性原理。玻色-爱因斯坦凝聚现象成为现代凝聚态物理学的基础。爱因斯坦提到的量子理论暗示了"远距离幽灵行为"，这种现在被称为"纠缠"的效应形成了量子信息科学的基础，这也是爱因斯坦的一个重大贡献。

综上所述，说爱因斯坦是量子理论的鼻祖、量子理论的开创者一点也不过分。再加上爱因斯坦相对论领域的工作，作者说爱因斯坦应该得四个诺贝尔奖也令人信服。

作者是以传记的方式，通过生动的故事来讲解爱因斯坦是怎样提出他的创造性思想的，读起来活泼生动，让感兴趣的读者不仅知晓了结果，还了解了思维的过程，包括成功的和不成功的。对于有志于从事科学研究工作的青年人，学习大科学家的这些思维过程是十分重要的。

科学知识是一代又一代科学家积累起来的，共同创造的。每一位科学家都离不开前人的努力以及同代科学家的切磋和讨论。作者在介绍爱因斯坦工作的同时，也介绍了历代和同代科学家的工作。从牛顿、库仑、法拉第、麦克斯韦、普朗克，到玻耳兹曼、洛伦兹、玻尔、薛定谔、海森堡等，可以让读者看到自牛顿以来物理学的发展轨迹，使这本书成为一本很生动的物理学史的教科书。

此外，为了讲清爱因斯坦的思想，作者还对几乎所有的物理学定律做了通俗易懂的讲解，如牛顿定律、库仑定律、法拉第的电磁定律、麦克斯韦电磁波理论、玻耳兹曼和洛伦兹的气体分子动力学、辐射定律、热力学三大定律、玻尔的电子量子轨道模型等等，所以这本书又是一本学习物理学基本理论的好书。

从这本书中我们可以了解到众多科学家为人类科学的发展所做的努力，学习他们的优秀品质，例如，麦克斯韦建立了经典电动力学，成为经典物理学的第二大支柱，他建立了完美的电磁波方程，有人赞美这是上帝的杰作，像蒙娜丽莎肖像一样完美。当有人说到他没有为此得到应有的奖励时，他平静地回答："我唯一的愿望就是按照上帝的意愿服务我们这一代人，然后平静地离去。"物理学家瑞利鼓励青年人从事科研工作，他说科学是一个巨大的海洋，凡有志从事这项工作的人都能在这个海洋里找到研究课题并取得成功。爱因斯坦本人也是这样，多年来人们轻视了他在量子理论方面所做的贡献，但他并不在意，他一心想搞清的是科学的根本规律，用他自己的话说，想知道上帝的心，他生命的后三十年全身心致力于建立描述自然的统一理论，虽然没有完成。

在爱因斯坦诞辰 140 周年之际，让我们重温被人们忽视的爱因斯坦在量子理论方面所做的贡献是对爱因斯坦最好的纪念。

由于译者水平有限，翻译不当之处还请读者批评指正。

伍义生

2019 年 3 月 10 日于北京

科学是已经存在的、已经完成的重要东西，是我们人类所知道的最客观的与个人无关的东西。科学是作为一个目标应运而生的东西，然而，科学同样是主观的，有心理条件的，就像其他人所做的努力一样。

阿尔伯特·爱因斯坦，1932 年

序言

　　这本书从一个特定的角度对量子理论的发明（或发现）进行了历史性的叙述，重点是阐述从 1905 年开始到 1926 年结束时阿尔伯特·爱因斯坦的贡献，在那时现代理论的基本形态已经形成了。我希望读者了解爱因斯坦在科学上被低估的一个方面，即他在量子理论发展成最终的可以接受的形式中所起的开创性作用。在马丁·克莱恩（Martin Klein）、T. S. 库恩（T. S. Kuhn）等人工作的基础上，我发表的论文阐述了这样一个观点：相比普朗克、玻尔和海森堡，爱因斯坦更应该被看作是在人类文明进展中推动智力进步的奠基人之一。在我看来，爱因斯坦的作用因为两个原因被低估了，一是公众可以理解的重点放在了他对相对论的突出贡献上；二是他最终拒绝将量子理论作为一个完整的"真正"的哲学基础理论。

　　本书的目标主要是进行历史性和传记性的描述，对量子理论引发的一些有趣的哲学问题我只做了简短的描述，如在自然中涉及的不确定性的基本问题、"幽灵般的超距作用"以及纠缠等。我之所以这样做首先是因为已有很多书专门写了这些话题，其次我希望这本书不要太厚，同时也为了让感兴趣的但非专业读者也能"消化"。由于后面的一个原因，我略去了基本量子理论中对一些话题的讨论（如自旋、费米统计，以及狄拉克在量子理论中的主要作用），因为这些内容都不涉及爱因斯坦。这不是一本有关量子理论起源历史的包罗万象的书。

一些读者评论我遗漏了这个理论中的某些主题，主要是那些与纠缠有关的主题。基于以下的理由这是很容易理解的。由于量子信息物理学与量子计算理论的发展，从 20 世纪末开始我们对量子理论的理解发生了重大变化。这个令人兴奋的新的研究领域（我在某种程度上参与了这项工作）把纠缠放在了核心地位，爱因斯坦认为正是这个概念证明了这个理论有致命的缺陷。粗略地讲，纠缠就是两个或多个距离很远的分开的量子粒子可以瞬间相互影响，并且不能认为它们是存在于独立的状态。

公认的是，爱因斯坦是第一个鉴别量子理论中纠缠性质的人。随后这个想法通过爱因斯坦-波多尔斯基-罗森（Einstein Podolsky Rosen）的 EPR 思维实验变得更加具体。过去四十多年中进行的许多不同的实验只是证实了爱因斯坦所担心的：分离的量子粒子的行为正如他在 EPR 文章中所预测的那样。在 EPR 文章中预测的违反直觉的"EPR 对"现在被认为是量子信息的"源泉"。因此，爱因斯坦试图对这一理论提出质疑成为他对现实本质的最后一次革命性的见解，很有讽刺意味。所有这一切的发展都发生在 1926 年之后，并超出了本书的范围，但我认为它同样是非常有意义的。

A. 道格拉斯·斯通
2015 年 3 月

致谢

　　本书是我在阿斯彭和耶鲁大学做了几次公开演讲之后开始写的，内容是关于爱因斯坦、普朗克以及量子理论的起源。那时我已经清楚本书的大部分内容是感兴趣的外行和大多数相关物理学家都知之甚少的。虽然有几位杰出的科学史家，如 T. S. 库恩、马丁·克莱恩、亚伯拉罕·佩斯（Abraham Pais）和约翰·斯塔切尔（John Stachel），写了优秀但很技术的作品分析了爱因斯坦在量子理论方面所做的各项工作，但没有一本书能够让一般读者把所有这些内容合成一幅完整的图画。我试图用本书填补这个空白，使它成为一本有趣的读物。本书是在收集了阿尔伯特·爱因斯坦的论文和大量的有关量子理论产生的优秀史学文献的基础上写作的，另外也结合了一些爱因斯坦的传记。在此，特别要感谢阿尔布雷希特·佛辛（Albrecht Folsing）和沃尔特·艾萨克森最近提供的材料。当我选择不在书中的脚注中注明文献来源时，所有的这些引用都会放在本书后面的参考文献中。我同样要感谢阿斯彭物理中心的支持，这项工作的一部分是在这里做的。

　　我要感谢在此书写作早期阶段已故的马丁·克莱恩的鼓励以及沃尔特·艾萨克森的慷慨建议和帮助，对第一次写书的人来说这是非常重要的。我很感激我的编辑，感谢她批判性地阅读我的手稿和她有益的见解，还有底波拉·沙斯曼（Deborah Chasman）对改进我初稿所提出的重要建议。我还想要感谢普林斯顿大学出版社的萨曼莎·哈赛

（Samantha Hasey）和埃里克·海尼（Eric Henney）在最后阶段为本书出版所做的准备工作。耶路撒冷希伯来大学阿尔伯特·爱因斯坦档案馆的芭芭拉·沃尔夫（Barbara Wolff）非常慷慨地给了我所寻求的有关著作权方面的建议和经验。安迪·森普（Andy Shimp）帮助我在耶鲁大学的图书馆系统中检索并提取到了很难找到的项目。我的父亲艾伦·斯通（Alan Stone）和我的妻子玛丽·施瓦布·斯通（Mary Schwab Stone）及时阅读了这本著作，给了我极大的帮助，至少让我保持了对本书写作的热情。我的儿子威尔·斯通（Will Stone）在汇编手稿的最终版本时在他繁忙的新闻工作中抽出时间作为我的编辑助理也协助了我的工作。

这本书献给我的父亲艾伦，他给我以知识的启迪，也献给我的妻子玛丽，她给我以情感上的激励。

目录

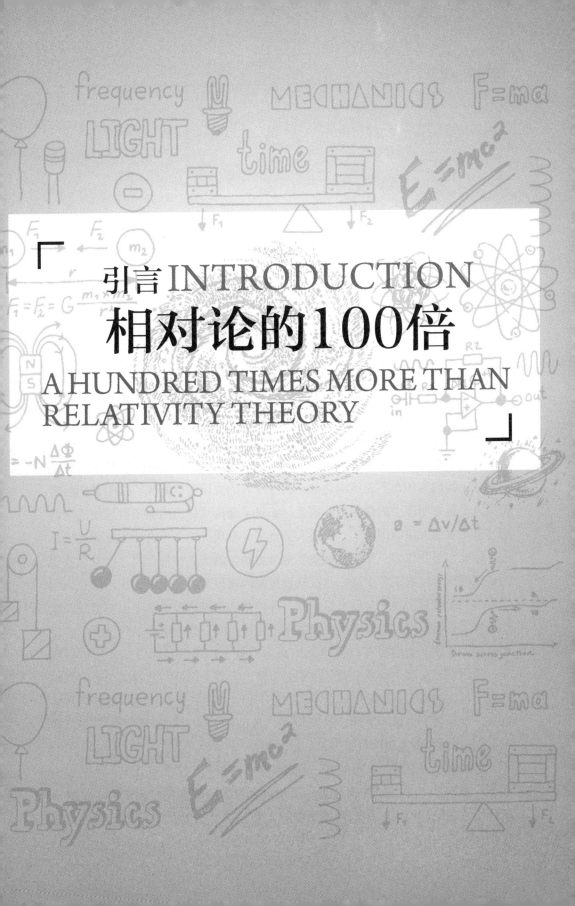

引言 INTRODUCTION
相对论的100倍
A HUNDRED TIMES MORE THAN RELATIVITY THEORY

"让我们看看爱因斯坦能不能解决我们的问题。"在我前 26 年的量子物理学研究中，这不是我曾经有过的想法，更没有这样说过。物理学家不阅读早一代大师的著作。我们从有意义的教科书中学习物理学，在这些书中思想是用冷冰冰的逻辑必然性叙述的，所提到的历史是净化过的，消除了伟大的"自然哲学家"的激情、自我和人性的弱点。毕竟，我们认为物理科学是一门累积的学科，我们为什么不应该淡化甚至删除前人的失误和误解呢？试图掌握然后扩展人类智力所产生的最复杂的概念，如量子理论所提出的原子世界的离奇的描述就足以让人望而却步了。讲述人类真实的发现历史会不会让人更混乱呢？

因此，当我作为一个大学生贪婪地学习科学的历史和哲学时，以及在我作为研究物理学家的实际生涯中我没有读过爱因斯坦写的一个字。我当然意识到了爱因斯坦对量子物理学做出过贡献。即使是一年级物理系学生也知道爱因斯坦解释了光电效应，能够说出关于光量子化性质的一些基本的东西。原子物理和我的专业固态物理都有以爱因斯坦命名的量子理论的具体公式。所以很明显，爱因斯坦在这个问题上做了重要的事情。但是人们最熟悉的关于爱因斯坦和量子理论的事实只是爱因斯坦不喜欢量子理论。他拒绝使用这个理论的最终形式。他被量子力学的不确定性所困扰，他的一句著名的话是"上帝不掷骰子"，他用这句话来驳斥量子力学的世界观。

尽管量子力学听起来很深奥，可以说量子力学代表了人类认识自然的最大成就。截至 19 世纪末，阻碍物理学进展的最基本的问题是：物质的根本组成是什么，它们是如何工作的？原子的存在已经相当清楚了，但显然它们太小了，无法以任何直接的方式观察到。从微观世界间接探测得到的提示是微观世界不服从早已建立的宏观牛顿物理学定律，但是科学家们能够用我们的日常经验理解和预测物体和力的性质吗？在量子理论出现前，几十年来答案是不肯定的。这个理论经受住了几乎一个世纪的检验和发展。这一理论已使人类获得原子核的内部深层和星系际空间真空的知识。这是大多数物理学家今天在他们的工作中所使用的理论。这是爱因斯坦拒绝的理论。因此，大多数物理学家认为爱因斯坦在这场智力胜利中扮演了一个重要的但仍然是次要的角色。

如果不是我自己的研究和这位伟大人物的研究出现了一个偶然的巧合，我可能在我的整个职业生涯中继续用这种传统的观点看待爱因斯坦和量子物理学。我对量子系统很感兴趣，如果这个系统不是微观的而是放大到日常的比例，它会表现得很"混乱"。在物理学中这是一个技术术语，它意味着系统初始状态的非常小的差异，会导致最终状态产生很大的差异，类似于一支暂时平衡在尖端的铅笔在最小的空气扰动下就会向左或向右倒。我和我的一位博士生寻找解释这种困难的理由，说明为什么这种不稳定的情况和量子理论混合在一起时会产生这种困难。我记得听说过爱因斯坦在 1917 年写过与此有关的什么东西，几乎像玩一样，我建议我们看看这项工作是否与我们的任务有关。

老天给我们开了一个大大的玩笑。当我们最终开始写文章时，我们很快意识到爱因斯坦已经发现了这个问题的本质，并阐明了何时它有解，而这是在现代量子理论发明之前。此外，爱因斯坦关于这个问题写得很清楚，所以，一个世纪后他好像在直接对我们说话。这个分析没有什么过时的或离奇的东西。在很长一段时间里，我第一次发现我在想："哇，这个人真是个天才。"

这样的经历激发了我对爱因斯坦和量子理论实际历史的兴趣，当我探讨这个问题时我得出一个惊人的认识，是爱因斯坦介绍了几乎所有的奠定量子理论的革命思想，他是首先看到这些想法意味着什么的。他对量子理论的终极否定是类似于弗兰肯斯坦（Frankenstein）博士回避他原先为人类的利益而创造的怪物。难道爱因斯坦没有这样做吗？他很可能会被视为现代理论之父。

这不是人们可以从任何流行的爱因斯坦传记中能够提炼出来的观点，这些传记的重点始终放在他建立的相对论上。尽管如此，我惊奇地发现在爱因斯坦科学成就众多的生涯中，他大部分时间是痴迷于解决量子理论的问题，而不是相对论。他对他的朋友诺贝尔奖获得者奥托·斯特恩（Otto Stern）说："我对量子问题的思考是对相对论的一百倍。"

重要的是要明白，尽管相对论是现代物理学重要的一部分，然而对于我们大多数人来说，量子力学是万物论。量子力学解释元素周期表、控制太阳的核反应，以及导致全球变暖的温室效应。量子辐射理论和电传导理论奠定了现代所有信息技术的基础。此外，量子力学已经包含了相对论（"狭义相对论"）部分。现代弦理论家及其广为宣传的"万物论"的目标是量子力学也要包含全部广义相对论。因为量子力学是大魔法师，我们理应感谢爱因斯坦在 20 世纪物理学的"其他"革命中所起的作用，感谢他在量子理论中所起的作用。

要了解爱因斯坦在这场革命中的重要作用，有必要了解他面前的情况。在这个问题上，有一位杰出的德国物理学家马克斯·普朗克（Max Planck）是他的先驱，后面我们将从他身上学到很多东西。普朗克是第一个认可爱因斯坦 1905 年开创性的相对论工作的主要人物，他成为爱因斯坦在科学界最伟大的捍卫者，也是他最亲密的朋友之一。但是爱因斯坦在量子理论中的工作是另一回事。有的时候人们更容易承认那些不属于你自己风格的天才。普朗克没有研究相对论所解决的问题，但他研究了量子理论。事实上，是普朗克而不是爱因斯坦被普遍认为是量子理论的鼻祖，他在 1900 年 12 月热辐射研究的基础上创立了量子理论。普朗克，一个真正令人钦佩的科学家，在新世纪开始起到了不可估量的作用。但这样的作用是什么，它意味着什么，事实并不像教科书所写的那样。

在普朗克取得历史性进步的时刻。刚从苏黎世联邦理工学院毕业的年轻的爱因斯坦痛苦地意识到：物理学术界不需要他。他已经和他的同学米列娃·玛丽克（Mileva Maric）订婚了，他的痛苦，无论是实际生活上的还是科学上的都大大增加了，但他仍保持着大胆的自信。这可以从他给米列娃写的信中给自己选择的幽默的昵称"英勇的斯瓦比亚（Swabian）"看出来，英勇的斯瓦比亚出自斯瓦比亚浪漫主义诗人路德维希·乌兰德（Ludwig Uhland）发明的神气活现的十字军骑士。爱因斯坦刚刚向《物理学纪事》（*Annalen der Physik*）提交了他的第一篇论文，是关于液体界面的，他提出了一个新的也是最简单的原子间力的描述。这标志着他毕生追求原子尺度上的物理定律开始了。

第1章 CHAPTER 1
"绝望的行为"
"AN ACT OF DESPERATION"

1900 年 10 月 19 日星期五晚上，普朗克这位世界领先的热科学专家经历了一场物理学的最糟糕的噩梦。一年前，他以他的声誉打赌说他能够提出一个理论解决热与光之间关系的问题。今晚在这个德国物理学会的会议大厅，聚满了十几年来普朗克最亲密的同事，另一位科学家将会公开宣布普朗克已经知道他在过去五年中得出的理论是错误的。这个理论是建立在他亲密的朋友威廉·维恩（Wilhelm Wien）工作的基础上，是以叫作普朗克-维恩定律的数学方程式表示的。

一位发现普朗克-维恩定律问题的科学家费迪南·克鲍姆（Ferdinand Kurlbaum），被安排在那天晚上第一个发言。他是普朗克的一个朋友，也是最亲密的同事，克鲍姆不打算在数学上或逻辑上攻击普朗克理论。普朗克毕竟是世界上最伟大的专家，由于他对热力学（热流和能量的物理）的深刻理解而广受尊敬。克鲍姆只是给出他和他的合作者海因里希·鲁本斯（Henrich Rubens）精心收集的测试普朗克-维恩理论预测的硬数据。这些数据显示"大自然有一种不同的做事方式"，这是引用理查德·费曼（Richard Feynman）的话。

如果普朗克本身是一个实验者，如鲁本斯和克鲍姆，在那天晚上他的名声就会少些危险了。但普朗克是一个新型的物理学家，一个理论物理学家，没有实验室或仪器。理论家的工作是简单地预测和理解物理系统，从恒星和行星到原子和分子，利用已知和公认的物理定律进行数学推导。能够成功地提出一些物理定律修正的理论家凤毛麟角（经验告诉我们大约一个世纪两次），但他们大多是大师级工匠，他们的声誉取决于他们如何使用他们的智能工具。当然在普朗克之前有伟大的理论物理学家艾萨克·牛顿（Isaac Newton）、詹姆斯·克拉克·麦克斯韦（James Clerk Maxwell）和路德维希·玻耳兹曼（Ludwig Boltzmann），我们列出这三位与我们的故事有关联的名字，但只有在 19 世纪末这种分工才被学术界正式认可，仅凭思想猜测自然的理论物理学家才得到公认。当普朗克于 1889 年在柏林大学任职时，它是德国唯一的理论物理学专家，也是世界上屈指可数的理论物理学家之一。

因为一个理论家没有测量报告也没有任何发明可以证明他的理论，他只能根据他的理论预测是否能描述重要现象来判断，并通过实验加以证实。一个实验者可以进入实验室，并在不必知道他在寻找什么的情况下做出伟大的发现，有时甚至做出了发现却没意识到这个发现。许多诺贝尔奖授予这样的意外发现。总之，一个好的实验家也可以是幸运的。另一方面，一个好的理论家则必须是正确的。实验者玩扑克，理论家下棋。下棋输了并不是"运气不好"输的。普朗克那个晚上的问题是他在与自然的搏斗中犯了严重的错误，这个错误就是在普朗克等待他的发言时被克鲍姆揭露出来的。他需要设法挽救残局，即便是先暂时保住他作为一个理论家的声誉。

究竟是什么问题让令人尊敬的普朗克教授绊了一跤呢？这是看似简单的一个热物体能发光多少的问题。伟大的苏格兰物理学家詹姆斯·克拉克·麦克斯韦在 1865 年曾说过，可见光和热辐射是同一物理现象的不同表现，都是以光的速度通过真空空间传播电能和磁能量。可见辐射（"光"）和热辐射之间的差别只是波长。光的波长约为一米的一百万分之一的一半，热辐射波长是光波长的二十倍，约一米的十万分之一（这仍然比人类头发宽度的八分之一还小）。这种原本存储在原子（物质）内的能量发射时就产生辐射，它可以作为电磁波传播很远的距离被物质吸收⊖。在任何封闭的空间，这种情况反复发生直至电磁辐射与物质的能量份额达到平衡。

因此物质不断地发射和吸收所有的辐射。所有的物体是发光的，不管我们是否能看到它们的辐射。决定我们是否能看到它的是物体的温度。在室温下物

⊖ 电磁辐射不是唯一的远距离传播热量的方式。通常一个热的物体（如电炉上加热的线圈）直接加热周围的空气，当空气对流与其他物体接触时就会加热这个物体。

体主要以热（红外线）辐射发光，这个波长是我们的眼睛看不见的（除了"夜视镜"）。当金属热到足以发出一小部分电磁辐射为可见光时，发热金属的红光就会出现。太阳的表面，甚至更热，它的大部分辐射是在可见光波段。

马克斯·普朗克在过去的五年中研究的热物理学的中心问题是理解和用一个数学公式精确地预测在给定温度下物体在每一个波长产生的电磁能量。[一] 这个公式是热辐射定律，物理学家知道这样的公式已经存在 30 多年了，但是这个时代最聪明的人也不能从理论上找到正确的定律并理解它。稍后爱因斯坦自己评论到："如果理论物理学家在这个电磁辐射定律上牺牲的大脑物质可以放到秤上称量的话就能得到启发了，但是看不到这种残酷的牺牲什么时候是个尽头！"1899 年，大约一年半以前，普朗克认为他找到了答案，并自豪地预定在今晚的讲话中向同样的听众宣布他的结论。在早些时候的会议上，他从数学上推导出了一个通用曲线或图的方程式，水平轴为温度，垂直轴为电磁能量。

当前的发言者，克鲍姆和鲁本斯所提交的正是对这条曲线的测量，这时普朗克正在等待观众的回应。数据显示出一条整齐的直线，表明物体辐射的红外能量与温度的增加成正比。在同一张图上普朗克-维恩所预测的是一条彩虹般的曲线，甚至与实际测量的数据点没有任何相似之处。

普朗克知道这一刻即将来临。鲁本斯是他的私人朋友，他和他的妻子十二天前去拜访了普朗克，准备在星期日一起吃午饭。物理学家们历来如此，鲁本斯开始谈论商店，然后告诉普朗克他在过去两年里执着地捍卫的热辐射定律与他们的新数据极不相符，这些数据显示辐射与温度呈有趣的线性变化关系。正是他的这一引人注目的理论的失败，将会很快要求普朗克先生进行"解释"。因此，即将到来的讨论显示出极为尴尬的种种迹象。

普朗克不再是年轻人了，虽然他是个有名的精力充沛的人，可以一直爬山爬到 70 多岁。42 岁时，他的头发在他那锐利的眼睛上方逐渐脱落，不规则地秃到额头顶部。他有许多普鲁士同事赞美的浓密的八字胡，穿着整洁的学术风格的高领白色衬衫、黑色的领结和外套，戴着夹鼻眼镜。作为一个年轻人，他以最理想主义的理由进入了科学领域："我决心献身科学是这一发现的直接结果……纯粹的推理可以使人们深入了解自然法则的机制……在这一点上，最重

要的是，外部世界是独立于人的东西，是绝对的东西，探寻这些规律是我一生中最崇高的科学追求。"在他早期的学术生涯中，他被热科学和热力学所吸引，因为它是建立在两个绝对定律的基础上的。第一定律指出热是能量的一种形式，第二定律控制热量的流动和热能转化为有用功的可能性，如蒸汽机。第二定律采用了神秘的熵概念（粗略地说，是物理系统中无序的数量），而普朗克则把他的职业生涯建立在对这个深奥概念的解释和应用上。这就是他现在有麻烦的原因。

图 1.1 中原始数据显示了在频率固定下黑体辐射能量（垂直轴）随温度（水平轴）变化的测量结果，并对辐射定律的不同理论的结果做了比较。数据点用不同类型的符号表示，不同类型的虚线代表不同的理论。有灰色轮廓的长破折曲线代表维恩定律，和测量数据相差很大。小破折线代表一个没有历史重要性的经验公式。点画线是瑞利-金斯定律，它在这个测量的长波（低频）段吻合得很好（但在其他实验中不成立）。实线是普朗克定律，拟合得最好，也适用于更高频率。图 1.1 是在普朗克提出了他的定律之后不久的 1901 年给出的。1900 年 10 月，他仍然认为维恩定律是正确的。关于辐射定律的更多细节见附录 B。

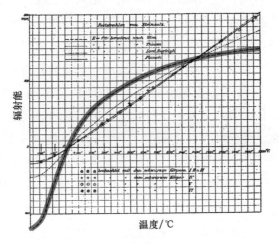

图 1.1   辐射能量与温度的关系

普朗克不是根据猜想提出的热辐射普朗克-维恩定律，而是基于他可能会修改的临时假设。然而恰恰相反，就在一年多之前，他站在同一组物理学家面前向他们证明这条定律除热力学第二定律外没有任何其他假设。他斩钉截铁地说："这项定律的效力限度与热力学第二定律的效力是一样的。"这话说得太重了，普朗克-维恩定律被认为像第二定律本身一样坚实！爱因斯坦也是热力学的崇拜者，他说："它是在其基础概念的应用框架里，唯一永远不会被推翻的关于宇宙内容的物理理论。"（而且，到目前为止他是正确的）因此，如果世界级专家普朗克说他从第二定律中直接导出了热辐射定律，那么这个案子就算定了。不幸的是，普朗克的理论与数据并不一致。

因此，当普朗克当晚登上领奖台时，他的目标不是科学革命，而是挽回残局。尽管如此，他不失为一个追求真理的人，他不愿意逃避不愉快的事实。后来他鄙视英国理论家詹姆斯·金斯（James Jeans）就是因为这样的行为，普朗克认为："他是理论家的榜样，他不应该这样……他不应该因为事实不符就表现得如此糟糕。"普朗克站起来面对观众说："长波长光谱能量测量的有趣结果……证实了这种说法……维恩的能量分布规律不是普遍有效的。因为即便是我在这个学会上也表达过维恩定律一定是真的观点，也许可以允许我简单地解释一下由我建立的理论和实验数据的关系。"

理论和实验的"关系"当然是普朗克-维恩理论是错误的，普朗克在他自己的讲话中不能这么说。但他确实在他早期的论证中发现了一个弱点，并承认热力学第二定律本身并没有足够的力量来回答这个问题。一定还有一些新的原则。由于普朗克在旅途中失去了目标，面临寻找答案的强烈的压力，因此做了一件极不寻常的事。普朗克不是一个冲动地进入未知世界的人，按他自己的描述他是"天生……平静的，拒绝所有可疑的冒险"。然而，在十月的那个晚上，他决定要这样做。随之而来的是科学史上最重要的即兴创作。

普朗克很幸运，他的朋友鲁本斯给了他警告说他的理论是错误的。此外，鲁本斯的数据提供了一个错在什么地方的重要线索。早期的实验已经表明，普朗克-维恩定律对于非常热的物体发出的可见电磁辐射，也就是短波长辐射符合得很好。鲁本斯和克鲍姆的新实验不仅显示这个定律不适合不太热的物体发出的红外线波长，而且也显示出它究竟是如何失败的。美妙的呈直线的数据告诉普朗克，与普朗克-维恩定律预计的相反，辐射能必须与温度成比例关系。对普朗克来说问题类似于填充一行字谜游戏，而这个词的结尾是已知的，而且现在有人给他填了第一个字母，告诉他原来的猜测是错误的。在十二天前的一个星期日晚上，鲁本斯已经警告过他这个问题，受此启发普朗克以他的数学洞察力已经猜到了热辐射定律的正确数学公式。现在，在会上他公布了他的新公式，很快就成为不朽的普朗克辐射定律[⊖]。他又随意画了一张草图将他的新定律与鲁本斯和克鲍姆的数据比较，它得出的结果与数据点线完全吻合。他总结说："因此我应该被允许请大家注意这个新的公式，我认为除了维恩的表达，它是最简单的和最可能的结果。"

由于直觉上的这一巨大飞跃，普朗克取得了平局，但不是胜利。理论家们不应该仅仅靠猜测正确的公式来描述数据，他们应该从物理学的基本定律中推导出这些公式，在那时基本的定律是牛顿力学定律和引力定律以及麦克斯韦的电磁理论和热力学定律。因为普朗克的新定律不仅仅是一种"好奇心"（如他自己所说），他必须把它与更一般的物理定律联系起来。正如普朗克本人所说："即使辐射公式的绝对精确性被认为是理所当然的，只要它只是靠一个幸运的直觉所揭示的定律，它就不可能期待拥有比形式上的意义更重要的东西。为此，在我得出这项定律的那天，我开始致力于具有真正物理意义上的研究。"

我们将在后面的故事中充分解释普朗克新推理的细节。此时此刻，我们只需说他在"生命中最艰苦的几个星期"之后又"在黑暗中看到一些光明"，普朗克再次来到德国物理协会为他的辐射定律辩护。1900 年 12 月 14 日那次演讲的过程中，他对人类说出了两句意义无法估量的话：

然而，我们认为这是整个计算过程中最重要的一点。（能量）E 是由一个非常明确的相等部分的数量构成的，并随之用作自然常数 $h = 6.55 \times 10^{-27} \mathrm{erg} \cdot \mathrm{s}^{\ominus}$。这个常数乘以频率 ν……得出能量元 ε。

普朗克表明，从这个假设和当时有争议的原子统计理论出发就能得出他的新的热辐射定律。但是如果是这样的话自然科学就越过了哲学的界限：最终，自然世界的精美的牛顿描述将失去焦点，变得模糊和不确定。自然过程的均匀流动会让位给突然跳跃和崩塌的原子世界。光本身会成为粒状，背离波的性质，也使麦克斯韦和其他人在 19 世纪取得的巨大成就黯然失色。所有那些指望科学来阐明宇宙的人，都必须习惯于认可"幽灵般行动"的世界观，即现

⊖ 此外，旧的术语指的是不正确的定律，"普朗克-维恩定律"很快地就被调整为"维恩定律"，从物理学经典中删去了普朗克原始错误的证据。

⊖ $1 \mathrm{erg} \cdot \mathrm{s} = 10^{-7} \mathrm{J} \cdot \mathrm{s}$。——译者注

实的现代量子观。

普朗克的洞察力真是太高明了，这是一个天才的举动。他引进的新定律将写有他的名字，只要有先进的人类文明，科学家就会使用它。事实上，据我们所知，它现在可能在非人类文明中也被使用 ⊖。从这个洞察所产生的量子理论无疑是牛顿物理学以来最重要的进步。

所以到了 1900 年 12 月，普朗克改变了物理和化学中的一切。唯一的问题是他没有意识到这一点。作为一名著名理论家，普朗克仍然处于濒死体验的恢复期。后来他说他得出量子假说是"一个绝望的行为"。现在，他松了一口气，将"能量元素"置之度外："我认为'量子假说'纯粹是形式的假设，除了在任何情况下不惜一切代价获得一个积极的结果，我没有多想。"整个物理界都同意这种说法，就像一个心照不宣的家庭永远不再讨论创伤事件。

虽然普朗克没有意识到这一点，但他从古典物理学的大厦中抽掉了一块基石，整个结构要再过二十五年才能坍塌。然而，当时没有什么直接的反应。在此后的五年里，普朗克和当时的伟大物理学家都没有接受普朗克思想的内涵和外延。无论是荷兰的令人尊敬的亨德里克·洛伦兹（Hendrik Lorentz），还是维也纳深不可测的路德维希·玻耳兹曼（Ludwig Boltzmann），或者普朗克的亲密同事们都没有接受挑战。一切留给了在瑞士伯尔尼生活的 25 岁的专利审查员和标新立异的理论家。和普朗克一样，热力学和统计力学是他作为物理学家的第一个爱好。此外，他从小就被麦克斯韦方程组和电磁辐射所吸引。然而，与普朗克不同的是，虽然他曾被学术界拒之门外，但名誉没有受到损失。他当时正处于飞跃的边缘，而普朗克和当时其他伟大的物理学家甚至没有意识到。他正要给普朗克的辐射定律提供最彻底的解释：它暗示了原子尺度上运动的不连续性。他将以一篇他自己称为"革命"的文章开始这场变革，他的名字叫阿尔伯特·爱因斯坦。

⊖ 令人惊讶的是稳重的普朗克说的有些东西指外星人，我们将在第 14 章中看到。

第2章 CHAPTER 2
无理的斯瓦比亚
THE IMPUDENT SWABIAN

　　我们不知道海因里希·韦伯（Heinrich Weber）开始轻视阿尔伯特·爱因斯坦的确切时刻，那肯定不是在第一次见面的时候。韦伯教授是苏黎世联邦技术学院物理系的负责人，这是瑞士苏黎世的一所新兴工程学校，现在被称为"苏黎世联邦理工学院"。1895 年，当韦伯和爱因斯坦第一次见面时，这个学院（当地人称为"Poly"）对年轻的爱因斯坦有巨大的好处，因为他们不需要高中文凭。这特别适合爱因斯坦，因为他在最后两年没有得到父母同意就从他就读的德国一所著名的高中退学了（在慕尼黑卢伊特波尔德体育馆），理由是一个诊断模糊的"神经衰弱"。事实上，他讨厌学校，并且他的父母曾离开慕尼黑去意大利赚钱，他认为没有理由坚持下去。1894 年 12 月下旬，15 岁的爱因斯坦出现在米兰他父母家的门口，"坚决地向他们保证"他会自学，保证明年秋天能有资格考取苏黎世联邦理工学院（后文简称理工学院）。

　　爱因斯坦确实已经自学成才，他自学的微分和积分远远领先于学校课程。为了能合格进入理工学院，他采取了预防措施，从慕尼黑老师那里获得了高等数学成绩的一封信。有了这张证书，他于 1895 年 10 月将自己介绍给苏黎世理工大学校长阿尔宾·赫尔伯格（Albin Herzog），作为一个"神童"，他应该被允许在达到要求的最低年龄之前一年半参加入学考试。正是在这个时候，他遇到了韦伯教授，他是一位内敛而有尊严的科学家，虽然他不是一位具有历史地位的物理学家，却是一位受人尊敬的热力学实验研究者。

　　在入学考试中，爱因斯坦证实了他数学老师的判断，在测试的数学和物理部分表现出色。然而，他既不喜欢也不擅长那些需要大量记忆的科目，所以他没有通过一般部分的考试，其中包括文学、法语和政治科目。因此他未能获准进入理工学院。然而，他在数学和物理方面的出色表现给韦伯留下了深刻的印象，他违反规定邀请爱因斯坦参加他自己的二年级物理学生的讲座。但仍然有一个小的入学资格问题，他还没有参加这一专题讲座的资格，而实际上爱因斯坦在这一专题上已经很优秀了。所以，在赫尔伯格的建议下，爱因斯坦在附近的阿劳（Aarau）市区高中再学习正式的课程一年。他在那里茁壮成长，1896年10月期末考试中获得了第一名，并被自动录取进入理工学院。

就在那时，他和韦伯的亲密关系开始了。韦伯是主要的物理老师，爱因斯坦从他那里学习了十五门课程，其中在课堂上学习十门，在实验室学习五门，他在所有课程中都做得很好。他的第一堂物理课是韦伯给他上的，韦伯立刻给他留下了深刻的印象。"韦伯关于热的讲座……轻车熟路。我期待着从他的一个讲座到下一个讲座"，爱因斯坦1898年写给他的同学和未来的妻子米列娃·玛丽克的信中这样说。爱因斯坦从小就对物理学产生了浓厚的兴趣，从他5岁时接受指南针的经验开始，这向他揭示了看不见的力量的存在。起初，在理工学院他对物理的早期爱好是培养出来的，他以很好的学术表现做出回应：在他的头两年里，他通过了中级文凭考试，总成绩为5.7分，满分是6分，名列全班第一。

但此时出现了一个问题。爱因斯坦意识到在过去二十年中物理学理论取得重大进展，特别是改变世界的麦克斯韦的电磁理论和玻耳兹曼的大胆的气体统计理论。他徒劳地等待着这些令人兴奋的想法出现在他的教室里。韦伯是一位保守的科学家，他不打算教授这些最新的、先进的数学发展。一个同学说："（韦伯）演讲很出色，但……现代发展完全被忽视了。在完成学业的过程中，人们了解了物理学的历史，但不了解现在或将来。"特别是，"爱因斯坦想学习一些关于麦克斯韦的电磁理论的决定性的东西的想法没有实现。"在最后一学期，当爱因斯坦听到数学家赫尔曼·闵可夫斯基（Hermann Minkowski）一个有关牛顿定律的现代构想的讲座时，他对同学说，"这是我们听到的关于数学（理论）物理的第一次演讲"，韦伯这种拒绝承认物理学中新思想的存在显然复活了爱因斯坦个性中的长期特征，在课堂上无视权威。

在以后的生活中，爱因斯坦多次谈到他的早期教育是受到严格管制的，特别说到他如何不喜欢德国的教育系统，如1894年他逃离的卢伊特波尔德中学。但与他同时代的人，甚至那些同样具有犹太背景的人，都不记得这所学校是压迫性的。事实上，在爱因斯坦自己的生活方式中似乎有某种东西使他回忆起冲突，他有一种使老师分心的诀窍。在这所中学他的拉丁语教师，约瑟夫·戴根哈特（Joseph Degenhart），沮丧地做出了历史上一个巨大的错误预测："爱因斯坦会一辈子一事无成。"当爱因斯坦坚持他提出的看法没有错时，戴根哈特回答说："仅仅你在这里的存在就破坏了班里同学对我的尊重。"在离开这所中学到阿劳学习时，尽管他对这所学校很有感情，但他对老师的不尊重的态度并没有改变。一次野外旅行时，地质老师姆赫尔伯格（Mühlberg）问他，他们观察的地层是向上走还是向下走？他回答："对我来说，向哪走都一样，教授。"一个阿劳同学回忆他对年轻爱因斯坦的印象时这样描述："一股寒冷的风吹着那个衣着庄重的莽撞的斯瓦比亚……对自己深信不疑，他那灰色的毡帽从黑色浓密的头发上往后退，他快速地上下使劲地走着，我几乎可以说那是一种承载着整个世界的永不停息精神的疯狂节奏。什么也逃不过他那大大的棕色眼睛的锐利目光。走近他的人立刻就被他优越的人格所感染。他的讽刺性的撇着的嘴显示他不屑与市侩结交……他的机智嘲讽会无情地抨击任何自负或装腔作势。"

在苏黎世学习的第三年，无理的斯瓦比亚再次冒头，让韦伯教授十分不满。爱因斯坦开始逃课，独立学习现代作品，在房间里或咖啡厅里和朋友们"神圣热情地"讨论问题。韦伯注意到，与其他的学生不一样，爱因斯坦总是称呼他"韦伯先生"而不是"韦伯教授"在当时的日耳曼大学里这是一种傲慢的姿态。虽然爱因斯坦继续在韦伯的课上做得很好，但他的傲慢浮出水面，最明显的是在韦伯同事吉恩·佩尔内（Jean Pernet）的实验课上。在每次实验课开始时，学生都会拿到一张说明或"便条"告诉他们如何执行要求的工作。爱因斯坦这时会卖弄地把纸条扔在废纸篓里，继续使用自己的方法。这激怒了佩尔内，事出有因，爱因斯坦的探索最终导致实验室发生爆炸造成损伤，他的右手需要缝几针，让他沮丧的似乎只是因为这阻止了他几个星期不能拉小提琴。佩尔内似乎是真的误解了爱因斯坦的能力，他说："你的工作不缺热情和诚意，但缺乏能力。"当爱因斯坦争辩说他觉得他在物理上的确有天分时，佩尔内回答道："我只是为你好才想提醒你。"最终佩尔内不只是警告爱因斯坦，他评定他的课程不及格，让他留校察看。

韦伯教授当然意识到了这一切，也一定感觉到爱因斯坦因为他落后的教育方式而失去了对他的尊敬。在爱因斯坦学习的第三学年，韦伯已经对这个年轻人很不喜欢了，最后他当面批评爱因斯坦："你是个非常聪明的男孩，爱因斯坦，一个异常聪明的孩子，但你有一个很大的缺陷，你永远也不会听别人说什么。"当然，韦伯总体上是对的，除了他选择了"缺陷"这个词。

在他最后一学年的末尾，1900 年的春天，很明显爱因斯坦与他的前任导师成了仇人。在期末考试之前爱因斯坦必须交一份毕业论文给韦伯。韦伯拒绝了爱因斯坦早先的一项电流和热流的电子理论研究课题，爱因斯坦不得不顺从地讨论热传导中一个更普通的课题，他对此兴趣不大。期末考试前三天，当爱因斯坦为准备这个毕业论文面临相当大的压力时，韦伯要他把整个毕业论文再抄写一遍，因为他没有使用"规定用纸"提交毕业论文。最糟糕的是，韦伯给这篇论文的成绩是一个差分 4.5 分，满分是 6 分。

如果不是他轻率地做出了另一个决定，他和韦伯闹翻可能近期对他没有重大的影响。虽然理工学院物理系没有名望很高的学者，但数学系确实有，特别是数论与函数理论家阿道夫·胡尔维茨（Adolf Hurwitz）和几何数论理论家闵可夫斯基，爱因斯坦对他的数学物理讲座很钦佩。闵可夫斯基后来将爱因斯坦的狭义相对论描述为四维时空。他戏剧性地声明，"从此独立的空间和时间将注定淡出到纯粹的阴影中，而只有两者的统一才能保证一个独立的现实世界。"这句话使他超越科学而闻名。爱因斯坦坚定的献身理论的决心和他的数学天赋给这位重要的人留下了深刻的印象，承诺让他参加他们的高级班。但爱因斯坦自认为他已懂得了他想做的物理研究所需的全部数学，并专注于他对当代物理学的独立研究。这位在他的年代决定在课程中途跳过最具挑战性的数学课程的最优秀的学生没有被忽视。几年后，闵可夫斯基告诉物理学家马克斯·玻恩（Max Born）（爱因斯坦未来的亲密朋友），称爱因斯坦的成功是一个巨大的惊喜，因为爱因斯坦在他的学生时代一直是一只"懒惰的狗"，他根本就不为数学烦恼。因此，1900 年 6 月的毕业典礼上，爱因斯坦疏远了所有他真正需要的教授，错过了他可以向这些教授要求的可能是真正需要的东西，作为一名学术助理的位置。这是一个年轻的毕业生准备从事研究和教学事业的通常方法，因为它的报酬很低，按惯例通常是很容易得到的，尤其是像爱因斯坦这样有前途的学生。

然而，对于年轻的爱因斯坦来说结果却不是那样。首先，他临时抱佛脚，用他的朋友和同学马塞尔·格罗斯曼（Marcel Grossmann）的笔记也没能弥补他跳过的很多课程。他在期末考试中表现平平，而由于他从韦伯那里得到的文凭分数太低，他是四个及格的物理学生中综合成绩最低的（第五名参加考试的学生是爱因斯坦未来的妻子现在的恋人米列娃·玛丽克，她甚至更糟，是不授予学位）。其他三个同学（格罗斯曼、科尔罗斯和伊拉特）立即被授予担任数学助理教员的职位。韦伯教授需要两个物理学助手，作为他对爱因斯坦的最后一次羞辱，他雇用了两个工科毕业生，而不是爱因斯坦。

第3章 CHAPTER 3
吉普赛生活
THE GYPSY LIFE

　　"这个爱因斯坦总有一天会成为一个伟大的人。"虽然爱因斯坦大学毕业给他的教授留下了糟糕的印象，但他的同龄人的看法却恰恰相反。爱因斯坦已经是一个具有超凡魅力和魔力的人了，有着敏锐的智慧和对科学的深刻理解。伟大的预测来自爱因斯坦的同学马塞尔·格罗斯曼，仅仅是在1898年他们第一次相遇之后几天。据爱因斯坦说，格罗斯曼"是一个模范学生，与老师关系不错"，他在他们班上毕业成绩最好，并将几年内成为理工学院的数学教授。他和爱因斯坦形成了真正的友谊："每周一次"。爱因斯坦回忆道："我会郑重地跟他一起去大都会利马特河堤路的咖啡馆和他交谈，不仅是我们的学习，而且是关于任何可能吸引年轻人眼球的事情。"除了给爱因斯坦提供无价的课堂笔记之外，格罗斯曼经常邀请他去他家做客。格罗斯曼来自一个苏黎世附近的古老而又关系良好的家庭，他最终通过他的父亲安排爱因斯坦到伯尔尼专利局工作，把爱因斯坦从他毕业后的"流浪者状态"解救出来。

　　但重要的不仅是格罗斯曼家族的人令爱因斯坦陶醉，他的同情心完全与阶级或地位无关。照管他公寓的女人，斯蒂芬妮·马克沃尔德（Stephanie Mark-walder）原谅了他反复地丢失家门钥匙，因为"他的冲动和诚实……是那么的不可抗拒。"为取悦马克沃尔德夫人和她的女儿苏珊娜，他让满房子充满快乐和富有激情的音乐，以及激烈的讨论、双关语和俏皮话。苏珊娜经常伴随着阿尔伯特的小提琴演奏钢琴，发现他的生活乐趣很有感染力，例如，当她遇到爱因斯坦和米列娃从苏黎世附近的玉特利山下来时，他大声呼唤她："你一定要上到山顶。那里真是好极了……云雾笼罩（白霜）。"

他的慷慨大方向四面八方扩展。有一次，当他去他经常与格罗斯曼和同志们会见的大都会咖啡馆迟到时，他解释说，在公寓里洗衣服的女人说他的小提琴演奏使她的工作更愉快，所以他为讨好她耽搁了。还有一次，他挽救一个生物学生，这个学生想努力讨好她物理课上要求严格的教授。在目睹这位学生被教授训斥后，他主动提出把她的实验笔记本带回家，并把结果交给她，使她从那个难相处的教授那里得到了表扬。然而，当她说他为韦伯工作很幸运时，他不同意，他说："他所教的不是正确的，别的老师教的也不是正确的！"另一个学物理的同学，雅各布·伊拉特（Jakob Ehrat）常常和爱因斯坦坐在一起，他们成了亲密的朋友。伊拉特是一个焦虑型的学生，一点不像爱因斯坦那样爱动脑筋，爱因斯坦会帮助他在期末考试之前保持冷静（他期末考试考得比爱因斯坦好）。爱因斯坦经常在他们苏黎世的家中拜访他和他的母亲，在一次令人难忘的访问中，年轻的爱因斯坦穿着一条从衣柜里取出的临时的围巾。伊拉特被他的古怪逗乐了，但却看到了这个人真正的性格。"在他追求真理的勇气中和他拒绝妥协中我从来没有看到他一丝一毫的小题大做和丝毫的示弱。他对正义有着近乎预言性的天赋，他内在的力量和对美的自然感觉给我留下的印象是如此深刻，以至于我在他离开我们很久以后常常梦到他。"

毫不奇怪，爱因斯坦的个人魅力、艺术气质和引人注目的外表在异性中引起了浪漫的情感和钦佩。他毕业后教的一名男学生写下了以下有些分析性的描述内容，其要点是："爱因斯坦身高 5 英尺 9 英寸（1 英尺 = 0.3048m，1 英寸 = 0.0254m），肩膀宽阔，略微驼背，短颅骨异常宽阔，肤色浅棕色，性感的大嘴唇上面长着花哨的胡子，高挺的鼻子，柔软的深棕色的眼睛。他的声音像大提琴一样有力，充满活力。"他第二任妻子的一位朋友更简洁地描述了他的外貌："他有一种男性的美，尤其是在本世纪初，才造成了这样的罗曼蒂克。"在来到苏黎世之前，爱因斯坦已经俘获了在阿劳寄宿家的甜蜜而天真的女儿玛丽·温特勒（Marie Winteler）的心。他到理工学院不久就解除了这个婚约。不久之后，他有了一个自己感兴趣的新的对象，他的物理同班同学米列娃·玛丽克。

玛丽克比爱因斯坦大三岁，这毫不奇怪，她是理工学院物理系唯一的女生。通过她的父亲，一个与中产阶级联姻的塞尔维亚农民的努力，她才设法获得了通常排除妇女的数学和物理的教育。她在萨格勒布古典中学中表现突出，她已进入苏黎世，一心想从事科学事业。由于这个班太小了，她在 1896 年秋很快就遇见了爱因斯坦，他们之间似乎有了一种即时的化学反应，因为有证据表明她一年后决定离开苏黎世去海德堡，因为需要离开爱因斯坦一些距离和她产生的对爱因斯坦的感情。然而她远非是爱因斯坦遇到的玛丽·温特勒那样温顺和单纯的情人。下面就是她怎样回答爱因斯坦的第一封寄到海德堡的信：

> 我收到你的信已经有很长时间了，我本应马上回信的……但是你说我应在碰巧无聊的时候写信给你。我很听话，我等了又等，等待无聊的到来。但到目前为止，我的等待是徒劳的，我真的不知道如何处理这个问题。我可以等待从这里到永恒，但是，如果我的良心不纯，那么你把我当成野蛮人是对的。

这是一个顽强的独立的女人所能说的话。她几乎与爱因斯坦一样，具有"讽刺"的智慧和对科学的热爱。她的身体并不迷人，一个朋友这样形容她"很聪明也很严肃，小巧、精致、肤黑、丑陋"。由于先天性髋关节缺损和长大时得了结核使她走路有点瘸，她患有抑郁症，和某些爱因斯坦在早期奋斗阶段似乎不在乎的事情（"我是一个开朗的家伙……没有感伤情绪的天赋，"他在 1901 年为家庭和失业挣扎中写道）。所有这些对当时的爱因斯坦来说都毫不在意，他找到了一个灵魂伴侣，一个像他一样的局外人和反叛者，和他一起参加他的知识发现之旅。玛丽克在 1898 年 2 月回到理工学院，他们的关系越来越亲密了。一种日益增长的亲密感交织着发现的分享感，爱因斯坦开始向她吐露他的想法，暗示重要的物理理论是错误的，必须加以改变。

早在 1899 年爱因斯坦写信给玛丽克，告诉她把她的照片给他母亲看了和因而产生的紧张关系（他母亲对玛丽克深切的反感将使这对夫妇痛苦很多年）。然而，他的信有一个有趣的暗示："我对辐射的思考开始有了一个坚实的基础，我很好奇会不会从中得出什么。"那年夏天，他开始用深情的昵称"多利（doxerl）"称呼她。在一封信中，他以方程式的形式向她解释为什么他认为现在的电动力学理论是不正确的，他最后说："要是你能再和我在一起待一会就好了！我们都了解对方的想法，还有喝咖啡和吃香肠，等等（用等等的形式暗示是爱因斯坦当时的发明之一）。"1900 年夏天双双失望，爱因斯坦寻找助理的位置不成功，玛丽克未能通过最后的考试获取学位。这一切似乎能使他们更亲密，1900 年 7 月，爱因斯坦在回家的路上宣布他打算娶米列娃，结果引出了一个愤怒的"场面"，他未能得到他母亲的同意。

爱因斯坦对这个情况无动于衷，但正如经常发生的那样，他在阅读物理文章中找到慰藉，在这种情况下他阅读古斯塔夫·基尔霍夫（Gustav Kirchhoff）

的著作，他是第一位理解热辐射定律重要性的物理学家。整个夏天爱因斯坦的父母继续反对玛丽克，但爱因斯坦坚定地认为："妈妈和爸爸都是很平和的人，一点都不固执。"到 1900 年的秋天很明显眼下整个世界都与爱因斯坦和米列娃作对，无论是资产阶级世界还是物理学权势集团世界。1900 年 10 月，爱因斯坦从米兰写信给他的未婚妻："你一点也不再喜欢过庸人的生活了，是吧！尝过自由的人再也忍受不了枷锁。我多么幸运找到了一个和我一样的人，像我一样坚强和独立！"

对爱因斯坦来说，当他兴高采烈地期待某一天事情会有改变时，他显然没有立刻认识到他的处境。他甚至胆敢拒绝他的朋友伊拉特（Ehrat）为他安排的保险工作，他说："不做这样徒劳的事。"最初，他抱着天真的希望坚持说他能在数学家赫尔维茨那里找到工作，他曾肆无忌惮地回避他的课程。在赫尔维茨那里没有找到工作，他给一位朋友写了一封信："我们两个人都没有找到工作，我们靠私人授课维持生活，什么时候能找到工作还是一个问题。这不是一个学徒甚至是一个吉普赛人的生活吗？尽管如此我相信我们会为此感到高兴。"

第4章　CHAPTER 4
两根智慧之柱
TWO PILLARS OF WISDOM

男人爱神秘的自然，就像情人爱他远方的爱人。在法拉第那个时代并不存在乏味的专业，他总是戴着角框眼镜自负地盯着他的专业，兴趣盎然，诗兴大发。

——阿尔伯特·爱因斯坦论迈克尔·法拉第（Michael Faraday）

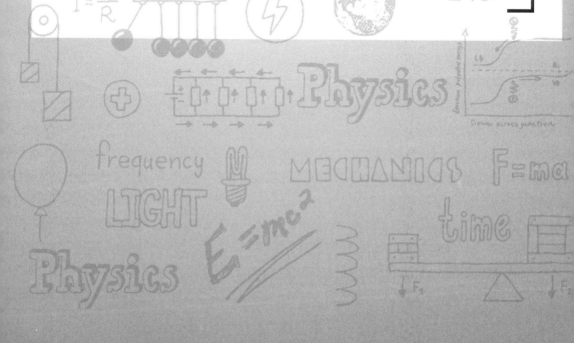

　　"关于马克斯·普朗克的辐射研究，在我的脑海中已经出现了一个根本性的疑虑，使我在读他的文章时百感交集。"爱因斯坦 1901 年 4 月从米兰写信给他的玛丽克时这样说。这在普朗克的柏林的"绝望的行为"之后不到 4 个月，在那次行动中普朗克挽救了自己的声誉，但没有预示到物理学界未来的风暴即将来临。在同一封信中爱因斯坦沮丧地承认："很快我会因寻求工作写信给所有的从北海到意大利南端的物理学家。"受他发表在著名杂志《物理学纪事》上的第一篇文章的鼓舞，爱因斯坦发了许多明信片给欧洲著名的物理学家和化学家要求助理的位置。这些信件没有开花结果，就我们所知几乎没有人给予答复。尽管爱因斯坦确信韦伯是幕后的操纵者，但爱因斯坦最终的中等学业成绩和他未能从理工学院获得惯常的工作的机会已经对他很不利。

　　尽管有这些失望，他还是通过兼职和私人教课凑合过日子，并对物理学理论现状不断进行独立的思考。期间，大部分时间是与未婚妻分开的，但他经常写信给她。在他的下一封信中他继续讨论普朗克："也许他的最新理论是更普遍的，我打算试一试。"他在信中后面一点评论说，"我也多少改变了我对固体中潜伏热的想法，因为我对辐射性质的看法又沉回到朦胧的大海。也许未来会得出更合乎情理的东西。"他最后一句话是有先见之明的，他对辐射的看法会以革命的方式从朦胧扩大为普朗克辐射理论，而固体的潜热（或比热）这个看似平常的话题，将给予普朗克理论一个根本的目前没有的物理解释。但在这可能发生之前，爱因斯坦需要深入研究普朗克专长的热力学，以及新的试图解释和推广热力学定律的统计力学的原子学科。当时他主要的科学动机并不是解开相对运动的难题。爱因斯坦关于时间和空间的著名见解是 4 年之后的事情，解决这些难题将需要我们的观念发生重大改变。相反，他的主要科研重点从他的学生时代开始就是"寻找事实证明一定大小的原子的存在"。英勇的斯瓦比亚最初的探索是证明原子的存在和理解控制它们行为的物理规律。

在 20 世纪初原子世界是物理学研究的最前沿。现在被称为经典物理学的学科都已建立起来，这些学科不需要深入研究物质微观成分的本质问题。现在这种情况已经改变了。如果物理学要发展，就必须了解电磁现象、热流、固体的性质（如导电性、导热性和绝缘性、透明性、硬度）的基本起源，以及导致化学反应的物理规律。只有了解原子的组成和原子与分子之间的物理相互作用，才能找到这些问题的答案。

现代物理学始于艾萨克·牛顿爵士在 17 世纪后半期的工作。他引进空间中物体（质量）运动的一种新范式：第一，他大胆断言固体运动的自然状态是匀速直线运动（牛顿第一定律）；第二，他说当"力"作用在物体上时，物体的运动状态以可预见的方式变化（牛顿第二定律）。如果已知作用于物体的力和质量，第二定律将通过关系式 $f/m = a$，决定物体的瞬时加速度 a，它所表述的任何量的瞬时的变化率的含义并不是显而易见的，但牛顿通过数学创新，发明了微积分来澄清这一点。力学就是从这一点出发研究在牛顿第二定律阐述的力的作用下的运动，牛顿第二定律现在利用微积分可以写为"微分方程"。

为使用这个定律，科学家们需要对自然界中的力进行数学描述，即公式 $F = ma$ 左边的 F。自然界的力是无法推导的，只能假设（或猜测），并测试它们的结果是否有意义，是否符合实验测量。没有可以解决问题的数学方法。牛顿第二定律是一个空的命题，除非在特定情况下起作用的力有一个独立的数学表达。

牛顿因猜到一个我们所有的人从婴儿时期就知道的力而获得了永恒的荣誉，这个力就是万有引力。他的万有引力定律指出，两个质量沿着它们中心之间的线相互吸引，引力的强度与它们质量的乘积成正比，与它们之间距离的平方成反比。当然，这种吸引力在正常大小的人群中很弱，比如两个人。但在地球和人之间，或者地球和太阳之间，这是一个很大的力。从万有引力定律和他的第二定律，牛顿能够计算各种固体的运动，包括太阳系中行星的轨道、月球与潮汐的关系、炮弹的轨迹等。因此，牛顿出版了《自然之书》的第一部分，用伽利略著名的话来说，它是用"数学语言"来写的。

随着牛顿惊人的数学洞察力和它们的大量的实际应用产生了一种本体论，

即自然界的基本范畴是什么，以及世界上的事件是如何联系起来的。正如爱因斯坦在他的自传笔记中所说，"在开始的时候——如果这样的事情存在——上帝创造了牛顿的运动定律和必要的质量和力。这就是一切。任何进一步的东西都是通过适当的数学方法推论得出的结果。在这个基础上 19 世纪取得的结果……必须引起任何有接受能力的人的钦佩……因此我们不应该感到惊讶……18 世纪所有的物理学家都认为经典力学是自然科学所有现象的坚实基础和经验基础。"

牛顿自然观的核心是刚性决定论，拉普拉斯（Laplace）说的最权威：

我们可以把宇宙的现状看作是由它的过去产生的，而现在是产生未来的原因。一个才智超群的人，在任何给定时刻知道所有驱动自然的力，知道构成自然的所有物体的相互位置，如果这个才智超群的人能够对这些数据进行分析，能够把宇宙最大的物体和最轻的原子的运动浓缩成一个单一的公式。对这样一个才智超群的人来说就没有什么是不确定的，未来就像过去一样会出现在他眼前。

这位拉普拉斯侯爵是 19 世纪古典力学大师之一，被誉为"法国的牛顿"。为了他的自然哲学他甘愿冒巨大的危险。当他把他的五卷天体力学研究交给拿破仑时，拿破仑恐吓地问他："拉普拉斯先生，他们告诉我你写这本关于宇宙系统的巨著时从来不提到宇宙的创造者。"拉普拉斯通常对待有影响力的人都是很谨慎的，在这种情况下他直截了当地回答说："我不需要这个假设。"

质量和重力之间的关系是牛顿发现的唯一一个基本定律，而他和其他物理学家知道必然有其他的力和相关的定律，例如，气体所施加的压力（这里指压强，即单位面积的力）一定有微观的来源。19 世纪末，查尔斯·奥古斯丁·库仑（Charles Augustin de Coulomb）利用一种称为扭转平衡的灵敏仪器，明确测量了另一种力，也是看不到起源的力——电动力。库仑和其他人认为，除了质量以外还有一个重要的物质性质——电荷，并且两个带电体相互作用，其方式类似于重力的牛顿第二定律，与电荷的乘积成正比，与它们距离的平方成反比关系。然而，静电引力和重力有很大的区别，电荷有两种类型，正电荷和负电荷。异性电荷互相吸引，同性电荷互相排斥。物质通常是电中性的（也就是说，由等量的正电荷和负电荷组成）或非常接近中性的物质，所以两块物质通常不会彼此施加太多的远距离电力。因此，尽管电力比重力强得多（当适当地比较时），但它不像重力那样有同样类型的宏观效应。

19 世纪初已经知道事情要复杂得多。移动电荷（电流）产生另一种力，古人就知道这种力，但不理解它与电有关，即磁力。主要是通过英国实验物理学家迈克尔·法拉第的工作才知道电和磁显然是密切相关的，例如，磁场可以用来产生电流。利用 1831 年发现的这一原理和现在被称为的法拉第定律，法拉第制造了第一台发电机（他早先就制造了第一台电动马达）。法拉第的发现将导致物理学经典本体论的扩展，因为它意味着电荷和电流产生了看不见的电场和磁场，它渗透到空间，与物质根本没有联系，而是代表作用在带电体上的潜力。这些"无形的力量"可以移动曾使爱因斯坦小时候着迷的指南针的指针。除了质量、力、电荷，现在又有了场。

法拉第已经从一个地位卑微的装订工人的学徒上升成为皇家学院的化学教授（在他的一生中他拒绝了爵士资格和并两次拒绝英国皇家学会主席一职）。当第四届首相威廉·格拉斯顿（William Gladstone）问它电有什么价值时，他调侃道[⊖]："先生有一天你可以用它征税。"他没有受过正式的数学教育，实验显示他的想法是正确的，但没有形成一个严谨的理论。

这项任务留给了苏格兰物理学家和数学家詹姆斯·克拉克·麦克斯韦。麦克斯韦是一个笃信宗教的人，与小贵族有关，从年轻的时候他就像爱因斯坦那样对自然现象着迷。早在 3 岁的时候，他就在家里四处游荡，询问事情是如何进行的，或者正如他所说的："那是怎么回事？"他被广泛认为是继牛顿和爱因斯坦之后的第三位最伟大的物理学家，尽管公众对他了解不多。他在 16 岁就读于剑桥大学时写了第一篇重要的科学论文。他在毕业后不久就成为一名研究员。他的一位同时代的人写道："他是公认的天才……可以肯定的是，他将是扩大人类知识范围的一个神圣的小团队的成员之一。"麦克斯韦在 23 岁发表了他的哲学观点，与普朗克以及爱因斯坦的科学哲学观点类似：

一个人如果能认识到他今天的工作是他一生工作的可以连接的一部分，是永恒工作的化身，他将是幸福的。他有不可改变的坚定的信心，因为他已经成为永恒的一部分。因为这份礼物是送给他的，所以他很努力地做他的日常工作。

麦克斯韦大胡子，性格内向，很难激情和活跃起来（与爱因斯坦大不相同）。然而，他是忠诚的朋友和近乎圣洁的丈夫——总之，他是一个品格正直

⊖　这个奇妙的事件很可能是杜撰的，因为没有同时期的记述。

的人。尽管他缺乏自信，但他才思敏捷，正如下面将看到的。四十多岁时由于健康和个人原因，他"退休"回到他的苏格兰乡村庄园。后来他被说服回到英国在剑桥新卡文迪什实验室当主任。他做了出色的工作，成为英国科学的一个重要管理人物。因为他有这样的能力，所以维多利亚女王曾要他解释创造一个非常高真空的重要性。他这样描述了这次的遭遇：

> 我被派到伦敦准备向女王解释为什么奥托·冯·格里克（Otto von Guer-ike）要研究真空，向她展示他所保存的两个半球……200 年后 W. 克鲁克斯（W. Crookes）是如何做到更加接近真空的，他把真空密封在玻璃球内以便公众检查。然而，女王陛下却轻松地让我们离开了，并没有大惊小怪。因为她今天余下的时间里有许多繁重的工作要做。

　　年轻的麦克斯韦通过亲自接触以及他的工作认识了比他大得多的法拉第，并且认识到法拉第定性描述的实验发现可以概况为一组方程式。用四个紧凑的公式⊖描述所有的电磁现象，现在被普遍称为麦克斯韦方程组。像牛顿第二定律一样这是四个微分方程，不是描述质量和力，而是描述电场、磁场、电荷和电流。如果麦克斯韦只使用法拉第定律和以前已知的静电和磁性定律，他会发现类似的方程式，但在电场和磁场的作用之间存在着令人不安的不对称性。麦克斯韦在 1861 年确定，这两个场是同一个联合力的不同表达式，并且机智地发现在描写磁场的一个方程中加上一项，就会使整个方程组在没有电荷或电流的区域（如在真空中）完全对称了。他实质上给电磁学定律增添了一个重要的条款。这新的一项产生了新的称为"位移电流"的效应，并得到实验验证。它们还使方程结构完整。玻耳兹曼引用歌德的话说，麦克斯韦的方程式"难道不是上帝写下的那些诗句吗？"

　　麦克斯韦对电磁定律做出了他的新贡献，他做出了一个历史性的发现：电场和磁场可以通过波的形式在真空中传播，承载着能量并能产生电磁力。在物理学中，波这个术语指的是在一个介质（如水或空气）中的扰动，在任何瞬间，在一个大的空间区域里随着时间振荡并且通常是扩展。在这种情况下，扰动强度是通过电场强度来测量的。这样，如果有一个电荷在空间中的某一点

⊖　实际上，当麦克斯韦写这些方程时，方程式的数量比四个要多，其中包括不再被认为是麦克斯韦方程组的附加关系。后者实际上是由现代数学符号中的四个紧致方程给出的。

上，电场就会交替地推动这个电荷向上和向下，就像冲浪板短暂地停留在水波的前缘一样。

麦克斯韦指出电磁波波峰之间的距离可以任意大或任意小，也就是说，任何波长都是可能的。因此他发现了我们现在所说的电磁频谱，例如，无线电波的波长以米计，热辐射波长（正如我们前面看到的）为一米的十万分之一，可见光波长为百万分之一米的一半，X 射线波长为一米的百亿分之一。这是一个惊人的发现，然而令人大为惊叹并领悟真谛的是这些波的速度：它们都以相同的速度，光的速度传播！突然完全不同的现象，包括人造电子设备、自然的电磁现象、颜色和视觉，都被统一成一种现象。电磁波的传播速度为每秒186000 英里（1 英里 = 1.609km）。

这一发现的美妙和意义使历来的物理学家都惊叹不已。最伟大的现代理论物理学家之一理查德·费曼写下了这一事件："从人类历史的长远来看……19世纪最重大的事件将被视为麦克斯韦发现电动力学定律，与同年这一重要的科学事件比较美国的内战将变得非常渺小。"1865 年麦克斯韦在写给他朋友的信中，以他典型的低调口吻写道："我还有一篇文章，是关于光电磁理论的，在我确信它是正确之前，我坚信它是伟大的武器。"

麦克斯韦将继续对物理学做出其他重大贡献，特别是他的气体统计理论，下面将会讲到这个问题。但在他的一生中，他并没有被公认为一个卓越的人物。他 1879 年 48 岁死于腹部癌时仍处于科学研究的顶峰。当我们事后认为麦克斯韦在他活着的时候没有因为他的天才和服务社会而得到奖励时（例如，他从来没有封爵），麦克斯韦却不这样看。临终时他对医生说："我一直在想，我对人一直是那么的温柔。我的生活从来没有过暴力。我所能有的唯一愿望就是像戴维那样，按照上帝的意愿为我们这一代服务，然后就睡着了。"

麦克斯韦的成就深深吸引了爱因斯坦。麦克斯韦、法拉第和牛顿是他后来在书房墙上挂的三幅物理学家的画像。关于麦克斯韦，他写道："纯粹的机械世界的图景被伟大的革命所颠覆，这场革命永远与法拉第、麦克斯韦和赫兹的名字联系在一起。对这场革命做出最大贡献的是麦克斯韦……因为麦克斯韦时代的物理现实被认为是用连续的场代表的……这一概念的改变是自牛顿时代以来物理学所经历的最深刻和最富有成效的事情……自牛顿时代以来的物理学家都没有经历过。"在其他地方，他说："想象一下，当他提出的微分方程证明电磁场是以波的形式和以光的速度传播时他的感觉"，而且，"在世界上很少有人有过这样的经历。"

麦克斯韦树立了经典物理学的第二支柱，我们现在称为经典电动力学，与第一支柱经典力学并列。但是他和牛顿的方程式都没有回答一个基本问题：宇宙是由什么组成的？人们知道有质量和电荷，力和场，但什么是日常生活的基石？巨大的挑战是将这些物理定律扩展到这种推测的"原子"尺度上。有日常尺度上无法探测到的新的微观尺度的力吗？牛顿和麦克斯韦的定律在微观尺度仍然成立吗？原子是服从经典力学和经典电动力学的有质量和电荷的小球吗？到底有没有原子，或者仅仅是"理论构造"，就像在 19 世纪末之前许多物理学家和化学家所坚持的那样？

在麦克斯韦时代，没有办法直接探测原子或分子的内部结构。正如麦克斯韦所说："没有人见过或处理过一个分子。因此分子科学不能进行直接实验。"然而，由麦克斯韦和玻耳兹曼领导的物理学家们开始利用原子的概念深入地解释气体的宏观行为。在这一过程中，他们推断了原子的性质及其相互作用。爱因斯坦是永远不会原谅他昔日的恩师韦伯先生的，因为韦伯忽略了这个问题。就是由此出发，爱因斯坦开始在这个问题上倾尽全力。

第5章 CHAPTER 5
造物主的完美工具
THE PERFECT INSTRUMENTS OF THE CREATOR

"玻耳兹曼真伟大，"1900 年 9 月爱因斯坦在给玛丽克的信中写道，"我坚信他的理论原则是正确的……气体状态下我们处理的的确是按一定条件运动的有限大小的离散粒子……分子间的假想力不是此理论的基本组成部分，因为整个能量是动力学的。这是对物理现象动态解释的一个进步。"爱因斯坦正在阅读玻耳兹曼关于气体理论的讲稿。维也纳物理学家路德维希·玻耳兹曼和麦克斯韦都在 19 世纪 60 年代建立了气体理论，但是不同的是，玻耳兹曼写了很长的，很难读懂的论文，而麦克斯韦的工作更简洁。麦克斯韦冷冷地说："我无法理解玻耳兹曼的研究。由于我的简洁他也无法理解我，他的长长的论文对我来说同样是个绊脚石。"爱因斯坦尽管在他 1900 年写给他未婚妻的信中赞赏玻耳兹曼，但他后来警告学生说："玻耳兹曼……读起来不容易。有很多伟大的物理学家不理解它。"很可能爱因斯坦在 1900 年没有机会接触麦克斯韦的气体理论，因为他直到很久以后才会英语，他无论如何也不会从中受益（与之相反，麦克斯韦的电动力学有德国教科书，是爱因斯坦所能获得的）。

麦克斯韦在 1873 年的皇家学会演说中巧妙地描述了他在原子论中所取得的科学进步。演说的题目很简单："分子"。

原子是不能切割成两半的物体。分子是一种特殊物质的最小可能部分。人类的头脑因许多难题而感到困惑……（它们之间）确实存在原子吗，还是物质无限可分？……

根据德谟克利特与原子学派我们必须给出否定的回答。在一定数量的分割之后，（一片物质）将被分成若干部分，每一部分不能进一步再分。因此，我们应该在想象中到达原子，这个原子字面上的意思是不能被切成两个。这是德谟克利特、伊壁鸠鲁、卢克莱修的原子学说，也许还可以加上你们的讲师。

麦克斯韦继续描述化学家是怎样了解到水的最小量是一个分子，由两个氢"分子"和一个氧"分子"组成（这里，有些令人费解的是他使用的分子既指原子，也指分子）。然后他说到他目前的研究。

我们今天晚上的任务是描述在分子科学方面的一些研究，特别是要把我们得到的关于分子本身的任何明确的信息摆在你们面前。古老的正如卢克莱修所描述的原子理论在现代复活了，认为一切物体的分子都在运动，即使物体本身似乎是静止的……在液体和气体中……即使物体不受任何可见运动的干扰，分子并不局限于任何确定的范围内，而是试图穿过整个物体……现在分子科学的最新进展是开始研究这些运动分子撞击固体时产生的机械效应。当然，根据我们的理论，这些飞行分子必须对抗任何它所遇到的分子，这些连续不断的对抗是引起空气和其他气体压力的唯一原因。

利用气体压力是由大量分子与容器壁的碰撞产生的这个简单的描述，再加上经典力学的简单概念，麦克斯韦还可以推导出波义耳定律，即气体的压强与它的密度成正比。这也让他明白了，任何两种气体的体积之比只取决于两种气体的温度比。温度与气体体积的关系是至关重要的。在这个观点中，绝对温度（我们现在称之为开尔文温标）与分子运动有关，与气体中分子速度平方的平均成正比。因为任何质量的运动能量，称为动能，只是其质量乘以速度平方的一半，这也意味着对于气体来说，它的能量正好与温度成正比。爱因斯坦在他给玛丽克的信中指出，麦克斯韦-玻耳兹曼理论的这一原理，即每个分子的能量与温度成比例甚至适用于固态，在固体状态下分子在固定位置来回振动，而不是在物质中自由运动。当后来爱因斯坦试图使普朗克辐射定律变得有意义时，这个理论的属性让爱因斯坦感到困扰。

"从我们的理论中得出的最重要的结果，"麦克斯韦继续说道，"那是一立方厘米的每一种气体在标准温度和压力下含有相同数目的分子。"这一有关气体的事实是 1811 年意大利科学家阿莫迪欧·阿伏伽德罗（Amadeo Avogadro）推测的。1865 年约瑟夫·洛希米特（Josef Loschmidt），维也纳的一位教授和后来玻耳兹曼的一个同事估计了这个实际数量，非常大的一个数：2.6×10^{19}，或大约五十亿的平方。（这个"洛希米特数"与阿伏伽德罗数密切相关，这是一摩尔任何气体的分子数，爱因斯坦和普朗克都对准确地确定这些数字很感兴趣）。有了这些关于气体性质的信息，麦克斯韦就可以确定空气中分子的平均速度。他发现它大约是每小时 1000 英里。他非常生动地描述了其中的意义：

　　如果所有这些分子都朝同一方向飞行，它们将形成一个以每分钟 17 英里的速度吹着的风，而唯一接近这个速度的风是从大炮口吹出来的。那么，你和我还能站在这里吗？只是因为分子正好朝着不同的方向飞行，所以那些打击我们背后的暴风能够使我们支撑从我们前面吹来的暴风。事实上，如果这种分子停止轰击，即使是一瞬间，我们的血管就会膨胀，我们就不能呼吸，我们就真的断气了……如果我们想理解在平静的空气中在分子间发生了什么，没有比观察一群蜜蜂更好的了，当每一只蜜蜂疯狂地飞行时，首先是在一个方向，然后在另一个方向，而蜂群作为一个整体……静止不动。

　　麦克斯韦接着描述了他自己的实验和其他的实验，已经确定了气体中的分子不断地相互碰撞，分子活动范围为分子直径的十倍左右，然后通过碰撞改变方向，导致了一种叫作扩散的随机运动。由于运动方向的不断变化，在给定时间内从起始点移动的实际距离远小于分子直线运动的距离。这就解释了为什么当麦克斯韦在演讲中拿掉一小瓶氨水的盖时，它的特征气味在演讲厅的远处没有立即被察觉到。同样的扩散发生在液体中，例如水，但速度要慢得多。然后麦克斯韦发表了一篇富有诗意而含义深刻的评论："卢克莱修……让我们看到阳光照进黑暗的房间……并观察灰尘在所有方向互相追逐……这个可见微粒的运动……只是那些看不见的原子到处撞击灰尘的更复杂运动的结果。"悬浮在液体中只有在显微镜下才能看得见的小颗粒的这种运动正是这一过程，即所谓的布朗运动。在爱因斯坦 1905 年四个杰作中的一个，他认真地采纳了卢克莱修和麦克斯韦的建议，通过认真分析，把它变成一个精确的方法来确定阿伏伽德罗常数！法国物理学家让·皮兰（Jean Perrin）的实验证实了爱因斯坦的预言，并且非常精确地确定了这一数字。结果，皮兰在 1926 年获得了诺贝尔物理学奖，这是在他的工作永久消除了原子存在的疑虑之后很久。

　　气体分子的复杂的本质上是随机运动的特性产生了一种新的物理方法，由麦克斯韦在同一个讲座中做了描述。"现代的原子论者也因此采取了这种方法，我相信在数学物理系中它是新的方法，虽然它在统计部门已经用了很久。"由此统计力学学科诞生了。麦克斯韦只能假设看不见的分子服从牛顿力学，他没有理由怀疑这一点。但在描述气体中会发生什么，他意识到不可避免地会遇到拉普拉斯不切实际的格言中的薄弱点。拉普拉斯曾设想过一种有超智力的人，即"在某一时刻，它知道所有决定自然运动的力量，以及构成自然界的所有事物的所有位置"。麦克斯韦意识到获取所有必要的信息并用它来预测未来是一个荒谬的命题。"该动力学方程应用于物质时完全表达了历史上的（拉普拉斯）方法，但这些方程的应用意味着要完全了解所有数据……但是我们能进行实验的物质的最小部分由数百万个分子组成，我们不是对其中的一个特别感兴趣……所以，我们不得不放弃历史的方法，而采用处理大分子组的统计方法。"麦克斯韦的观点是，对于所有的实际目的我们不想知道每个分子在做什么。例如，要找到气体产生的压力只需要知道每秒钟敲击容器壁的分子的平均数量，以及有多少动量（质量乘以速度）转移到壁上。

这是麦克斯韦和玻耳兹曼的关键见解：预测一个大量分子集合体的物理性质，只需要假设它们的行为是随机的，是物理定律允许的，然后找到它们的平均行为。计算这些性质对于气体来说是比较容易的，因为在大多数情况下，这些分子没有紧密接触。对于液体和固体，它更难，在某些情况下这仍然挑战着21世纪的物理学家。与这种洞察力联系在一起的是对热力学定律的新认识。第一定律说热是一种能量，在一种形式的能转变为另一种形式的能的情况下总能量（热能加机械能）总是保持不变（守恒的）。例如，当汽车以每小时60英里的速度运动时，它有很多机械能，特别是动能，为 $1/2mv^2$，其中 m 是汽车的质量和 v 是它的速度。在这种情况下，当你猛踩刹车时，动能没有消失，由于摩擦它会使你的刹车盘和轮胎变热。从统计力学的观点来看，热只是传递给路面和轮胎分子的机械能，它以某种复杂的、明显随机的方式分布。所以热只是随机的微观的机械能，以各种形式储存在气体、液体和固体的原子和分子中。

用这一观点可以阐明第二定律，该定律指出无序总是增加，用一个叫作熵的量来度量。现在这条定律可以解释为，在任何事物变化的过程中（例如，汽车停下来）你永远无法完美地"重组"所有进入到分子中的随机运动的能量。用一种有用的形式提取所有这些能量总是太困难了。在汽车停下来之前，所有它的分子（除了一些由于它的非零温度产生的随机运动）在同一方向上以每小时60英里的速度一起运动，提供可以用来做有用功的动能，如拖动重物和抗摩擦。当汽车停下来时，这种能量被转化为不太有用的热量。这并不是说我们不能把热转化为可用的能量（例如，用它来让汽车再次运动），只是我们不能完美地完成它。我们可以在停下来的汽车的发热的刹车盘上浇些水，它可以产生蒸汽，从而转动涡轮，我们会重新得到一些有用的机械能。这当然不是我们能想象到的最好的热机。但是第二定律说，无论你多么小心或巧妙地设计一个发动机把热量转化为有用的机械能，你总会发现你要消耗比你能收回的更多的热能。

为了使这一切在数学理论中更加精确和容易处理，德国物理学家鲁道夫·克劳修斯（Rudolph Clausius），一位在 1865 年我们熟悉的苏黎世联邦理工学院的教授引进了熵的概念，这是一个衡量在每一个涉及热交换的过程中增加多少微观无序的量。熵这个词来源于希腊词"转型"，克劳修斯确实是根据我们上面所做的描绘引导的：热是分子或原子的内部能量，可以部分但不能完全转化为可用的能量。现在，麦克斯韦和玻耳兹曼有了新的统计力学，他们试图使一兆万亿个振动分子的内部能量更精确，并在原子理论的基础上理解熵和热力学定律。这个方法是充满争议的，甚至到了 19 世纪末，三十年后，出类拔萃的热力学家普朗克才不情愿地采纳了它。我们后面将看到，这是由于他的量子难题才迫使他克服了他的顾虑。

关键的一点是，麦克斯韦和玻耳兹曼的统计力学还是牛顿力学，只是用于一个如此复杂的系统，想象它像一个巨大的机会游戏，其中每个分子与墙碰撞或与另一个分子碰撞，就像一枚被抛起的硬币（向右去是正面，向左去是反面）。世界观与牛顿和拉普拉斯世界观相同，只是方法不同而已。麦克斯韦如能再活 20 年，也许就能开始认识到这只乐观的船突然漏水了，因为这一观点的基本矛盾出现在他两大发明——电磁辐射理论和物质统计理论的交叉点上。然而，他并没有再活 20 年，在他精彩的分子科学方面的演讲结束五年之后他去世了，最后几年的行政工作耗费了他的精力。在同一场演讲的结尾，在展望了未来 25 年的物理理论之后，虔诚的麦克斯韦做了一个智慧设计的伟大的历史性呼吁：

正如我们所知道的，自然原因正在起作用，它试图修改地球和整个太阳系的所有排列和尺寸，如果不是最终破坏它的话。但是……建造这些系统的分子……将不会被破坏和磨损。

从创世之初一直持续到今天，分子的数量、尺度和重量都完美无缺，从那些印象深刻的人物身上，在进行了精确测量、真实陈述和公正处理之后，我们认识到这是最高贵的属性，因为它们是创世之初创造万物的必不可少的成分，不仅是天和地，还有构成天地的材料。

下一个世纪将在许多方面证明，原子并不像麦克斯韦所设想的那样坚不可摧。最终在 1945 年 8 月的令人敬畏的演示中，爱因斯坦通过他最著名的公式 $E = mc^2$，就首先了解到当造物主的完美工具被拆开时会释放多少能量。

第6章 CHAPTER 6
比 光 还 热
MORE HEAT THAN LIGHT

"我又发现了一个令人遗憾的例子，一位德国顶尖物理学家。我对他的一个理论提出了两点中肯的反对意见，证明在他的结论中有一个明显的缺陷，他回答说，他的另一个无可指责的同事和他的观点一致。我很快就会用一篇有力的文章给那个人以沉重打击。糊涂的权威是真理最大的敌人。"

这就是他好斗的性格，上面的话是爱因斯坦 1901 年 7 月写给一个老朋友约斯特·温特勒（Jost Winteler）的信中所说的。他愤怒的对象是保罗·德鲁德（Paul Drude），一位理论家和当时世界上最负盛名的物理学杂志《物理学纪事》的主编。德鲁德曾著有一本关于光学和麦克斯韦方程组的著作，颇受尊敬（实际上是德鲁德引进了真空中光速的通用符号 c）。爱因斯坦提到的"无可指责"的同事不是别人，正是路德维希·玻耳兹曼。这是爱因斯坦的性格使然，他似乎忽略了冒犯这些杰出科学家的潜在后果，其中一位是他将在未来六年内提交他所有原始研究论文的杂志编辑。

爱因斯坦是在一个叫温特图尔（Winterthur）的小城市写的这封信，大约距离苏黎世 20 英里，在那里他有两个月的时间在理工学院教物理和数学，只是代课，正式的教师在服兵役。教学任务很重，每周 30 个小时，但他没有气馁，他安慰米列娃："英勇的斯瓦比亚不害怕。"事实上，他发现他喜欢教学超出他的预想，尽管课程很忙他还安排时间学习和研究问题，如德鲁德的新的"金属电子理论"。在此四年前，1897 年英国物理学家约瑟夫·汤姆逊（Joseph Thomson）证实了电子的存在，电子是比氢原子本身要轻得多的带负电荷的粒子，他假设电子是原子的成分。到 1899 年时，汤姆逊已经证明电子可以从原子中抽离出来（我们称之为电离过程），因此原子在这个意义上是可分的。这是麦克斯韦坚不可摧的原子里出现的第一个裂纹。

德鲁德理论是基于对金属原子性质的猜测。他（正确地）假设，在铜这样的金属中，每一个原子中的一个电子可以自由移动。虽然原子本身仍保持在固体规则晶体阵列中，但这些自由电子形成了带电粒子的气体，可以轻易地通过固体，从而能有效地导电和加热。德鲁德的假设是：许多金属的重要特性是由这种气体的电子产生的，所以他可以用麦克斯韦和玻耳兹曼的动力学理论计算这些属性。这是向前迈出的重要一步，德鲁德的一些结论是基于这样的假设得出的，它们仍然是对的，并被用在我们现代的（量子）金属理论中。他从他的理论中得出的其他结论依赖于牛顿力学，现在被认为是错误的。爱因斯坦写信给德鲁德指出他的"错误"，德鲁德的回信丢了，所以爱因斯坦反对意见的有效性不得而知。众所周知的是，大约在这个时候爱因斯坦开始了他对统计力学基本原理的改造。

爱因斯坦最早发表的原子理论著作（和他发的找工作的信一起）是基于对分子力的一个天真的假设：它们的行为类似于重力，因为它们只依赖于分子之间的距离，以及取决于所涉及的分子类型。他在 1901 年 4 月写给他的老同学格罗斯曼的信中谈到这项工作："对于科学，我有一些精彩的想法……现在我确信我的原子引力理论也可以推广到气体……这将使分子力和牛顿远距离作用力之间的内在关系的问题更接近于解决。"爱因斯坦简单的引力假说是错误的，尽管他最初很热衷，在为《物理学纪事》准备的两篇文章使用过之后他就放弃了这个假说，他后来说"我的前两篇文章一文不值"。这些工作都说明当时物理学家们对分子力的起源没有真正的理解。现代原子理论建立后，很明显，所有对化学或固态物理重要的原子力最终都是由电磁力产生的，没有特殊的新的分子力[⊖]。然而，原子在这些力的作用下的行为与预期的完全不同，因为它们遵循的是一种新的力学（量子力学），而不是牛顿的经典力学。（另外，在原子核内有新的力，它是刚刚被发现的放射性现象所暗示的，但这些力一般对化学或固态物理是不重要的）爱因斯坦称赞玻耳兹曼的气体统计理论，正是因为它不依赖于未知的分子力，爱因斯坦在首次不成熟的努力之后，他决定

⊖　在当时还未知的原子核内有这些力，现在叫作"强"核力和"弱"核力。

沿着统计力学的路径进入原子领域。

爱因斯坦在 1901 年底收到马塞尔·格罗斯曼的一封非常友好的信，告诉他专利局的职位很快就会登上广告，他肯定会得到它。"两个月之内，我们就会处在极好的情况下了，我们的斗争就要结束了，"他写信给玛丽克，但是，他赶紧补充说，他们的放荡不羁的生活方式不会改变，"只要我们活着我们将继续做学生，而不在乎这个世界。"但爱因斯坦再一次的专业上的努力又失望了。1901 年 11 月，爱因斯坦提交了关于气体动力学理论的博士论文给苏黎世大学的阿尔弗雷德·克莱纳（Alfred Kleiner）教授（理工学院虽然由韦伯负责，但还不能授予博士学位，爱因斯坦不再可能尝试走这条路线）。只留下间接的信息说明到底发生了什么，爱因斯坦早在 1902 年就撤回论文，显然是克莱纳的建议，"出于对（克莱纳）同事路德维希·玻耳兹曼的考虑。"尽管爱因斯坦赞扬了他的工作，但在某些点上曾"严厉批评"他。

1902 年 2 月爱因斯坦已经搬迁到伯尔尼，一个在阿勒河上风景如画的瑞士城市。他在专利局的工作要五个月后才开始，他仍然没有明显的收入来源，所以他毫不犹豫地挂起了他的招牌。

> 私人课程
> 数学和物理
> 为大学生和中学生开设
> 给出最透彻的讲解
> 阿尔伯特·爱因斯坦
> 理工学院教师
> Gerechtigkeitgasse 32，一楼
> 试听免费

"私人教课的情况一点都不坏。我已经发现两位绅士，一个工程师和一个建筑师都很有前途，"爱因斯坦在到来不久后写信给米列娃说。他的信显然太乐观了，他很快就收到未婚妻的回信，这封信后来丢了，但它的内容从爱因斯坦迅速的回信中可以看得很清楚："它是真的……在这里非常

好。但我宁肯在闭塞的地方和你在一起，也不愿在伯尔尼没有你。"其实，尽管爱因斯坦把他在伯尔尼的生活描绘得像玫瑰一样美好，一个在这里访问他的老朋友描述他的状况是，"可以证明他极度贫困……住在一个小的陈设简陋的房间里。"令人惊奇的是，在爱因斯坦的信中从不抱怨物质条件，只是偶尔幽默地暗示这个烦人的"吃不饱的生意"。

爱因斯坦在伯尔尼迅速地在他周围聚集了一群志同道合的朋友，其中几个将成为他一生的朋友。1902 年 6 月底，他已在专利局担任三级专家（最低级别），立即结束了财政危机。同年十月，他得到他父母的勉强同意（在他父亲临终前）和米列娃结婚，并于 1903 年 1 月 6 日，在只有两个朋友没有家人参加的情况下，在伯尔尼注册办公室举行了婚礼，完全缺乏庆典仪式。爱因斯坦那天晚上无法进入新公寓，因为他忘记带钥匙了。米列娃经历了许多磨难才走到这一步，似乎是在两次不能从理工学院得到教师学位后，她放弃了自己的科学梦想。爱因斯坦向他的朋友米歇尔·贝索（Michele Besso）报告说，她很关心他，和她一起过着很愉快的，舒适的生活。在同一封信中他告诉贝索说他刚刚发出了两篇关于统计力学的论文，并说文章写得"非常清楚和简单，所以我很满意"。

爱因斯坦关于统计力学的前两篇论文的要点是用一般的方法表达所有的建立在热力学第一定律和第二定律基础上的统计关系，不再具体地指气体和气体中的碰撞，就像麦克斯韦和玻耳兹曼所做的那样。热力学被认为适用于能存储能量并能吸收或散发热量的一切物体，这基本上包括一切你能说得出的物体：液体、固体、机器……热力学第二定律说的是没有一种发动机能以完美的效率将热完全转化为有用的功。说得更形象一些是不可能制造永动机，即机器一旦启动就将在不需要燃料的情况下重复循环工作的机器。爱因斯坦在专利局的新工作中经常遇到"发明"，经仔细检查它们在物理上是不可能的，因为它们违反了这一原则。热力学定律的一般性在他的脑子里一定是根深蒂固的。

所以他写了两篇论文，几乎没有假定任何关于分子力的性质，或考虑热力学系统的宏观性质（如气体、固体等），这导致与第二定律的几种等价形式。这些论文只做了一个假设，这个假设是如此微妙，以致从麦克斯韦时代起就一直是争论的话题。爱因斯坦似乎没有意识到这场激烈的辩论，并没有强调这一假设（稍后将讨论）或对其进行任何详细的评论。然而，这些论文的数学结果和他所引进的正式框架是非常重要的，光是这一点就能使他在一个世纪以后出名，除非运气不好。

早些时候，耶鲁大学的约西亚·威拉德·吉布斯（Josiah Willard Gibbs）独立地建立一个完全相同的原则（马克斯·玻恩后来评论说"相似之处简直是惊人的"），马克斯·玻恩非常有力地把它们应用到化学问题上。吉布斯是一位杰出的神学家和古老的新英格兰家庭的子孙，1863年在美国获得第一个工程学博士。他曾留学欧洲，结识了新生的德国热力学学派，开始与克劳修斯一起工作，后来在爱因斯坦时代继续与普朗克一起工作。吉布斯的兴趣像麦克斯韦一样广泛，他作为一位化学家和物理学家做出了巨大的贡献，一直到他1903年去世。他无疑是所有时代在美国出生的最伟大的科学家。事实上，麦克斯韦自己对吉布斯设计的一种巧妙的确定化学稳定性的几何方法的印象是如此深刻，以致他用自己的双手做了一个石膏模型来演示这个想法，并把它送给了吉布斯。

吉布斯引入了"自由能"这一概念，在现代统计力学中占主导地位，通常用符号 G 表示，以纪念吉布斯。这仅仅是他的十二项重要科学贡献之一。他的著作起步晚，最初在欧洲不是很出名，就像爱因斯坦开始自己的统计研究一样。但吉布斯的不朽著作 *Elementary Principles of Statistical Mechanics*（《统计力学基本原理》）出版了，他被授予伦敦皇家学会的科普利奖章（在诺贝尔奖之前，科普利奖在1901年首次颁发，这是当时最有声望的国际科学奖。）

吉布斯的贡献在爱因斯坦之前，并超过了爱因斯坦，爱因斯坦稍后在评论自己发表的文章时说，如果他能早些知道吉布斯的工作，他就根本不会发表这些文章了，而是仅限于处理某几个明显的点。爱因斯坦对吉布斯的称赞是如此之巨大，一直贯穿他的一生，一直到他1955年去世前，当他被问到谁是他认识的最强大的思想家，他回答说："亨德里克·洛伦兹，⊖还有我从未见过的威拉德·吉布斯，也许，如果我见过的话，我会把他放在洛

⊖ 荷兰物理学家亨德里克·洛伦兹（Hendrik Lorentz）被广泛认为是爱因斯坦之前最杰出的理论家，他将在下面的故事中扮演重要角色。

伦兹之前。"因此，在爱因斯坦 25 岁生日之前，已经确立了他自己是一个深刻的思想家，与他那个时代的伟大领袖不相上下。不幸的是没有任何一位有影响的科学家在那个时候注意到这一点。此外，他并没有向德国的主要物理学家讲述他们在早期工作中所犯的错误来提升自己的职业地位。他需要设计出新的理论，做出具体的实验预测，以引起全世界的注意。时间不会太长，当这一时刻到来之时，自由奔放的波希米亚局外人甚至会超越他如此敬佩的伟人麦克斯韦、吉布斯和洛伦兹。

第7章 CHAPTER 7
难 以 计 数
DIFFICULT COUNTING

维也纳的路德维希·玻耳兹曼墓上刻着一个很短很简单的等式，具有讽刺意味的是他一生中从未写过这些字：

$$S = k \log W$$

S 是熵的普遍符号，k 是一个基本常数，被称为玻耳兹曼常数，$\log W$ 是一个与相关系统有关的数字 W 的对数⊖，玻耳兹曼称这个数为"状态（Complexions）"数（对于有关的许多物理系统这个数 W 是非常难以计算的，以致 21 世纪最伟大的数学物理学家和最强大的计算机也无法确定）。这个方程是推动量子革命的杠杆。它将成为普朗克推导辐射定律的基础，也是爱因斯坦洞察光的量子性质的基础。

克劳修斯引入了熵的概念来解释热流，但他想不出一个物理学家应该怎样从任何基本的力学理论计算这个量（大概是原子理论）。玻耳兹曼、麦克斯韦、吉布斯（和爱因斯坦）的统计力学给出了解答。秘诀似乎是简单的。它有两个部分：一是该发生的都会发生；二是没有一个原子（或分子）是特殊的。

想象一下，把气体分子一个一个地从一个小孔射进一个盒子里，让它们在盒子里到处跳来跳去。想象用一个假想的分区把盒子分成两个相等的部分。盒

⊖　专家们会知道，在这个等式中对数的基数不是通常的基数 10，而是所谓的自然对数。这种差异对于理解熵的含义并不是必要的。

子的任何部分都是分子所能接近的（无论发生什么都是这样），在任何时候，任何分子都没有理由在同一个位置与另一个分子对抗（没有分子是特殊的）。假设现在你可以直接看到分子。盒子里有一个分子，你可以定期对它观察，你发现它大约一半时间在盒子的左边，一半时间在右边。现在再加一个分子，等一会儿，然后再看。大约四分之一的时间两个分子都在左边，四分之一的时间两个分子都在右边，并且一半的时间一个在左边，一个在右边。为什么最后一种情况比前两种情况更可能发生？因为有两种方法可以得到最后一种情况（分子 1 在右边，分子 2 在左边，分子 2 在右边，分子 1 在左边），但只有一种方法可以得到前两种情况。这就像掷两枚硬币，发现一个正面和一个反面的概率大约是两个都是正面和两个都是反面的两倍。我们现在可以想象和定义两个气体分子的三个"状态"。状态 1，两个在左边，状态 2，两个在右边，状态 3，一个在左边一个在右边。在前两种状态下，玻耳兹曼的 $W=1$（只有一种途径得到这种状态），但第三种状态 $W=2^{\ominus}$。根据玻耳兹曼公式，这第三种状态的熵比其他两种状态的熵要大（我们不必深入研究对数函数的神秘性质就能得出这个结论）。事实上，一个物理学家会更详细地指定状态，而不仅仅是分子在哪半个盒子内，但基本概念和方法是完全相同的。

　　现在假设在盒子里有几万亿个分子（事实上，我们通常这样做）。仍然只有一个办法把所有分子都放在一边，然而，一半放在右侧和一半放在左侧的情况，数量 W 是说不出来的大。对于这样大的数字，我们几乎没有文字可以描述，也没法类比。做一个微弱的尝试，想象如下把宇宙中的所有原子在一秒内克隆出它们中的每一个，以创造出第二个"宇宙"。现在每秒重复一次，创造 4 个、8 个、16 个……个"宇宙"，并在我们宇宙的整个年龄中如是重复这个过程。将所有这些宇宙中的所有原子加在一起，就可以得到一个难以想象的数字。但事实上这个数字比起一升气体高熵状态的数量仍然可以小到忽略不计。气体分子大约同样地分布在每一半中的高熵状态比起所有分子大部分分布在盒子一侧的状态要多得多。

　　假设我们费了很大力气把气体从盒子里取出，并在盒子中间放上一个密

　　㊀　在第 24、25 章将会知道，在某些情况下量子气体状态的计数方法可以不同于此经典推理方法，
　　　　但玻耳兹曼的熵方程仍然成立，只是 W 的计数方法有所不同。

48

封的隔板，然后把气体放回到盒子左边，这样我们就可以把系统设置在这个非常不可能的（低熵）状态。根据麦克斯韦的论述，我们知道气体分子以每小时1000英里的速度飞行，相互碰撞，并在墙壁上产生压力。如果我们去掉隔板，气体会迅速地填满整个盒子，每一半大约近似相等。这时系统的熵会增加。当分子在盒子里大致相等地扩散时，分子仍会碰撞并移动，但盒子的两边平均都会有等量的分子。直观地说，这种情况是最无序的状态（你不需要做特别的努力就可以实现它），根据玻耳兹曼原理，这是最大熵状态。这是热力学第二定律的原子解释，熵总是增加或保持不变。每当我们试图从热中产生有用功时，我们本质上就是试图从这种分子混乱中创造秩序，我们在对抗概率定律。

进一步考虑前面的例子，在这个例子中我们打开了隔板让气体填满整个盒子，而不只是盒子的一半。如果我们等待的时间够长，所有的碰撞都能正确地解决，所有的气体分子可以重新集合在左边。是否值得等待这一切的发生？实际上并不值得。人们可以很容易地计算出，如果盒子里只有40个气体分子，要让所有的状态都是相同的，那么需要等宇宙年龄这么长的时间才会发生。如果盒子里有一兆万亿个分子呢？正如在纽约人们说：那是痴心妄想。

这是爱因斯坦试图证明熵增加的热力学第二定律是一个绝对的定律中所错过的一个微妙之处。它不是绝对的，熵是可以减少的。只是别在这上打赌了。

事实上，这种极有可能增加的熵是我们如何决定时间方向的关键所在。想象一下盒子里的气体是彩色的，因此当它扩大时可以看见。如果我们看到的电影是气体收缩到盒子的一半，我们会立刻认为电影是在回放。因为时间的箭头是如此的重要，物理学家自然会认为熵的增加是绝对的自然法则，而不仅仅是非常、非常、非常、非常……可能发生的。不只年轻的爱因斯坦一个人犯了这个错误，玻耳兹曼也犯了这个错误，直到他的批评者向他指出。然而，精明的斯科特（Scot）和麦克斯韦没有被愚弄，并用丰富多彩的图像描述这种情况："如果你把一杯水倒入海中，你无法回收同一杯水，热力学第二定律同样是这样。"

麦克斯韦发明了一种虚构的生物，被称为"麦克斯韦妖"，以进一步说明这一点。他的"妖"是"不能做功的活跃的生物"（不能向气体添加能量的"妖"）。他想象着"妖"徘徊在气体中，均匀分布在盒子里。但现在把一个隔板放到盒子里，这个"妖"已经能巧妙地使用这个无摩擦的活板门。当这个"妖"看到一个气体分子从右向左高速度运动时，它便让这个分子通过，然后关闭门不让任何分子从左逃到右。以这种方式，随着时间的推移，它把更快的分子聚集在左边并把比较慢的分子聚集在右边。但对于气体来说，温度与平均能量成正比，所以通过这样做，它把较快的分子聚在左侧，较慢的分子聚集在右侧，而不增加能量。换句话说，"妖"在右边创造了一个冰箱（和在左边创造了一个加热器），这两个都不需要任何燃料（爱因斯坦肯定会拒绝这个专利）。为什么麦克斯韦制造了他的"妖"？这不是作为一项发明的严肃建议。相反，他的意图是"表明热力学第二定律只有一个统计上的确定性"，麦克斯韦的"妖"大约催生在 1870 年左右，并不喜欢穿过英吉利海峡。因此，几十年的时间里第二定律的真正含义在欧洲都没有被理解。

虽然爱因斯坦在 1903～1904 年间重新构建吉布斯的统计力学时，他不承认"妖"是第二定律的例外，但他非常注重于他所说的"玻耳兹曼原理"，即上面提到的数学墓志铭，$S = k \log W$。在他 1904 年的第三篇关于统计力学的文章中他说："我推导出一个系统的熵的一种表达式，与玻耳兹曼发现的理想气体的表达式和普朗克辐射理论所做的假定完全类似。"在这篇文章后面他明确地将他的研究结果应用于普朗克热辐射定律，虽然方式上还不是指量子概念。这使得爱因斯坦成为第一个使用普朗克定律的物理学家，并承认以前只用于描述气体的统计力学也可以解释电磁辐射的性质。这时的辐射被认为是一种纯粹的波动现象，与构成气体的粒子（分子）没有共同之处。爱因斯坦现在用他的统计方法分析了热辐射，并且他开始看到普朗克的"绝望"的解决方案存在的问题。

普朗克对辐射的假设到底是什么呢？他是如何使用玻耳兹曼原理来证明他最初通过拟合数据推测出的公式的正确性呢？普朗克没有爱因斯坦那样大胆，他没有把统计力学应用于辐射，而是应用在与辐射交换能量的物质。严格说来，普朗克辐射定律只对物理学家称之为"黑体"的物体是完全正确的，我们在学校里都知道白色是各种颜色的混合物，黑色是没有颜色的。一个完美的黑色物体会吸收所有落在它上面的光线，而且不反射任何颜色的光，因此它看起来是黑色的。与此相反，一个看起来是蓝色的物体表面吸收了大部分红色和黄色的光，并将蓝色反射到我们的眼睛中。但是黑色物体真的不发光吗？好的，也是也不是。它不发射任何可见光，但它确实发出很多电磁辐射。然而，正如我们早先所知道的，如果物体是在室温下，辐射主要是在我们看不见的红外波长上。如前所述，辐射定律正是在给定的温度下在一个给定波长一个黑体发出多少电磁辐射的规律。

为了检验这种理想的行为，物理学家不得不找到一个完全黑的物体，不仅仅是为了可见光，而且是为了所有可能的波长。不幸的是，所有真实的材料都会在一些波长上反射电磁辐射，所以煤烟、油、烤焦的面包以及其他明显的候选者实际上都不能胜任这项工作。因此，实验者想出了一个聪明的主意。他们不用一种材料的表面，而是使用一种有小孔的炉子的内部。任何进入黑洞的辐射会到处跳动，多次反射，但最终会在逃逸前被吸收。因此，从洞中射出的任何光线都必须从这个墙上发射出来。这代表一个完美的黑体。

普朗克在 1895～1900 年间分析的正是这种理想的黑匣子或"辐射腔"。他的第一个想法是把他对黑体定律的无知从辐射转移到物质上。他假设腔的壁是由在一定频率下振动的分子组成的，以响应落到它们身上的电磁辐射。然后用一个巧妙的办法将给定频率下的电磁辐射的能量密度（他的目标）与相同频率下振动分子的平均能量联系起来⊖。因此他不再需要处理描述电磁波的麦克斯韦方程组，他可以假定牛顿的定律适用于分子振动，他可以用统计力学。然而，他不是明显地使用玻耳兹曼的统计力学计算分子的平均能量，而是选择找到分子的熵。

他这样做是出于一种奇怪的历史原因。当他 1895 年开始研究黑体辐射的时候，他希望找到使第二定律恢复完美性的失踪的原则，使熵增加，因而使时间的箭头成为绝对的自然法则。虽然他相信物质方程允许熵减少（尽管非常罕见！），他希望麦克斯韦的方程组能阻止这种情况的发生。结果证明这是一个渺茫的希望，因为玻耳兹曼本人也向普朗克证明了这一点。然而，由于致力于辐射的熵的研究，并且还没有确切知道实际的辐射定律，因此普朗克继续着他的研究。他知道，如果能找到热辐射的平均熵，就能用直接的数学方法与平均能量密度联系起来，从而得到正确的辐射定律。

⊖ 普朗克没有使用他的振动实体分子，而是使用"谐振器"这个词来强调它们是理想化的微观振荡器，他不致力于任何原子理论。在那时，还不知道原子是由一个紧密的原子核和绑定到原子核的电子组成的，尽管如此，我们从麦克斯韦看到的原子和分子的概念已被那时杰出的统计物理学家广泛接受。

起初，普朗克没有依赖玻耳兹曼原理，并提出了一个不正确的论点。这导致他得出了所谓的普朗克-维恩辐射定律[⊖]，并在 1900 年 10 月尴尬地将其收回，因为他的朋友鲁本斯和克鲍姆的实验否定了这个定律。在这个时候，依据他们的实验结果以及他的数学直觉，正如我们早先看到的，普朗克猜到了辐射定律的正确形式。现在，从他对辐射能量密度的正确猜测中，他可以算出与辐射熵相应的数学表达式是什么。因此，初学物理的学生对这位杰出的物理学家有一种怪异的感觉，他们可能会在教科书后面的解决方案中找到一个问题的正确答案，但却不能根据他们所学的原理知道这个答案是如何得出来的。

面对这种窘境，普朗克在职业生涯中第一次采用了玻耳兹曼原理。通过接受和使用这一原理（公式 $S = k \log W$），他现在有了一种方法从统计物理学的基本定律来证明他的经验猜测。他需要做的是计算分子振动的可能状态 W，当把它插入到玻耳兹曼公式中时它给出了答案，他"知道"这个答案是正确的。

他所面对的数学问题可以表述如下。普朗克认为，黑体腔壁所有的分子具有固定的总能量，可以认为是一定量的液体，如 10 加仑的牛奶。为了简单起见，假设墙壁中有 100 个分子，每个分子对应一个容器，一个容器能容纳整个 10 加仑。问题是在 100 个容器中这些 10 加仑能有多少种共享方式？如果牛奶（和能量）被假定为连续的，无限可分的量，那么显而易见答案是有无穷多个途径。但这并不能阻止普朗克。把一个气体分子放在一个盒子里的位置的数量也是无限的，但是玻耳兹曼发现对一个系统的熵的回答并不取决于他如何把这个盒子分成更小的盒子，没有一点重要的影响。所以普朗克基本上在分子能量容器上放了一个小的刻度记号，比如说，在我们想象的例子中，牛奶只能一次分配一盎司液体。现在他可以继续计算牛奶可以共享的有限方式的数量，这个数量取决于牛奶的总量（能量），容器（分子）的数量，以及刻度的大小（最小的"能量"量子）。他期待着，像玻耳兹曼的气体计算一样关键的东西不取决于刻度的大小。但他错了。

尽他所能，如果他让刻度记号的间隔变得越来越小，这个计算就会产生错误的熵和错误的辐射定律。最后，他被迫得出一个结论：刻度必须有最小的间

⊖ 记得普朗克得出他的新的辐射定律并与实验一致后，他的名字就附加到新的正确的定律上，从老的定律中拿掉，老的定律现在简称为维恩定律。

隔，也就是说，能量只能在一些最小的"量化"单元中分布。由于做出这个最后的假设完全没有理由，所以很清楚普朗克为什么称它为"绝望的行为"，然而，普朗克在他 1900 年 12 月 14 日的著名的关于黑体定律的演讲中，这些问题并没有影响他清楚地说出他前所未有的结论：

然而，我们认为这是整个计算的最基本点——（能源）E 是由一个非常明确的数量相等的部分组成的，这个相等的部分随后用作自然常数 $h = 6.55 \times 10^{-27} \mathrm{erg \cdot s}$。这个常数乘以频率 ν……得出能量元 ε。

现在我们可以充分理解这个神秘的说法。明确的相等部分的数量是"刻度线"，即分子振动能量的最小量 ε。此外，从其他方面考虑也很清楚，为了得到正确的辐射定律这个最小能量必须正比于分子振动的频率。因此他被迫得出结论：$\varepsilon = h\nu$。这里 ν 是代表振动频率的希腊字母，和 h（正如普朗克所说）一样是一个新的自然常数，在我们以前的自然哲学中做梦都想不到。最后，由于辐射定律是通过实验测量的，因此可以查阅数据并快速计算出常数 h 的实际值（如上所述），这个常数现在称为普朗克常数，是所有量子事物的标志。

普朗克后来说不管费用有多高都要证明辐射定律是合理的。普朗克当时并没有强调，其实费用是非常高的。普朗克的这些小小的技术谎言，如果认真对待的话，是对原子尺度的力和运动说了一些非常非常奇怪的话。它说的是牛顿的描述可能是不对的。出于所有意图和目的，普朗克把分子描述为在弹簧上的小球，通过压缩存储能量，当弹簧振动时能量在存储（潜在的）的能量和分子运动的动能之间来回转换，但无论怎样转换，这些能量的总和是不变的，即总能量是守恒的。这是标准的牛顿物理学。

但在牛顿物理学中，初始的总能量是可以连续变化的。你所需要做的就是把弹簧压紧一点，它就会有更多一点的能量。事实上，弹簧可以有任何数量的能量（在一定的范围内）这一事实，似乎直观地与空间连续性这一事实有关。在牛顿物理学中，没有什么能用量子化的能量解释，也就是说，弹簧只能被精确地压缩到 1 英寸、2 英寸、3 英寸……，而没有中间值，就好像是一辆车只能开到每小时 0 英里、10 英里、20 英里……，没有中间值。显而易见的问题是：当它加速时怎么可能不通过中间值从 0 变成每小时 10 英里？

普朗克对辐射定律的解释并不是无辜的。如果这是真的，那是一个隐藏在代数丛里的定时炸弹，它将有着惊天动地的意义。**原子和分子不是一个小的牛顿台球，它们遵循完全不同的违反直觉的定律。**

但是普朗克并没有坚持他的量子假设是关于真实分子的真实力学描述。事实上，他在演讲中有一点暗示，也许能量并不是真正量子化的。他把他的分子的总能量表示为 E，并说："E 被 ε 除，就得到能量单元的数量 p，它必须能够被 N 个谐振器（分子）除。**如果这个比例不是整数，我们就把 p 取成邻近的整数。**"但是，如果分子振动真的是量子化的，那么 E/ε 就必须是一个整数！普朗克在下赌注，这表明人们不必太在意这个疯狂的能量元素。普朗克认为他发现的自然常数 h 是非常重要的，但没有证据表明他认为他的推导使原子尺度的牛顿力学失效。

为什么不呢？理论物理是一项棘手的课题。有时可以用错误的假设，或者至少有一个比你真正需要的更强的假设才能得到正确的答案。也许对普朗克会有其他的争论发生，保留他的受欢迎的常数 h，但免除对能量量子的不适当假设。也许这种奇怪的、明显的能量量子化只涉及辐射与物质的相互作用，而不是力学本身。毕竟，还没有明显的证据表明普朗克常数适用于其他物理领域。如果普朗克说这种能量量子在原子物理中是一个突破，结果事实证明并非如此，这可能又是一个新的尴尬。普朗克想，不，最好小心点，别喊狼来了。

因此，值得注意的是，普朗克整整五年都没有再讲他的伟大发现，他推导中所埋藏的奇怪假设几乎没有被注意到。但在伯尔尼有一个例外。有一位不知名的研究统计力学基础的专利局职员将普朗克复杂的"鲁布·戈德堡机械"[⊖]放在证人席上，并返回一个判决：不是无辜的。

　　⊖　鲁布·戈德堡机械是一种被设计得过度复杂的机械组合，以迂回曲折的方法完成一些事实上非常简单的工作。——译者注

第8章 CHAPTER 8
那些奇妙的分子
THOSE FABULOUS MOLECULES

科学史上有一个公开的重大问题是，爱因斯坦是如何在 1905 年他的颠覆性的文章中得出他的核心思想的。不，不是他提出狭义相对论的文章或提出著名公式 $E = mc^2$ 的文章。爱因斯坦一次又一次地被问到他是如何发展出有关狭义和广义相对论的关键见解的，他用各种迷人的轶事回答了这些问题，这些轶事已成为他传奇的一部分。据我们所知，他从来没有记录他是怎样在那个令人惊异之年的他的第一篇文章中想出这个基本概念的，根本性地替代麦克斯韦的电磁波理论，这是唯一一个他自己称为"革命"的发现。在他的当代通信或在它之前的文章中他从未直接说过他是如何得出他有关量子理论的第一篇文章的。然而，历史记录中有一些线索，这些关键的线索表明他意识到普朗克辐射定律与统计力学完全不相容，至少在麦克斯韦、玻耳兹曼和吉布斯建立的形式上。这种理解很可能是在1904 年和 1905 年初期间成熟的，当他和米列娃过着舒适的婚后生活，他还不为物理学界广为所知的时候，他的科学书信相当少，留下的有关他深刻思考的痕迹很少。

如前所述，到了 1903 年爱因斯坦已经习惯了他在伯尔尼的日常生活。

一星期六天在专利局工作，私人授课，还找出时间从事基础物理的研究。后来他称这一时期为"那些快乐的伯尔尼时光"。凭借他的魅力和生活的乐趣，他很快获得一些伙伴与他分享这田园诗般的生活。这些新的伙伴中第一个是罗马尼亚哲学学生，莫里斯·索洛文（Maurice Solovine），他为回应爱因斯坦认真的私人物理课广告来到他的住处。一个典型的爱因斯坦事件随后发生了。索洛文在受到热情的邀请进入他的蜗居后，立即"被他那双大眼睛的光彩打动了"。两个人讨论科学和哲学，一眨眼两个半小时过去了，下一段时间，爱因斯坦完全忘记了最初的赚钱动机，宣称物理课太麻烦了，建议他们应该自由地见面讨论各种各样的想法。很快就加入他们行列的是另一个年轻有抱负的知识分子，康拉德·哈比希特（Conrad Habicht），一个数学专业的学生，他在爱因斯坦之前一些进入理工学院，爱因斯坦在他毕业后的流浪岁月里与他相识。

哈比希特在所有同行中与爱因斯坦的关系是最有趣和最兴致勃勃的，他们彼此的信件充满了幽默。他与索洛文一起成立了一个阅读和讨论组，他们幽默地称为"奥林匹亚学院"。他们慷慨地允许爱因斯坦担任尊敬的院长职位，还画了一个纪念的卡通半身雕塑像并称赞他的奉献精神，庆祝他能对那些"难以置信的分子"发出准确无误的命令。也正是哈比希特给我们英勇的斯瓦比亚起了个绰号"阿尔伯特·里特·冯·斯泰斯宾"大致翻译为"尾骨骑士"，并在一块镀锡板刻上这个称号送给他。爱因斯坦和米列娃一点都不生气，"笑得要死"，从此以后，阿尔伯特给哈比希特写信时偶尔会签上这个绰号。他半身塑像的顶饰是经过精心选择的：一串香肠，这是奥林匹克选手在八月聚会时吃得起的少数几样食品之一。

成员们之间的会议是很愉悦的，他们的研究非常认真，偶尔米列娃也会加入，但她一般都不发言。爱因斯坦在两年的会议中获得了许多持久的哲学观点。这组人会在一个成员的公寓里召开会议，一边俭朴地就餐一边辩论所分配主题的意义和价值，包括哲学（戴维·休姆和约翰·斯图尔特·密尔），科学史与科学哲学（亨利·庞加莱和恩斯特·马赫（Ernst Mach）），有时还会讨论文学（《唐·吉诃德》和《安提戈涅》）。

索洛文回忆说，这些聚会充满了欢乐，尽管他曾忽视这些聚会的重要性。有一个难忘的夜晚，索洛文没有参加聚会而去听了音乐会，当他回到自己的公寓时，发现他的床上堆满了家具和家居用品，他的房间笼罩在浓浓的雪茄烟中，墙上贴着拉丁文的责骂便条。爱因斯坦非常喜欢这些聚会。1953 年他写信给索洛文：

致不朽的奥林匹亚学院！

亲爱的学院，在你短暂而活跃的生活中，你带着孩童般的喜悦，所有的一切都是清晰和智慧的。你的成员创建了你，使得长期建立的姐妹学院充满欢

乐。经过多年的仔细观察，我学会了欣赏你的幽默……即使我们已变得衰老了，你的一丝光明，你的充满生机的光辉仍然照亮着我们孤独的人生之旅……把我们的忠诚和奉献给你直到生命的最后一刻！

阿尔伯特·爱因斯坦——现在的通信成员

除了哈比希特和索洛文之外，爱因斯坦还有另一个知识分子知己米歇尔·贝索（Michele Besso）。当他还是苏黎世的一名学生时，他遇见贝索，贝索比他大6岁，已经从理工学院毕业。贝索的祖先是犹太中产阶级，他是一名工程师，在爱因斯坦建议下，他申请和获得了伯尔尼专利局的一个位置。爱因斯坦也把贝索介绍给了贝索最后的妻子，安娜·温特勒（Anna Winteler），爱因斯坦在阿劳房东的女儿。爱因斯坦和贝索成为终身的亲密朋友。如果爱因斯坦偶尔表现出一个不切实际的梦想家的漫不经心，与不切实际的贝索相比他绝对是瑞士效率的模型，老板有一次说贝索"是完全无用的和精神失常的"。爱因斯坦说在许多方面贝索是一个可怕的倒霉蛋，但是和他交往很快乐很获益："贝索有着异常善良的心灵，虽然工作无序，但我看着非常喜悦。"后来，在他回忆1905年的成就时他说，他"在整个欧洲无法再找到一个更好的有共同思想的人"。在那个时期贝索和爱因斯坦每天一起回家，爱因斯坦与他分享他对物理发展的想法。虽然经常提到贝索是第一个听到相对性理论的人，但显然他们谈论主要话题是爱因斯坦对光的性质的新假说。

当然这个假设已经提交到奥林匹亚学院。然而，1904年底，哈比希特在希尔斯得到了一个数学和物理教师的职位，离伯尔尼有相当距离，并且索洛文在1905年搬到巴黎，在一家哲学杂志社工作。因此，爱因斯坦在获得一连串的成功时，学院已经结束了。1905年5月爱因斯坦写了一封典型的诙谐的信给哈比希特，为他的缺席感到失神：

亲爱的哈比希特，这样一种严肃和沉默的气氛降落在我们之间，现在当我用一些无关紧要的胡言乱语打破它的时候，我几乎感觉我好像在亵渎神明……

那你想干什么？你这个冰冻的鲸鱼，干缩的、熏制的、罐装的灵魂……你为什么还没有发给我你的文章？你不知道我是一个 1＋1/2 的研究员并会有兴趣和快乐地读它吗？你这个悲惨的人。

我承诺回复给你4篇文章，第一篇……处理光的辐射和光的能量性质并且是非常革命性的……第四篇此时还是一个粗略的草稿，是运动物体的动力学，采用了空间和时间的修正。

这种生动的论述表明爱因斯坦当时对他的 1905 年的伟大作品是怎样评价的。它们都是令人激动的，他为它们感到骄傲，但其中一个实际上是革命性的，一个关于光的量子性质的革命。这篇标题为"关于光的产生和转化的启发式的观点"，是他关于统计力学最后工作的扩展，在这些工作中他首次关注普朗克的辐射理论，这个理论需要引入一个关键的但未受到重视的一个最小的能量元素 $\varepsilon = h\nu$。

回想一下，普朗克回避了一个问题：是否允许他把统计力学应用到辐射中，将他想计算的辐射能量与黑体中振动分子的平均能量联系起来。但是他不是直接计算这个能量，而是采用奇怪的迂回的方式计算分子的熵。由于已经知道了答案，为了得出与实验一致的结果，他利用超出常规的最小能量元假设迫使熵进入正确的形式。由于爱因斯坦对统计力学的关注，并且不知道吉布斯以前的工作，他认为他是以一种新奇的方式扩展到气体之外，他自然会把重点放在普朗克走弯路的地方。为什么不仅仅计算分子的平均能量呢？

在这种情况下，需要的是分子中的平均的"热能"。如果我们把分子想象成几个原子通过化学键连接，可以像宏观弹簧那样振动，如果有可能将能量直接传递给特定的孤立分子，那么按照经典观点，人们可以将能量调整到任何期望的值（直到它变得如此大以至于分子分裂为止）。然而，普朗克已经追加了一个特设限制，每个振动只能有一定的能量值，限制它只能是 $h\nu$ 的整数倍（虽然不是很清楚他是不是全心全意相信这个约束）。然而，无论哪种观点，任何特定分子的能量都是随时间变化的，不管周围的温度如何。但是每个分子通常通过碰撞（气态）或在固态情况下通过相互振动发生联系，因此，如果物质的温度是固定的，每个分子都有一个由周围环境的温度决定的明确的平均能量，称为热能。

爱因斯坦在统计力学的论文中有好几次计算了平均热能的动能部分，即分子速度对总热能的贡献。只要稍加推广就能计算来回振动的因此也有势能的分子。势能就是对抗力所做功时存储的能量。例如弹簧，当弹簧上的质量被拉动，停留在一个更大的扩展距离上，这个质量就存储了势能，当这个质量松开时就会来回振荡。当分子振动时，它的化学键像弹簧一样被压缩和拉伸，交替存储和释放势能。在这种情况下，根据麦克斯韦/爱因斯坦/玻耳兹曼统计力学，平均势能和动能的能量是相等的，和温度有简单的关系，$E_{mol} = kT$，其中 k 是玻耳兹曼常数（与熵公式 $S = k \log W$ 的 k 相同），T 是温度$^{\ominus}$。注意这个平均热能量与振动频率无关。

两个相同的弹簧在非常不同的频率下振动（也就是说，刚度不同），但平均能量相同，最初看起来似乎有悖常理。高频振动质量会振荡得更快，因而动能更高，对于一个振荡器来说，它的平均势能也必须相等。因此，它应该有更多的总能量，对吗？不，因为两弹簧的震动离开不拉伸位置的不同。$E_{mol} = kT$ 的关系告诉我们，高频分子要比低频分子振动振幅小，这样，两者的平均能量是相等的。这句经典统计力学的描述，所有的振动结构具有相同的平均能量，有一个奇特的名字：能量均分定理。这意味着，该系统的总能量是由各个微观部分平分的。这个定理在爱因斯坦的推理中起着非常重要的作用。

由于爱因斯坦已经对经典统计力学有了深刻的了解，他肯定会从一开始就知道这个"明显"的平衡公式：$E_{mol} = kT$，通过普朗克的推理会立即产生辐射定律的假设。然而，正如我们即将看到的，利用这样的假设得出一个矛盾的结果，所以爱因斯坦在某个时候拒绝了这种方法。另一方面，普朗克的路线涉及一个明显的"忽悠"，一个最小能量元的特别假设，根本没有任何理由。普通人走进这个死胡同都会举手投降和放弃。相反，这是有史以来最伟大的灵活思考的例子，爱因斯坦放弃了他所钟爱的经典统计力学，打开了他的思维，发现了一种新的奇异的可能性，即有可能他一直钦佩的完美神圣的麦克斯韦方程组并不是光的本质的定论。

$\ominus$　在这里和其他地方，假设温度是用绝对温标来测量的，它总是正数。

第9章 CHAPTER 9
受到光的启发
TRIPPING THE LIGHT HEURISTIC

"麦克斯韦光的波动理论……在描述纯粹的光学现象方面已经证明是非常卓越的，可能永远不会被另一种理论所取代……然而可以想象……当光的波理论应用于光的产生和转化现象时，可能会与经验矛盾。在我看来如果假设光的能量在空间中是不连续地分布的，与'黑体辐射''光致发光'和'光电效应'有关的现象……就可以更好地理解。*根据这里考虑的假设，当光线从一点扩散时，能量在不断增加的空间上不会是连续分布的，而是由有限数量的能量量子组成，这些能量量子定位在空间中的点上，移动而不分割，并且只能作为一个整体被吸收或产生*。"

爱因斯坦以这些评论开始他的论文，这篇文章提出一个关于光的产生和转化的"探索性观点"（而非理论）。一位著名的爱因斯坦传记作者称在上面引述中的最后一句话是"20世纪一个物理学家写出的最具革命性的一句话"。自牛顿的光粒子理论在19世纪初被明确驳斥之后，再也没有关于光的微粒观的有意义的工作。因此，爱因斯坦的工作没有真正的先例，这是开天辟地的工作。与此相反，1905年时狭义相对论理论已非常流行了，在四个月后爱因斯坦写他的第一篇关于这个课题的文章时，它涉及空间和时间数学性质的已经被洛伦兹完成的新推导（尽管爱因斯坦没有给出根本的解释）。

这篇文章假设光可以被设想为一个粒子流（爱因斯坦称之为"量子"，我们现在称之为"光子"），共17页，由导论和九个小节组成。这篇文章写得很清楚，对像普朗克这样的专家来说是比较容易理解的（他是该杂志的理论编辑)。这篇文章从麦克斯韦的理论观点出发,从新的角度对实验现象进行了定性和定量的分析,并从中提出了新的但令人费解的观点。令人震惊的是,文中的每一个陈述用我们现代的量子辐射理论及其与物质的相互作用进行评估都是正确的。

当爱因斯坦在他的文章中广泛地讨论与光有关的实验时,他不是这样开始的。相反,他从已经提到的理论考虑出发,即经典的统计力学不能描述黑体辐射。第一部分题为"关于黑体辐射理论中遇到的困难",他用类似于普朗克的方式解释说,要分析黑体辐射的能量密度不需要假定统计力学适用于热辐射。相反,由于辐射总是与物质交换能量,因此只需要找出气体每一个分子与电子接触然后发出光时的平均能量,(具有讽刺意味的是,他在这里指的是德鲁德的"悲伤的样本"和他的电子理论)。建立了这一点后,他直截了当地说到点子上:经典统计力学强调每个分子的能量是 kT。仅此而已。然后他援引普朗克的方程,在频率 ν 时,黑体能量的密度与这种分子的能量成正比,黑体能量密度用希腊字母 ρ 表示,但是分子的能量普朗克代入的不是 kT,而是完全不同的答案,是从他计算熵得到的。但是,爱因斯坦指出,如果不坚持 $E_{mol} = kT$ 这个结果,唯一有意义的答案就要根据古典推理,就会有辐射总能量问题。实际上出现一个非常大的问题:所有辐射频率相加的总能量是无穷大的。尽管物理学家反复折腾无穷大这个问题,我们仍然不允许对于可以测量的东西给出无限大的答案。对一个发自有限尺寸黑体的总能量做了测量,它遵循一个已知的关系,称为斯特藩-玻耳兹曼定律[⊖],黑体的总能量确实是有限的。因此,显而易见的方法给出了一个不可能的结果。

不可能的答案的来源容易追踪。在气体中有一个非常大但数量有限的分子,每个分子可以有固定的能量 kT,因此总能量将是一个很大的但有限的量。然而,在一个捕获了辐射的盒子里,可以有无数个波长的辐射(记住,麦克斯韦辐射的波长可以是任意小的)。如果每个波长的辐射都具有相同的能量,那么总能量就等于无穷大,就像爱因斯坦所发现的那样。有没有可能只有一些

⊖　这种关系是从一个黑体表面发出的总辐射能量 $J = \sigma T^4$。这是玻耳兹曼的老师约瑟夫·斯特藩 (Josef Stefan) 推导的,玻耳兹曼推广的, σ 是斯特藩-玻耳兹曼常数,它的值是到 1905 年才知道的。

波长能获得它们的能量份额，而其他波长却低于它们的能量份额？不，这是不可能的。由于辐射和电子总是相互作用，如果某些波长没有得到"公平份额"的能量，那么辐射就会不断地从物质中吸取能量，直到所有物质冷却到绝对零度为止。后来的物理学家保罗·埃伦费斯特（Paul Ehrenfest）⊖想出了一个表达这种现象的有吸引力的名字：紫外线灾难（几乎所有的能量都应该流入较短的紫外线波长）。别担心，这样的事是不会发生的。

这就是爱因斯坦试图用统计力学解释黑体辐射的那堵砖墙。从牛顿力学和麦克斯韦/玻耳兹曼理论中得到的唯一答案不仅仅是错误的（与实验不符），而且是荒谬的。这就是为什么普朗克不得不绞尽脑汁引入"能量元素"来得到他的答案。爱因斯坦对这一花招持有很大的保留，他设计了一种方法，使他对光量子做出的猜测无须考虑普朗克的观念是否具有真实性。

尽管他对普朗克推导辐射定律的方法持保留态度，但爱因斯坦在他的论文中对普朗克的态度相当微妙。人们可能会认为，面对德鲁德和玻耳兹曼的错误假设，愤怒的年轻的标新立异者会在文章中只想强调普朗克方法的缺点。当普朗克小心翼翼地走到紫外灾难的边缘时，他注意到他的常数 h 不能任意小（那会恢复能量的连续性）。如果是这样的话，人们会立即看到爱因斯坦得出的总辐射能量的荒谬结果。然而，普朗克却不愿意提及他侥幸逃脱的威胁。爱因斯坦发现普朗克皇帝没有穿衣服，有谁比他更能告诉世人呢？

然而，更晚一些时候，1928 年贝索给爱因斯坦的信揭示了为什么他的语调发生了变化："就我而言，在 1904 年和 1905 年我一直是你的公众，通过帮助编辑你有关量子问题的通信，我剥夺了你的某些荣耀，但另一方面我让你得到一个朋友普朗克。"看来，是贝索说服爱因斯坦修改本文的早期版本，在这个早期版本中爱因斯坦更尖锐地批评了普朗克推导的正确性。贝索是完全正确的：他可能是剥夺了爱因斯坦的一些荣耀，但爱因斯坦更直接地讨论普朗克的工作，不是更直接更清楚地说明他的作用，说明他是认真地提出能量量子化作为原子力学性质的第一人吗？

⊖ 埃伦费斯特是一位奥地利出生的犹太裔物理学家，爱因斯坦在 1912 年在布拉格见到他。爱因斯坦回忆说，"在几小时内我们成为朋友，由于我们奋斗和憧憬一致仿佛天造地设般走到一起。"那一年的晚些时候埃伦费斯特成为莱顿大学的教授，在接下来的 20 年里爱因斯坦定期走访这里。

爱因斯坦在发表的文章版本中，尽可能地把自己局限在无意冒犯的评论上，"普朗克的（$\rho\nu$）公式……已足以解释到此为止所做的所有观察。"爱因斯坦在这里不打算以任何方式确定正确的辐射定律，相反，他的目标是解释这个定律的意义，这显然是正确的。但正如他刚才所指出的，在那时他已意识到这个定律与原子理论有冲突。为了说明这一点，他发现只要考虑较短波长的热辐射就够了，为了方便使用老的维恩定律，这个定律不适合较长的波长，但在短波长高频范围与实际数据拟合得很好$^{\ominus}$。假设维恩定律近似是正确的，他可以反推到普朗克，找出黑体辐射的近似熵。他发现了一些非常引人注目的东西。这个熵的数学方程与分子气体的熵相同，除了气体分子的数量 N 会出现在分子熵的公式中，表达式 $E/h\nu$ 出现在黑体的熵中（其中 E 是频率为 ν 时的辐射总能量）。爱因斯坦做了直接的联系：如果光是由一系列粒子（"量子"）组成的，每个量子能量为 $h\nu$，那么 $E/h\nu$ 是这些量子数，黑体熵的表现完全与独立分子气体一样。换言之，黑体定律的短波极限表明光具有粒子性质！

当然，这不是证据。在那个时候物理学家所相信的唯一定律给出了他在论文开头所说的总辐射能无穷大的荒谬答案。因此，爱因斯坦除了他刚刚给出的数学类比外，不知道更多的基本方法来证明他的光量子假说。然而，即使没有新的、更精确的原子定律做基础，这个描述也足以解释许多令人费解的实验结果。

以下是他是如何做到这一点的。首先，他正确地假定不管新的定律是什么，能量仍然是守恒的。能量守恒意味着每当一些能量被某些东西（如一个分子或一个光波）放弃时，能量转移到另一个物体或另一个过程，因此能量没有被创造或破坏，只是重新分配了。$^{\ominus}$他的新的描述暗示光以一种不同于麦克斯韦用波描述的方式传送能量给物质。在经典物理学中，波中的能量与其强度成正比，与波的最大高度的平方成正比。这从直觉上讲很有道理。波是一种介质中的扰动，它从介质中的一个区域到另一个区域传递能量。例如，水波靠

$\ominus$　在这种情况下，高频率意味着能量单元 $h\nu$ 比经典的热能量 $E_{mol} = kT$ 大，而低频指的是相反的情况。

$\ominus$　当年晚些时候，爱因斯坦将这一规则通过著名的公式 $E = mc^2$ 推广。有时能量可以转化为质量，并且"失去"，然而原则上它可以被转化回来，所以质量-能量仍然是守恒的。这种效应在光的吸收和发射中通常是微不足道的，尽管在核反应中是非常重要的。

海洋上的风把海洋中的能量带到岸边。我们可以看到一个 30 英尺的巨浪比一个 5 英尺的小浪带来更多的能量，我们本能地通过海浪的高度测量能量。这正是电磁波理论中光波能量的测量方式，它们的"高度"是电场的强度。

爱因斯坦提出了一个原子水平上的全新的描述。他提出光波实际上是一系列粒子（不明确的，但可能是非常小的尺寸），称为量子，由于其局域性只能与单个原子或分子相互作用和交换能量。光波的强度告诉我们波在某一空间区域包含多少量子，但它并不决定每一光量子的能量。相反，量子的能量只取决于频率（或波长），根据关系式 $\varepsilon_{\text{quant}} = h\nu$ 确定。这正是普朗克关系，但不用于分子振动的能量，而是光量子（光子）的能量。

请注意，从传统的波的描述来看这个结论是非常奇怪的。波的频率决定了它的波长（波峰的间距），这并不影响每次波峰在碰撞海滩时所能传递的能量。爱因斯坦认为，高强度的光波承载更多的总能量（因为由更多的量子构成），但携带更多的量子对它们如何与单个分子或原子相互作用无关紧要。这是因为两个量子在同一时间同一点"相遇"是非常不可能的，因此不能传递两倍的能量到同一个分子[⊖]。所以，在他新的描述中，在这种转移中可能发生的是由光的频率而不是强度来控制的。

突然间，令人费解的观察产生了完美的感觉。爱因斯坦的第一个例子是一种吸收光的现象。被称为斯托克斯规则。斯托克斯，1819 年出生于爱尔兰斯莱戈（Sligo）县，是 19 世纪剑桥三大数学物理学家之首[⊖]，另外两位是麦克斯韦和威廉·汤姆逊（后来被命名为开尔文勋爵）。他最著名的一个发现是，某些物质吸收光之后会发出"荧光"，即它们将再次发射光，而不是黑体辐射，它的波长由温度决定且是可见光。然而，斯托克斯指出，再发射的光总是一种比吸收的光频率要低的光（波长较长），这是斯托克斯规则。最引人注目

⊖ 虽然这对于普通光束来说是不可能的，但现代激光产生的光束特别强烈，因而更容易产生所谓的非线性光学效应。一种重要的新的显微镜形式，称为双光子显微镜，能提供活体组织的成像，是基于这种新的可能性。爱因斯坦在他的文章中意识到并提到了涉及几个光子的非线性过程的可能性，但正确地假设它们是罕见的。

⊖ 三个人都不是英国人：1824 年汤姆逊出生在贝尔法斯特，1831 年麦克斯韦出生在爱丁堡。斯托克斯和汤姆逊都活到了 20 世纪，而麦克斯韦在 1879 年去世是科学的巨大损失。麦克斯韦现在被视为三人中最伟大的，是唯一一个没有被封爵的。

的是，许多物质可以吸收紫外线（不可见）的入射辐射，并将其转移到较低频率的可见光范围内（这种效应现在被用作现代化学和生物化学中关键的诊断探针）。遗憾的是，斯托克斯从未发表过他的著名规则[⊖]；不过，汤姆逊在 1883 年宣布了这一消息，并对斯托克斯的发现给予了充分的赞扬。

这条规则从经典波的观点来看是毫无意义的。由于经典光波中的能量与它的频率无关，为什么有的时候不能将光转换到更高的频率呢？毕竟，分子发出的光的频率可能与原子紧密结合在一起的程度和分子如何振动等有关。如果光波存储能量，并且重新发射一个新的光波，那么对那个分子来说不是可以发出任何自然频率的光吗？而不依赖于用什么频率来释放能量吗？也许这个明显的难题阻止了斯托克斯发表他的发现，因为对他的规则没有合理的解释。爱因斯坦的量子描述轻松地处理了这个问题。

如果一个分子所能做的最好的事情是吸收一个光量子中所有的能量，然后它能重新发射的量子的能量最多有相同的能量，因此有相同的频率。然而，吸收几乎总是伴随着分子的某些能量损失（一种分子摩擦），所以实际上可以释放的最高能量较低，因此最高的频率也始终较低。爱因斯坦意识到这一结论是普遍的："不管这一调节经历了怎样的中间过程，最终结果（光子的发射）是没有区别的。如果发光物质不被视为永久的能源，根据能量守恒产生的能量的量子能量不能大于产生它的量子能量，因此产生的频率必须小于或等于产生它的频率。这就是众所周知的斯托克斯法则。"

这是爱因斯坦量子肌肉的第一次大展实力，但是这只是对已经知道的事情的定性解释。他的想法太激进了，需要更多的东西让人们认真对待它。幸运的是，他在论文的下一部分提出了一个更引人注目的例子和定量预测。伟大的德国物理学家海因里希·赫兹第一个演示麦克斯韦的辐射，也偶然发现一个最终让纯粹的麦克斯韦电动力学失效的现象。这种现象被称为"光电效应"。

当光，特别是蓝色光或紫外线光入射到物质上并被吸收时，另一个过程可能发生（除了黑体辐射发射或斯托克斯低频辐射的荧光）。有时物质会发出一个充满活力的"阴极射线"，当时被确定为加速电子。这些快速的电子

⊖　这三位先驱的继承人瑞利（Rayleigh）勋爵评论说，斯托克斯可能患有"病态的错误恐惧"，这妨碍了他发表这个结果。

可以被收集并通过电路产生一个"光流（photocurrent）"。同样的原则用在所有现代的太阳能电池中，除了电子不是从物质发出而只是提升到一个更高的能量状态，在那里它们更自由地移动，作为电路中的电能量可以被提取。爱因斯坦用了与斯托克斯定律完全相同的推理解释了光电效应。他分析了能量守恒的后果，还得出一个原理：一次只有一个光量子能与一个电子相互作用。

首先，总是需要一些能量让电子从固体中脱离出来。因为电子被原子正电荷吸引同时受到物质表面的约束，所以它们需要吸收额外的能量才能被发送到空间。这种能量在原子尺度上相当大，相当于一个蓝色光量子甚至一个紫外光量子的能量。所以一个沐浴在一束红光中的材料（无论光多么强烈），都不能产生光电子，因为红光的单个光量子太微弱。从经典的观点来看这又完全令人困惑。因为更强烈的红色光束理应有更多的能量和更多的可能产生光电子。但是增加红光强度并没有作用。相反，一个相当弱的紫外光束却产生了光电子。对麦克斯韦来说这是一个问题，但在量子描述中却不是这样，即一个孤立的紫外光子，它的频率较高，有足够的能量来完成这项工作。因此，爱因斯坦的光量子学说立即解释了这一观察结果。

但他很容易走得更远。喷出的光电子飞过它们的路程走向集电极，这是一个吸收电子的金属接触器并将电子传送到附加电路。如果这个集电器充有足够大的负电压，电子被排斥，光电流就停止了。再简单地应用能量守恒定律，爱因斯坦就能够预言这种"停止电压"与光的频率成正比。换句话说，如果你画一个停止电压和频率的关系图，它是一条完美的直线，它的斜率有一个特定的值。那是什么值呢？正是适用于任何材料的普朗克常数 h，这是一个有力而精确的预测。

此外，这还是一个有趣而令人惊讶的预测，因为它将普朗克常数 h 从热辐射场转移到看似无关的光电现象的领域。它强烈地表明这个常数对物理学有普遍意义。这正是实验物理学家所喜爱的东西：一个重要的新概念与清晰和容易伪造的预言联系在一起。停止电压必须与光束的频率而不是强度呈线性关系，这一说法已经够奇怪了。但是这条线的图形也必须有一个通用的、与材料无关的斜率吗？这太好了，不可能是真的。肯定有人会跳出来激烈地批评。

除了……光电实验是非常困难的，还有爱因斯坦那时是一个尚不知名的反对光的波动理论的人，是一个不比疯子更可靠，著作被扔进废纸篓的人。不幸的是，已有的数据没有形成多大帮助。有些数据似乎表现出了爱因斯坦所解释的与频率有关而与强度无关的奇怪依赖性，但这些数据还远远不够精确，无法验证或反驳他的普遍斜率预测。他唯一能够做的是发表一个充满希望的声明："在我看来，我们的观念与德国物理学家菲利普·雷纳德（Philip Lenard）观察的光电效应的属性是不矛盾的。"爱因斯坦将不得不再等待几年才能获得他在量子方面的名声。

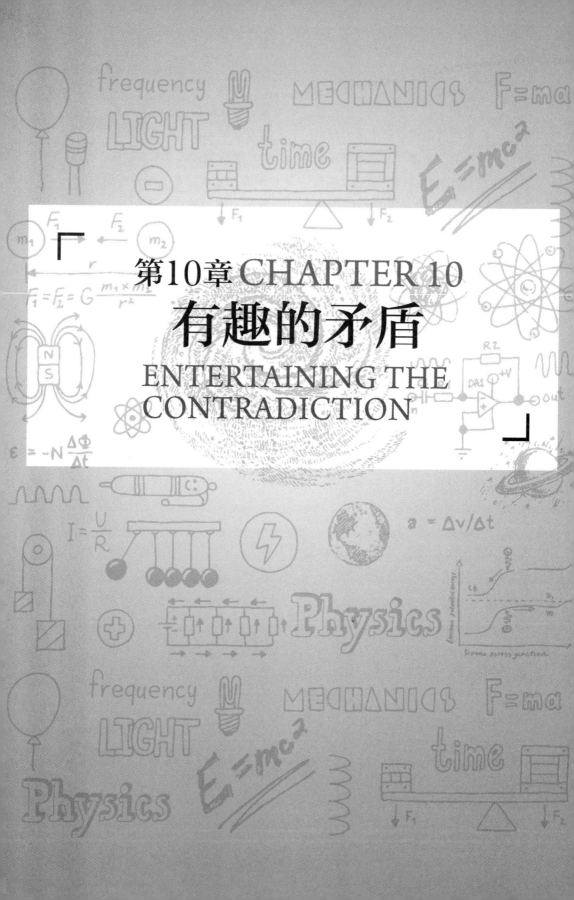

第10章 CHAPTER 10
有趣的矛盾
ENTERTAINING THE
CONTRADICTION

　　"我不是在真空中寻找吸收和发射时量子作用（光量子）的含义，我认为在真空中的过程是由麦克斯韦方程组精确描述的"，这是已知的马克斯·普朗克对爱因斯坦的光量子理论的首次反应，是在爱因斯坦 1905 年发表"革命"性的论文两年之后，普朗克在 1907 年 7 月 6 日写给爱因斯坦的一封信中说的。可以肯定普朗克早就知道了爱因斯坦的想法，因为他是发表论文的杂志《物理学纪事》的编辑。遗憾的是，关于爱因斯坦 1905 年的论文没有一个审阅人和编辑的评论留存下来，所以我们不知道普朗克对于这篇文章发表起到了多大的作用。众所周知，普朗克对发表与他意见不同的科学贡献持开放态度，只要它们不包含明显的错误，这种宽容可能会在爱因斯坦的论文发表中发挥作用。至少在爱因斯坦的文章发表后 10 年内，普朗克一直以尊重而坚定的方式反对光在真空中的微粒性质，他并不是唯一一个持这种态度的人。在当时杰出的物理学家中，只有约翰尼斯·斯塔克（Johannes Stark），他是爱因斯坦提到的在光电效应上做出杰出工作的人，公开支持爱因斯坦关于光的全新观点。1909年 5 月，洛伦兹回复爱因斯坦的一封来信，他本人做了一篇冗长的技术性的答复，详细介绍了他所看到的爱因斯坦的假设无法克服的问题。他总结说："光量子假说遇到如此严重的困难真是遗憾，因为这个假设是非常漂亮的，而你和斯塔克所做的许多应用都非常迷人。"

　　洛伦兹所说的"严重困难"是什么呢？这些困难是由于那个时候物理学中两个基本范畴之间的冲突而产生：波和粒子。牛顿定律引入了质量的概念，即抵抗运动变化的物质的质量，它响应并产生万有引力。虽然原子理论还处于初级阶段，但从麦克斯韦时代起，日常的大物体由更小、更基本的积木（原子和分子）构成的想法已被物理学家广泛使用，并在1905年赢得胜利。原子是物理学的基本粒子，虽然很快知道原子由质子、中子和电子组成（现代物理学在这个分类中增加了许多其他粒子，进一步将原子核细分为夸克）。所以宏观的"物质"（固体）、液体和气体是原子尺度粒子的集合体这个思想在爱因斯坦早期作品时期已是老生常谈了。

此外，很显然，当这些颗粒大量聚集在一起，例如在海洋或大气中，它们创造了可以传播干扰的介质，这些情况下的扰动称为水波或声波。重要的是要认识到，水或空气的粒子是波传播的基质，没有这样的基质就不可能产生这样的"经典"波（在空间中没有人能听到你尖叫）。在经典的观点中，基本的物体是构成介质的粒子，而波是派生的现象。此外，关键是要理解这些波是集体现象，波在介质中移动，但粒子没有移动。波不是整批的粒子在同样的方向运动。

这种现象可以很好地用一种新型的波来说明，这是20世纪80年代某个时候发现的，我们称它为"扇波"。在这经典的扇形波中，粒子是体育场中的运动爱好者，由于厌倦或其他刺激自发产生集体运动。在一个理想的充分发展的顺时针扇波中，所有球迷从看台第一排到最后一排上站起来，一会又坐下（约两秒），这造成他们旁边的球迷由于不知道怎么回事也立即做同样的事情。然后人群中的这种干扰会向球场周围传播，产生一种很好的视觉效果，直到失去同步或失去兴趣。任何参与这种波的人都意识到粒子（扇波）不会朝波的方向移动，它们只是上下运动。是扰动的波在传播，而不是介质中的"粒子"。

在这种情况下，扇波是一种典型的介质中的经典波。然而，要完成类比，我们必须对传统的扇波进行一点润色，以便将进一步的关键特性，即波的干扰考虑在内。想象一下，所有的球迷都站起来了（这是比赛中一个特别激动人心的时刻），他们可以制造两种不同的波浪，或者把他们的双手举到头顶或者把双手放到他们的膝盖之下，就像在一次复兴会议上一样。也允许波可以顺时针或逆时针传播的可能性。你看你的左边或右边，如果你旁边的扇子举起，你也举起，如果他放下手，你也放下手。现在有个聪明的人举起手开始一个顺时针的波，他后面的朋友放下手，同时开始一个逆时针方向的波。这两种波以同样的速度在体育场周围以相反的方向传播，因此跑到一半路程他们相遇了。在他们相遇的地方，右边的球迷举起手，而左边的球迷放下手，中间的球迷不知道该怎么办。所以他们什么也不做。这两个波相遇了，就像物理学家说的，"相位不一致"，它们相互抵消了。

这是一个有点独出心裁的海浪干扰的说明，波是一种扰动在介质中的扩展，有振幅（波在任何给定的点上有多大）和相位（波在任何给定的点上波与波峰或波谷的距离）。根据它们的相位波互相干涉，在波峰和波峰重合时较大，在波峰和波谷重合处较小（或零）。这是波浪形成必不可少的条件。但是请注意，当我们有相消干涉和两个波互相抵消时，介质的粒子仍然存在（我们例子中的球迷粉丝），他们只是不受干扰。波是扰动，所以它们可以是正的或负的，可以互相抵消，你可以一个一个相加得到零，但粒子不能（两个球迷都想占据同一个座位将会造成破坏性干扰，但这是不同类型的干扰）。

1905 年之前，所有的波都是这样构思的。然而，在麦克斯韦的电磁波发现中隐含着一个对这一认识的重大挑战。这里传播的扰动是电场和磁场，但没有明显的介质可以传播。从牛顿时代起，物理学家就假设热甚至光可以通过称为"以太"的透明介质传播。麦克斯韦的发现现在证实了它的存在，它是所有电磁波传播的基底。

这样一种介质的绝对必要性是如此明显，以致第一个证明无线电波接收和传输的海因里希·赫兹如此表示："把电从我们的世界带走，光就消失了。把以太从我们的世界带走，电场和磁场就不再能穿越空间。"

然而，这种介质是有问题的。尽管它有很强的隐蔽性，但它必须无孔不入，因为电磁波显然可以到处传播。它不能有太多质量，如果有的话就会有重力效应，这是没有证据的。由于地球在一年中不同的时间向不同的方向移动，地球上的光的速度应该以某种方式变化，就像水波对于同一方向运动的船来说移动得更慢一样。然而，测试光的速度的实验没有显示出有这种效果的迹象。

但除了假设以太还能选择什么呢？尝试在空荡荡的体育馆里制造扇波。你不必是爱因斯坦就可以看到没有介质就不能有波。然而，事实证明，你必须是爱因斯坦才能提出可以在没有介质的情况下拥有电波。

如上所述，我们熟悉的经典物理波是在介质中传播的扰动，与观察者在介质中移动看到的情况不同。在水浪尖冲浪者看到的是一个几乎静止的水墙在他周围滚动。按照同样的逻辑，年轻的爱因斯坦在阿劳上学的时候以为，如果他在光波的旁边以光速 c 移动就能看到不再振荡的静电场。这个显然可以想象的实际情况对他毫无意义："但无论是根据经验或根据麦克斯韦方程组这样的事似乎不存在。"当时的主要理论家洛伦兹和法国数学物理学家亨利·庞加莱解决了这个难题，同时取得了重大的数学进展，把电磁波的物理图像与以太紧密相连。爱因斯坦在他的学生时代和之后也对这一难题进行了反复思考，终于在1905年5月，在他提交了关于光量子理论的论文两个月后，答案就出现了。如果时间本身不是绝对的，而是对于匀速相对运动的观测者来说是不同的"流动"，所有明显的矛盾都可以得到解决！

这是爱因斯坦的"采用修正的空间和时间理论处理动体电动力学"文章"草稿"上的关键论点，是他在1905年5月写给哈比希特的快活的信中所说的。在两个月内，这个想法已经发展成他著名的关于所谓狭义相对论的论文。这项工作在文献中得到了广泛的关注，这里只引用一个关键句子的一部分并且不对此进行评论："引入一个'光的以太'将证明是多余的，因为……无须引入任何具有特殊属性的'绝对静止的空间'。"

重要的是要理解狭义相对论是完全独立于量子理论的，狭义相对论（连同后来的广义相对论）可以被看成是经典物理学及其确定性世界观的顶峰。狭义相对论让经典的麦克斯韦电磁波变得有意义，它没有利用令人难堪的、不可观测的以太就做到这一点。两个月后，他用探索式的光量子理论动摇了麦克斯韦方程组，他用一系列的排除以太的实验来证明它们。他还谈到了创造性张力。

另一方面，通过摆脱以太，很明显爱因斯坦已经准备好接受波不是在介质中传播的"基本波"，几年后他明确地提出了这样的想法："只有当一个人放弃以太假说时，他才能获得令人满意的理论。在这种情况下构成光的电磁场将不再是一个假设的介质状态，而是由光源发射的独立的实体。"因为从这一点来看，电磁波是一个完全新的物理实体，正如爱因斯坦在光量子概念提出的那样，也许它们可以是经典的粒子和经典的波之间的某种东西。总的来说，它们有时表现出类似经典波的干扰，因此可以互相抵消，但当与物质交换能量时，它们就像局部粒子一样。爱因斯坦愿意接受这个矛盾。他是当时所有物理学家中唯一真正想到这两个相互矛盾的概念的人。在接下来的六年里，爱因斯坦将集中主要精力致力于完善这个艰难的结合。

第11章 CHAPTER 11
跟踪普朗克
STALKING THE PLANCK

　　"我们三个人都很好，一如既往。小豆芽已成长为相当结实而淘气的小家伙。至于我的科学研究，现在并不那么成功。当人们哀叹年轻人的革命精神时，我很快就要到了停滞不前和出不了成果的年龄。我的论文备受赞赏，并在进行进一步的审查。普朗克教授（柏林）最近写信给我告诉我这个消息。"

　　这是二十七岁的爱因斯坦在 1906 年 4 月写给他的前奥林匹亚学院的同事莫里斯·索洛文的信，在他的奇迹年之后。他提到的"小豆芽"是他的第一个儿子，汉斯·阿尔伯特[⊖]，他出生于 1904 年 5 月 14 日，现在即将迎来他的第二个生日。此时，物理界对爱因斯坦几乎一无所知，只是他个人在理工学院和随后的研究中接触了一些物理学家，但没有一个是杰出的理论家。他工作稳定，一天八个小时，在专利局办公室一周工作六天，他有点伤感地向一位朋友描述自己为"一个受人尊敬的有体面薪水的联邦苦力"。他的薪水近来又有增加。1905 年 4 月（在他的创作灵感中）他又向苏黎世大学提交了一篇博士学位论文，选择他最有把握的工作为主题，不规则的分子运动（"布朗运动"）和测定阿伏伽德罗常数。这一次克莱纳和委员会接受了论文，因此他在专利局

　　⊖ 汉斯·阿尔伯特是爱因斯坦的第二个孩子。他的第一个女儿名叫丽瑟尔（Lieserl），1902 年在他们结婚之前米列娃所生，出生在塞尔维亚的诺维萨德。孩子被留在塞尔维亚的朋友或亲戚家，情况不明，她后来的经历是未知的，据说她没有活到成年。

晋升为二类技术专家，随之工资增长 15%。

虽然爱因斯坦本人还未被理论物理界的伟人所知，但他的工作在一年后就产生了重大影响。正如上面的引文所表明的那样，普朗克已经写信给他告知他的工作受到了极大的赞赏（尽管普朗克的信没有留下来）。人们可能认为，爱因斯坦关于光量子的研究与普朗克职业生涯中的主要成就——黑体辐射定律有关，因此是普朗克关注和欣赏的主要对象。然而事实并非如此。直到如前所述的 1907 年 7 月的信中，人们才知道普朗克对真空中光量子的想法持坚决否定的态度。相比之下，普朗克对狭义相对论立即欣然接受了。是普朗克，而不是爱因斯坦在 1905 年秋季，在当年九月这个理论发表后不久，第一个做了这一主题的公开演讲称赞爱因斯坦（在 6 月底收到这篇文章后，作为《物理学纪事》的理论编辑，普朗克自然会看到这篇文章）。

普朗克不仅迅速宣传了相对论，而且他还给予了一个工作的科学家可能得到的最高的称赞：他把他的工作转向了研究和延伸这个理论。1906 年他发表了第一篇非爱因斯坦做出的对相对论有重要贡献的文章，他证明相对论力学与"最小作用原理"$^{\ominus}$是相容的，这是经典力学的另一种数学公式，它灵活到足以涵盖相对论所要求的牛顿定律的改变。从 1906 ~ 1908 年，普朗克的新研究都与相对论有关。由于普朗克在这一领域的地位和他对相对论的"立即关注"赋予了相对论一种可信性和重要性，否则相对论可能在某一段时间内不会受到重视。爱因斯坦在 1913 年向普朗克致敬时承认了这一点，他说："这主要是因为普朗克坚定地、诚恳地支持了这一理论，它在我的同行中很快引起了注意。"

普朗克以这种方式做出反应完全符合他的个性和科学哲学。他认识到对非专业人员和一些物理学家来说看起来很奇怪的相对论，事实上完全是经典力学，它与麦克斯韦的电磁理论兼容。爱因斯坦自己形容为"相对论是麦克斯韦和洛伦兹电动力学的一个简单的系统的发展。"他反复强调相对论与早期的物理原理的连续性："有一种错误的观点广为传播，认为相对论与物理学以前

$\ominus$　这里提到的称为"作用"的数学量是导致普朗克称其为常数 h 的同一个数学量，"量子作用"是因为它有同样的质量乘速度乘距离的"单位"。在经典物理中作用不是量子的，普朗克在他相对论的工作中没有引用常数 h。

的发展是根本不同的……我能够构造我的理论是由于四位奠定了物理学基础的人：伽利略、牛顿、麦克斯韦和洛伦兹。"狭义相对论是一个像普朗克那样的纯粹主义者能够喜爱的理论。任性的光量子能够在真空中传播，但仍然能像波浪一样干扰，挑战了麦克斯韦方程组的完整性，现在这是一个完全不同的事情。他能做的最好的事是原谅这个年轻天才的鲁莽和轻率。

显然是在爱因斯坦反复的督促之下，普朗克终于在上面引用的 1907 年 7 月的信中讨论了光量子假说（"我认为在真空中的过程是由麦克斯韦方程组精确描述的"），但爱因斯坦此前自己给普朗克的信已丢失了。在普朗克说明他相信麦克斯韦方程组的有效性的信念，并认为"作用量子（h）"仅涉及物质与电磁能量的交换之后，他继续说，"但比起这个肯定是更古老的问题来说，更迫切的问题是你的相对性原理的可采性问题……只要相对性原理的支持者像现在这样构成一个适当的小乐队，在他们之间取得意见一致是双重重要的。"在普朗克从后门将不连续性塞到物理学中七年之后，他仍然没有看到这是一个划时代的事件。相比之下，1906 年 12 月底，爱因斯坦已经意识到普朗克的作用量子不会继续停留在潘多拉的辐射腔中，而且它给物理学家的世界观带来的挑战比相对论更为根本。

如上所述，在爱因斯坦 1905 年的关于光量子的论文中，他回避与普朗克直接对抗，他赞扬普朗克辐射定律"足以解释到目前为止所有的观察"，但所有的结论是建立在对短波长辐射有效的维恩的近似定律上。他坚决认为当时的统计力学只能给出一个不可能的答案——在空腔中的每一个允许的波长的能量 kT，会导致紫外线灾难——这表明在那个时候爱因斯坦认为普朗克"推导"的采用能量元素 $h\nu$ 的辐射定律，即使不是彻头彻尾的错误也是非常值得怀疑的。1906 年 3 月，在发表革命性的光量子假说差不多整整一年之后，他显然重新考虑了这一观点，并提交了一篇论文，认为普朗克公式需要光量子的概念。

在去年发表的一项研究中，我证明了麦克斯韦的电流理论与电子理论相结合所得出的结果与黑体辐射的证据相矛盾。在这项研究中我所遵循的路线是，我认为频率为 ν 的光只能以能量量子 $h\nu$ 被吸收或发射⊖。……这种关系适用

⊖ 爱因斯坦实际上没有使用普朗克引入的符号 h 作为常数，而是使用与普朗克常数相等的旧常数的比值。爱因斯坦继续这种做法好几年，也许表明他不情愿接受 h 作为自然界的基本常数。

的范围相当于维恩辐射公式的有效范围。

当时，在我看来，在某种程度上普朗克的辐射理论与我的工作是相对应的和可替代的。然而，这里所报告的新的考虑向我展示，之所以普朗克的辐射理论所建立的基础不同于能从麦克斯韦理论和电子理论得出的结果，正是因为普朗克的理论隐含地使用了上述的光量子假说。

这是 1906 年论文的开场白。注意这里与他的 1905 年文章的一致性，开始先声明传统的理论导致了一个黑体辐射定律与普朗克定律之间的矛盾（在 1905 年文章第二节他还另外重申了这一导致紫外灾难的错误的定律）。然后他重申他的量子假说是仅仅基于维恩的限制范围，而不是完整的普朗克定律。最后，他明确指出，当他写他的 1905 年的论文时，他认为普朗克定律和光量子探索理论之间即使不是完全矛盾的，也存在着一种紧张关系。是什么让他改变了主意？

普朗克为黑体中的分子（他称它们为谐振器）引进能量的量子化作为计数装置，让人们不清楚的是这是一个物理假设还是数学上的便利。根据这个假设，他推导出了谐振腔的熵，然后通过进一步的运算确定了腔体内辐射频率之间的能量分布。现在，在 1906 年的文章中，爱因斯坦从与普朗克完全相同的方程开始，将频率为 ν 的辐射能量与黑体中每个分子谐振腔的平均能量联系起来。1905 年，他用传统的统计力学计算了平均振荡器的能量，得到的答案是每一个都有相同的能量 kT，当转移到辐射并将无穷多个可能的波长上的能量加起来时，给出了无穷大。现在他决定修改传统的统计力学。他写了一个普朗克的一个谐振器的熵的数学表达式，这个表达式是他独立于吉布斯在几年前发现的，它看起来不同于玻耳兹曼著名的 $S = k\log W$，但他证明在数学上是等价的。在他的新表达式中，不需要计算状态，而是将每个谐振器的所有可能的能量贡献加起来找出熵$^{\ominus}$。他发现当他像牛顿力学那样允许能量连续取值时，他得到一个导致紫外灾难的熵的表达式，但如果他只是利用普朗克的限制，能量只能按 $h\nu$ 一步一步增加，几步的代数运算后就得出了普朗克定律。然后他把纸牌放在桌子上：

因此，我们必须将下列命题视为奠定普朗克辐射理论的基础：一个基本谐

$\ominus$　这种方法在现代处理中很常见，它是把熵与"自由能"联系起来，"自由能"是从"配分函数"得到的，这是系统能量函数的一个求和。

振器的能量只能认为是 $h\nu$ 的整数倍值，通过发射和吸收，谐振器能量是按 $h\nu$ 整数倍跳跃式变化的。

这本身并没有多少超越普朗克的数学之处。爱因斯坦只是把数学路线重新以一种他发现的更合适和更直观的方式安排到普朗克公式中。对爱因斯坦来说，这种方法清楚地表明，能量的量子化不仅是数学上的便利，而且是关于自然的假设，与他的光量子的假设非常密切。任何仔细阅读普朗克推导的人都可能意识到同样的事情。然而，事实上，我们知道当时没有其他物理学家知道这一点，除了无所不知的洛伦兹，我们将看到洛伦兹最终从这个认识中得出了普朗克公式一定是错的结论。爱因斯坦甚至没有考虑到普朗克公式可能是错误的，因为从他最早的关于这个课题的工作时起他似乎已经接受了这一定律是已经建立的必须接受的实验事实（一个德国少数知识渊博的人持有的观点，但不是更普遍）。相反，他在 1905 年早些时候尝试通过将它与量子假说相联系找到这个定律的意义，但他毫不留情地诚实地承认他和普朗克推理的缺陷。普朗克和他目前的论文的出发点是热辐射的能量和与辐射接触的物质（谐振器）的平均能量之间的数学关系，*这种关系是在假定麦克斯韦方程组的有效性的基础上建立起来的*。然后为了推导出普朗克定律必须插入一个量子假说，这个假设显然是与麦克斯韦的理论无关的和矛盾的——几乎没有引人注目的逻辑链。

爱因斯坦继续说："如果谐振器的能量只能跳跃式变化，那么辐射空间中谐振器的平均能量不能从通常的电学理论中获得，因为后者不承认谐振器的量化能量值。因此，下面的假设是普朗克理论的基础：虽然麦克斯韦的理论不适用于基本谐振器，但基本谐振腔的平均能量……等于麦克斯韦理论计算出的能量。"换句话说，普朗克在满足自己的目的时使用麦克斯韦，而在它不满足时不使用它。但爱因斯坦并不是在指责普朗克，而是指出需要对物理学进行根本性的修改，以包含量子。"在我看来，上述的考虑并不能完全否定普朗克的辐射理论，相反，它们似乎让我看到普朗克先生用他的辐射理论在物理学中引入了一个新的假想元素：光量子假说。"

然而，所有迹象表明普朗克先生在读过之后立即并肯定地拒绝相信这个古怪的新假设，在他 1907 年 7 月的信中，他敦促爱因斯坦把重点放在相对论的非常重要的问题上，将潜在的难以处理的矛盾的量子放在一边。爱因斯坦没有接受他的劝告，相反，他很快就把这个新的假设从辐射扩散到物质上。但是，当爱因斯坦正在策划他的下一个激进的步骤时，这个领域的大人物才刚刚意识到经典物理学中的热辐射的危险悖论——紫外线灾难。英国著名物理学家洛德·瑞利（Lord Rayleigh）六年前曾窥视了这一现象，但当时他没有注意。现在这个现象已经变得不可忽视了。

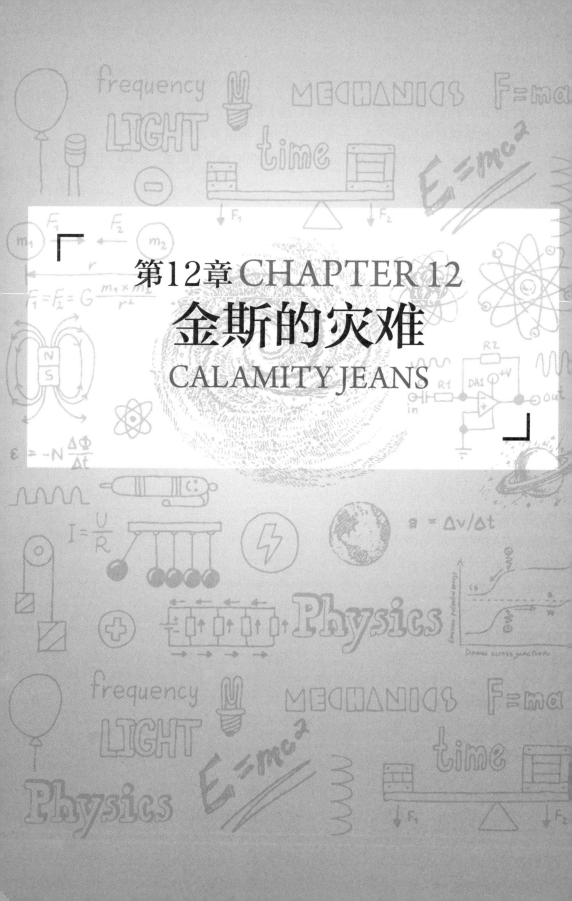

第12章 CHAPTER 12
金斯的灾难
CALAMITY JEANS

1900 年 6 月，在普朗克的历史性的绝望行动六个月前，早在爱因斯坦 1906 年澄清它的意义之前，约翰·威廉·斯特拉特（John William Strutt），即瑞利（Rayleigh）男爵三世（又被称为瑞利勋爵）已经发现维恩定律一定有什么地方是错的。这个定律被认为是描述黑体辐射的，但很快就被实验发现它在长波辐射中失效。

瑞利男爵是英国贵族的一员，他克服了家庭的反对从一个研究自然的庶民上升到英国科学的顶峰。他是个体弱多病的青年，从一个学校转到另一个学校，因此早年没有表现出自己的才华，甚至被剑桥的一个小奖学金拒之门外。出乎意料的是他在剑桥开花了，1865 年在令人敬畏的数学老师 E. J. 劳斯（E. J. Routh）[⊖] 的严格指导下赢得最高数学奖（"First Wrangler，最高牧马人"）[⊜]，毕业后他不顾父亲的保留加入学术界并赢得了剑桥三一学院奖学金。1871 年他的光波点状粒子散射理论对天空的蓝色给出第一个严格的解释，他在 1877 出版了他的代表作《声音理论》（*The Theory of Sound*）。到了 1879 年，他的物理学家名声是如此之大，以致他被选为接替麦克斯韦在剑桥卡文迪许实验室担任主任。在这个位置取得巨大成功之

⊖　劳斯是一个众所周知的不轻易表扬别人的人，当弗莱彻·莫尔顿（Fletcher Moulton）做了一个几乎闻所未闻的完美实验获得另一个"最高牧马人"奖时，从劳斯得到的唯一评论是"排版整齐。"

⊜　剑桥大学的一种奖项。——译者注

后他在 1884 年辞职，再次集中自己的研究，其范围不只是声学和电磁，还有诸如"鸟的翱翔"和"羽毛球的不规则飞行"。在那个时候他这样表述他的职业：

自然科学的领域确实足够宽广，足以满足其狂热者的野心……日益增加的知识带来了日益增长的力量，本世纪的胜利是如此伟大，我们可以相信它们只不过是预示着人类的仓储中还会有什么发现和发明……工作可能很艰苦，训练也很严厉，但兴趣永远不会消失，有志者事竟成。

1900 年，当他进入我们的故事时，他在前一年中接受了皇家学会科普利奖章（Copley Medal），同样高的荣誉在接下来的一年奖给了 J. W. 吉布斯，4 年后他获得了诺贝尔物理学奖⊖。麦克斯韦、斯托克斯和汤姆逊（Lord Kelvin）这一代伟人已经退出舞台，瑞利现在是英国物理学的权威。

瑞利在德国一直研究黑体辐射问题，知道维恩定律目前在实验的基础上和理论的扩展上都受到青睐（事实上是普朗克所做的扩展，众所周知在 1900 年 10 月撤销了）。但他却不为所动，他把导致维恩定律的理论看作为"比猜想好一点"。事实上他已经注意到这一定律的数学表达公式有一个奇怪的特点。无论是错误的维恩定律还是普朗克的正确的定律都有一个特点，在一个给定的温度有一个特定的辐射频率承载辐射能量的最大一部分，即两个数学函数在一个频率有一个"峰"，这个频率与黑体温度有关⊖。这一峰值频率随温度升高而增加，在室温下驻留在红外区。当物质加热到 6000℃，即太阳表面的温度时移动到可见光区。瑞利感兴趣的是，当温度升高时峰值频率是如何向上移动的。只有两种可能的方式，或者辐射能量仅在比先前峰值更高的频率处增加，或者在较高的频率比较低频率能量增加更多，这样，当能量输出的整个曲线向上移动时，其峰值也移向更高的频率。瑞利的直觉是，涨潮会使所有的船都升高，也就是说，增加黑体温度会增加所有频率的辐射能量输出，所以他认为第二个观点一定是正确的。但他发现维恩定律预测的不是这样。维恩定律预测，如果加热一个物体并测量该曲线的低频一侧（低于峰值），一旦温度足够高在这些频率上的能量会停止增加。瑞利确信这是错误的（他是对的，正确的普

⊖ 他因发现大气中的氩元素而被人们承认。

⊖ 表示三个辐射定律与频率的函数的图形见附录 B。

朗克定律没有这个属性）。

瑞利非常熟悉热力学这一事实。气体中一个粒子的热动力的能量与温度成正比。对于一个简单的振动的分子这一事实与方程 $E_{mol} = kT$ 密切相关（其中 k 是玻耳兹曼常数），爱因斯坦在他的 1905 年和 1906 年的有关光量子文章中强调了这一点。正如已经提到的，经典的预测是所有的振动结构在相同的温度下应具有相同的热能量 kT，这就是能量均分定理。说它是"定理"有些不妥当，因为即将出现的量子理论至少在分子振动的情况下将否定这一说法。但在瑞利开始研究黑体辐射时，还没有一丝这样重要的测量迹象，所以他愿意依赖标准的经典统计力学。他意识到均分的结果，$E_{mol} = kT$，对于不同频率的振动结构正是热能平等共享的一个例子。对于自由移动的气体粒子每个粒子也应该有相同的热能量，但在这种情况下这个热能量不同于在同一温度下的振荡器：$E_{gas} = 3kT/2$[⊖]。

正如它的名字所暗示的，经典统计力学得出这样一个结论：环境中所有的热能在类似的原子运动中是相等的。瑞利称之为"麦克斯韦的能量划分学说"，他用牛顿力学对它进行了详细的验证，仅在 1900 年几个月前的长篇论文中就证明了这一点。如果分子是由小牛顿球构成的，如此完美的能量共享是正确的。但事实证明，我们生活的这个世界不是这样的，在量子世界中均分不成立。

这是件好事。像许多平等原则一样均分会有意想不到的后果。在这种情况下得出的结果将是紫外线灾难，五年后爱因斯坦在关于光量子的论文中指出和拒绝了这个结果。爱因斯坦不知道的是，瑞利已经首先意识到了，但他没有发出警告。

1900 年 6 月瑞利思考维恩定律时，他利用他在声学中的很多专业知识判断经典的均分原理不能很好地真正描述气体的实际行为。声音在气体（像大气那样的气体混合物）中的速度取决于它的能量含量如何随温度变化，这个含量被称为气体的"比热"。许多气体的比热特性不符合均分的概念。如果只计算预计有多少类型的振动，并且分配给每一个振动平等份额的能量的话，许

⊖　对一个一维运动的气体粒子，$E_{gas} = kT/2$，振荡器的一半。这是因为气体粒子只有动能，没有势能，对于振荡器它给出一个平等的贡献，$E_{mol} = kT/2 + kT/2 = kT$。然而，对于气体粒子的在空间所有三个方向运动的现实情况下，$E_{gas} = kT/2 + kT/2 + kT/2 = 3kT/2$。

多气体比热比它们应该的要小。瑞利注意到这一点，他说："似乎是有什么需要的东西从能量均分定理的破坏性的简单中丢掉了。"普朗克先生在不到一年的时间里发现了能量的大逃亡，但瑞利没有办法知道。他的确知道均分定理不能普遍适用，所以他在考虑黑体定律时不愿意相信它，在他 1900 年 6 月的新论文中他形象地称它为"完全辐射定律"。然而他意识到这个均分原理能解决他注意到的维恩定律的奇怪特点。

在承认"问题是要通过实验解决"的同时，瑞利写道，"我冒险提出一个维恩定律的修正，这个修正对我来说似乎是更有先验性的。"首先他认为黑体辐射可以被认为是一个弹性介质的振动，就像声波，从根本上假设一种机械以太支持辐射（正如他同时代的其他物理学家一样）。他称这些有着不同频率的弹性振动为"辐射模式"。然后他用均分找到这些振动的能量，但仅用于低频模式："虽然因为一些原因它还没有解释能量分配的麦克斯韦-玻耳兹曼学说为什么通常不成立，但似乎它可以适用于更低频模式。"

根据这一假设，他基本上推导出在爱因斯坦的 1905 年文章第 1 节中找到的经典黑体定律的基本表达式，除了……他对此不置可否。鉴于这将导致一个荒谬的结果，在所有波长上的能量加起来得出的能量无限大，他没有得出爱因斯坦（正确）的答案，而是增加了一个额外的，完全不合理的因子到方程中"关闭"高频模式，以避免紫外线灾难。此外，在 1900 年他并没有对这个修正的因子做出任何使读者满意的解释。

也许他觉得，由于他早先声明只对较低的频率使用均分原理，因此读者就无论如何不会在高频认真看待这个答案了。我们永远不会知道也许这是他在高频真正的定律是什么样子的最好的猜测⊖。我们确实知道德国实验者鲁本斯和库尔鲍姆认真采用了带有修正因子的瑞利定律。因为仅仅几个月后他们把它与他们的数据比较。他们发现虽然普朗克新建立的辐射定律适合于所有频率的数据，但瑞利定律只在低频处适合，在低频处两种定律在本质上是相同的⊖。

⊖ 当瑞利 1905 年发表了他的定律更详细和细致的论述时，他明确指出如果均分对所有的频率成立会得到一个无限的黑体的辐射能量，这是荒谬的，意味着一些类型的均分原理失效。

⊖ 瑞利 1902 年编辑他的论文集时加了脚注，声称在 1900 年他真正的意思是他的定律无论如何只适用于低频行为，从而用鲁本斯和克鲍姆的实验证明自己的猜测，没有提及附加因子。他当时意识到普朗克的猜测是正确的，并陈述了这一点。

　　注意到羽翼未丰的专利人员和被授予勋章的瑞利勋爵得出了不同的结论。爱因斯坦通过自己对经典统计物理的深刻思考得出结论：能量均分定理是这一理论可以给出的唯一可能的答案，因此，均分定理不能适用于黑体辐射的高频范围意味着需要一个全新的原子或电磁理论，或两者。瑞利意识到均分定理失败，但没有坚决地把这一失败归因于经典物理学。在这一点上他与普朗克相似，普朗克至少是被迫接受新的量子作用 h，但不能接受其根本的含义。

　　但这并不是故事的结局。更年轻的剑桥物理学家詹姆斯·金斯，刚刚完成了他的学业（以第二牧马人毕业）并得到一个研究职位致力于气体的理论研究。金斯比瑞利更具个性，后来专攻天体物理学和宇宙学，并引入了宇宙稳态模型，后来被宇宙大爆炸理论证明是不正确的[⊖]。金斯正是在 1904 年转向黑体辐射的，那时他发表了他的论文《气体动力学理论》。在这项工作中，他表达了比瑞利更明确的看法，从而得出了令人震惊的结论：能量均分定理适用于所有的频率和紫外灾难发生。"如果以太与物质之间存在相互作用，不管这种相互作用有多么小…… . 我们将得出这样的结论：在气体的所有能量都被辐射耗散到以太中之前不可能保持稳定状态。"

　　那么为什么当无限多的辐射模式吸走了物质的全部能量时，整个地球没有冷却到绝对零度呢？很容易回答，一切都发生得非常非常缓慢。

　　我们现在可以追踪事件的进程，当一个或多个气体质量何时将被留在不受干扰的以太中（与辐射接触）……能量转移发生在分子的主要自由度和以太中的低频振动之间。这……赋予以太少量的能量……在这之后，一个第三次的能量转移开始显现出来，但所需的时间必须以亿万年来计算，除非气体非常热。

　　在热力学的技术语言中，金斯放弃了物质是处于"平衡"的辐射假设——即一种认为辐射和物质相互作用的时间足够长就能发现能量的最可能分布的想法。如果人们等待很长时间，并且一次又一次地测量黑体辐射，能量分布就不会改变了。

　　1905 年，大约在爱因斯坦写他的关于量子的书的同一时间，金斯和瑞利在

　　⊖　具有讽刺意味的是，大爆炸理论本身是通过对它产生的黑体辐射的观察而得到证实的。

给《自然》杂志的一系列信件中讨论了这个问题。此时，瑞利丢掉了不合理的修正因子，在 1905 年发表了瑞利-金斯定律$^\ominus$：$\rho(\nu) = (8\pi\nu^2/c^3)\,kT$。正如之前，$\rho(\nu)$ 是表达辐射定律的数学函数——普朗克定律的瑞利经典版本。它说什么了？首先它说频率 ν 的辐射能量密度与 kT 成正比。由于能量均分定理说每个辐射模式必须有 kT 的能量，因此前面的因子 $(8\pi\nu^2/c^3)$ 必定代表每单位体积这种模式的数量（因此代表它们的密度）。但是请注意，这个因子有一个疯狂的特性，爱因斯坦注意到的是：它与频率的平方成比例，这意味着频率越来越高辐射的能量就越来越多。事实上，提出的这个定律与爱因斯坦 1905 年写下并立即被拒绝的关于光量子论文中的定律完全相同，因为如果物质与辐射平衡该定律会导致紫外线灾难。从金斯的角度来看，这场灾难只是暂时推迟的，整个物质世界正在与辐射进行一场战斗，并终将失败。我们没有完全冻死的唯一原因是我们输掉这场战斗的速度难以察觉。

用这种类型的手法是无法侥幸成功的。在物理学中事物是相互关联的。在热力学中，我们几乎总是假定自然界处于热平衡状态，以便解释事物是如何工作的。例如，如果你假设黑体辐射不是平衡的，你如何解释得到良好验证的黑体辐射总能量的斯特藩-玻耳兹曼（Stefan Boltzmann）定律呢？这个定律是要求热平衡的。这是一个意外的幸运吗？

此外，普朗克公式与测量结果十分符合也是一个幸运的意外。如果你仔细想想，金斯假设所要求的巧合会迅速增加$^\ominus$。普朗克，由于专心于详细的实验数据，所以当他在 1906 年的热力学教科书中提到金斯时，他并没有认真对待

$\ominus$　瑞利发表这个公式时有一个微不足道的错误：他忽略了光的偏振，用 8 的系数给出的结果太小。金斯修正了这个错误，现在这条定律被普遍以这两个人的名字命名。爱因斯坦在 1905 年独立地推导了同样的定律，比瑞利早了一个月就发表了，但他的名字从来没有与此定律联系在一起。直到瑞利的初始错误被发现，他的公式与普朗克定律的低频极限不符合。瑞利指出，比较这些方法是有帮助的，但没有成功地按照普朗克的推理，他宣称自己"无法接受它"。一旦错误得到纠正，这两个定律在低频率端完全一致。

$\ominus$　瑞利以他的信誉担保从来没有完全赞同过金斯的慢灾变理论。只是说对于短波长"均分原理一定有一些局限性。"这种限制是普朗克、金斯、洛伦兹……爱因斯坦和其他人提供的，但瑞利不相信，他在 1911 年写道："自从 1905 年的这些信以来，普朗克、金斯、洛伦兹……爱因斯坦等人做了进一步有价值的工作。但我相信这个问题很难解决。"

金斯的想法。他私下对金斯的批评甚至更为严厉，他在给维恩的一封信中评论说："他是理论家的榜样，但实际上他不应该是，正如黑格尔在哲学中一样。如果事实不符合情况就更糟了。"尽管如此，金斯的"慢灾难"模式在后来的几十年仍在被认真地讨论。

在知道答案后难题总是看起来更简单了。现在我们很难相信许多杰出的科学家能够接受如此没有价值的解释。但是，从当时物理学家的角度来看，在原子水平上彻底放弃牛顿力学确实是一个比放弃热平衡假设更具吸引力的选择吗？不知何故，爱因斯坦凭直觉就知道是这样。他在 1906 年接受普朗克定律后不久就开始证明自己的观点。他通过观察困扰麦克斯韦和瑞利的同样的物理特性来做到这一点，并让金斯接受了他对普朗克定律的根本改变。他重新审视物质的比热，但不是气态的，而是在固体状态。最终，这项工作将消除原子可能服从经典力学的任何希望。

第13章 CHAPTER 13
冻结的振动
FROZEN VIBRATIONS

整个事情是由普朗克的一种插值公式开始的。没有人愿意接受它，因为它似乎没有逻辑性……一半的论点是连续的，另一半是基于……能量的量子。唯一看起来理智的人是爱因斯坦。他觉得如果普朗克的想法有什么道理，那它一定会出现在物理学的其他部分。

——诺贝尔奖获得者彼得·德拜，1964年

在爱因斯坦的学生时代，海因里希·韦伯是他的克星，几乎毁掉爱因斯坦这位历史性的天才，但现在韦伯先生对这位天才的开花结果间接地起着至关重要的作用。1875 年，年轻的韦伯当时是柏林的亥姆霍兹的助理，他刚刚完成了一项最好的工作，固体比热的实验研究。他研究的效应是早在 56 年前皮埃尔·杜隆（Pierre Dulong）和亚历克斯·帕蒂（Alex Petit）在 1819 年注意到的一个明显违反经验法则的现象。这些法国研究人员发现，他们测量的每一个固体，一旦考虑了构成的原子重量的差别，几乎每一块固体都有相同的比热。例如，铜原子的重量大约是银原子的 60%，所以 0.6g 铜和 1g 银的原子数量是一样的，然后也会发现它们的比热是一样的。即使在早期的那些日子，杜隆和帕蒂都用潜在的原子特性解释他们的发现，大胆推断"可以得出下面的定律：所有简单［元素］的原子具有完全相同的热容量。"后来他们将这种乐观的估计局限于固体中的原子。但正如已经指出的那样，气体的行为很奇怪，这又困扰了麦克斯韦、瑞利和其他人八十七年。

确切地说比热是什么呢？它为什么与原子有关呢？比热是表征一大块物质（固体、液体、气体）的一个数字，是当温度改变 1℃时，1kg 物质中的热能变化量$^{\ominus}$。因此它测量了热能如何随温度变化。我们已经知道，如果我们相信牛

$\ominus$　热能和温度是热力学中截然不同的概念。假如我用喷灯加热一杯水和一个装满水的浴缸十秒钟。两者接收到相同数量的热能，但它们的温度变化大不相同。

顿力学在原子尺度上成立和相信统计定律，那么每个振动结构的能量与温度有最简单的关系 $E_{mol} = kT$。固体中的原子有三个独立方向的振动，因此根据均分关系得到每个原子能量为 $3kT^{\ominus}$，与涉及的原子类型有关。这正是杜隆和帕蒂的发现。但是，到了 1906 年爱因斯坦看到问题正是出在这个地方。这种说法完全依靠均分原理，他认识到正是这个概念对于黑体辐射是失败的。因此，固体比热提供给他的下一个机会延伸量子概念，用他昔日对手的实验工作支持自己的论断。

1872 ~ 1875 年之间，年轻的海因里希·韦伯不大可能已经知道作为杜隆-帕蒂定律基础的统计理论，因此他决定仔细检查它。然而，早期的对固体的测量说明这个关系不像发现者原来所想象的那样可靠。单元素固体是一个特别"难处理的固体"，最困难和费用最高的一种固体是钻石。它是硬度最高的一种固体，当温度降低 1℃ 时钻石拒绝给出它的全部能量份额，表现出它的比热比杜隆-帕蒂预计的少 30%。不仅是钻石吝啬它的热能，各种实验测量得出它的比热值也不相同。韦伯就此开始他的研究。

最终成为一位古板教授的韦伯在他年轻的时候不反对大胆的假设，于是他提出一个假定：固体的比热根本不是恒定的，而是随着总温度的变化而变化很大。当然，这个猜想与均分原理完全不同，但鉴于他不相信这个理论，即使他知道这个理论也不可能动摇他。根据这一假设，不同数值的钻石比热可以共存，因为它们对应于在不同起始温度下所做的测量。韦伯怀疑由于某种原因只有达到足够高的温度才能得到每个原子的杜隆-帕蒂的 $3k$ 值。由于某种原因，在金刚石的情况下室温不够高不足以得到这个值。他想如果他能将钻石样品冷却到远远低于室温他就会发现更大的偏离值。他的工作是在低温学取得突破之前，现在已可用常规方法将固体温度降低到绝对零度（－273℃）以上的百分之几度。可怜的韦伯不得不依靠自然冰在低温下进行测量，1872 年 3 月由于缺少积雪不得不暂停测量！

到了 1875 年，韦伯把他的实验技术推向了一个更高的水平，并能够对钻石的比热进行漂亮的测量，温度范围从 －100℃ ~ 1000℃。果然，在最高温度下金刚石的比热值增加，直至达到杜隆-帕蒂（DP）值，然后停止上升，而当

⊖ 这个系数 3 与气体中的原子 $3kT/2$ 中的 3 是同一个，因为原子可以在三个维度上运动。

温度低于正常室温时，它继续下降到 DP 值的十五分之一。此外，其他元素固体显示出类似结果，但随温度的变化没有这么剧烈。韦伯的基本假设是正确的。因为某些原因，对于大多数材料室温已经足够高了，DP 定律最初似乎是普遍的，但钻石和其他少数元素固体并不是这样的。最令人费解的是，在非常低的温度下，钻石和其他材料似乎完全丧失了在温度变化时发射或吸收热能的能力，它们比热似乎消失了。瓦尔特·能斯特（Walther Nernst）在他成为他这一代人的著名物理化学家之前与韦伯一起进行研究，他这样描述这种情况："因此通过钻石实验发现原子振动可以到达终止状态。一旦这种情况发生，热的概念对于'死的物体'就不复存在了。"韦伯做了一个伟大的实验发现，这是他职业生涯中最伟大的一次，最终他在理工学院找到了一个全职教授位置，导致了他与爱因斯坦的命运性相遇。

回想起来，爱因斯坦在他们短暂的蜜月期称赞韦伯的有关热的课程。从那时起爱因斯坦的课程笔记实际上已经幸存下来，但其中没有证据表明韦伯讨论了他自己的比热随温度强烈变化的发现。但是我们已经注意到，1901 年爱因斯坦在给米列娃的一封信中，宣布他已经考虑"固体的潜［比］热"与普朗克辐射公式的联系，以及他对潜热的观点已经改变，因为他对辐射理论的观点已经"沉没到朦胧的海中"。因此，可以有把握地认为他当时已经知道韦伯系统性地演示比热的异常行为。现在，1906 年初，爱因斯坦对辐射的看法已不再朦胧了：普朗克的公式是正确的，均分定理是错的，以及牛顿力学处在危险之中。现在是时候看看那些与量子有关的异端邪说是否能像他们解释光电效应的古怪行为那样消除比热异常。1906 年 11 月，在他的论文中宣布普朗克公式需要光量子 8 个月之后，爱因斯坦提交了他的第二篇伟大的关于量子理论的工作给《物理学纪事》，题目为"普朗克的辐射理论和比热理论"。

即使是在那时，爱因斯坦的论文通常比一般的物理文章有一种更哲学的语气。在他介绍了他的 1905 年和 1906 年关于光量子的文章后，他向读者提出了以下本体论的名言（十有八九让读者目瞪口呆）：

虽然以前有人认为分子的运动遵循我们感知世界中物体运动的相同规律……我们现在必须假定……它们可以具有的多样性比我们经验中的物体要少。还需给出一个附加的假设：能量转移的机制是这样的，即基本结构的能量只能具有的值为 0、$h\nu$、$2h\nu$ 等。

这是原子尺度上能量量子化的表述，正如我们在现代物理学教科书中所找到的表述那样清晰而明确。是爱因斯坦而不是普朗克先这样说的。不连续性不是数学上的技巧，而是原子世界的方式。要习惯它。

爱因斯坦继续说，

我相信我们决不能满足于这个结果。问题是：如果基本结构……不能用当前的热的分子动力学来理解，那么是不是也没有义务修改在分子热理论中考虑的其他周期振荡结构的理论呢？在我看来，答案是毋庸置疑的。如果普朗克的辐射理论深入到物质的根源，那么当前分子动力学理论和经验之间的矛盾在热理论的其他领域也会出现，这些问题可以沿着所指出的路线来解决。在我看来事实就是这样，正如我现在要表明的那样。

这里的论点非常直截了当。原子当它们在空间中以规则的模式排列时形成一个坚实的固体，这些原子被静电吸引凝聚在一起。爱因斯坦说，对于固体中存储的热能最简单的描述是，所有原子"围绕其平衡位置进行（周期）振荡"。正如已经指出的，对于一个在三个方向中的每一个方向来回周期振荡的质量，均分原理预测每个原子的能量为 $3kT$，产生比热的 DP 值。但是，爱因斯坦注意到，一些元素（金刚石、硼、硅）的比热值比这个定律所期望的小，含有氧和氢的化合物也显示出类似的行为。最后，他指出，德鲁德所确定的在固体中的其他种类的涉及电子的振荡，似乎对固体如何吸收光线很重要，但似乎对比热不重要。但均分原理要求所有的振荡得到它们的能量份额，所以这些"额外"的振荡引起的固体比热实际上超过 DP 值，这是没有观察到的。所以有些不对劲的地方。

固体中的原子实际上与普朗克黑体辐射理论中的"基本谐振器"没有什么不同（这些基本谐振器靠电力保持在一定位置，但可以在三个方向围绕其平衡值振动），并且爱因斯坦已经在他 1906 年的文章中指出这样的振动结构的能量只能是频率的整数倍，即 $E = 0$、$h\nu$、$2h\nu$ 等。因此，每一个原子的振动都有一个允许的由 $h\nu$ 划分的能量阶梯。但热环境提供给每个原子的能量的典型量是均分值 kT（每一振动方向）。所以如果原子振动的量化能量 $h\nu$ 比 kT 大得多会发生什么？那么原子就像一个试图攀登梯子的人，梯子的横档间隔要比他能到达的大得多。它永远不能脱离最低的"梯级"，它的振动能量只能保持在零。

因此，一些振动模式被"冻结"了，它们的第一个非零量子化能量水平太高，不能吸收由杜隆-帕蒂（均分）定律支配的能量。更重要的是，这些"消失的振动"首先会在非常坚硬的材料中发生，比如钻石。粗略地说，一种物质如果其原子成分更紧密地结合在一起，就更坚硬，因此当它们的平衡受到干扰时，它们振动得更加迅速。但如果它们振动非常迅速，那么它们的频率会非常高，所以，这种材料的能级水平 $h\nu$ 间距是非常大的。因此，在相同的（降低的）温度范围内比较，它们的振动冻结的水平最低，比较软固体的冻结水平要低。这种高频原子振动的消失从概念上讲当然是与普朗克定律的高频热辐射模式"失踪"的描述联系在一起的，也是使瑞利困惑的原因。爱因斯坦现在意识到量子振动的冻结也是固体比热奇怪行为的终极解释。

然而，为实际得到一个精确的与实验数据符合的固体的量子比热公式，爱因斯坦决定做一个振动固体的简化模型。任何一个机械平衡的系统在被赋予一定能量时都会来回摆动。但振荡的频率取决于该系统的细节，例如，对于由大量原子组成的固体有许多不同类型的频率不同的振荡运动，这取决于组成原子的化学键排列。不同频率的组合太复杂，无法在当时计算得出（现代量子物理学家能以惊人的精度计算得出），所以为了比较他的理论预测和钻石的测量，爱因斯坦假设固体中的原子只有单一的主要振动频率。他很快指出，鉴于这种简化，"当然，与事实的完全一致是不可能的"。

然而，这种假设给了他一个比热随温度变化的近似定律，一个直接基于普朗克的频率 ν 的单一振荡器的热能表达式。这种表达式与韦伯的数据吻合得非常好。他说："上述的两个困难⊖由这个新的解释解决了，我相信后者有可能会在原则上证明其有效性。"事实上，根据爱因斯坦的理论，所有的固体的比热随着温度的降低而减小。直至绝对零度它完全消失——一个惊人的预测。

但是还有一个根本的步骤要采取。在整篇文章中爱因斯坦假设同样的储有热量的分子振动也通过发射和吸收与辐射交换能量，从而将比热公式与黑体定律紧密联系在一起。但是在提交论文之后，他回忆说有的分子振动根本不与辐

⊖　在低温下比热的消失，以及"额外"比热的缺失是由于光频电子的振动。

射相互作用，但这种振动也可以储存热量，并对比热有贡献[⊖]。爱因斯坦意识到这一观察十分重要，并实际上发表了一个修正注释，他说："可以非常肯定地说有可能存在不带电荷的热载体（振动），如那些观察不到的热载体。"但如果是中性的振动，那些不与辐射相互作用的振动也服从能量的量子化规律，那么无论量子理论是什么，其领域正如普朗克所希望的那样不仅仅是辐射与物质相互作用。不连续的问题存在于没有辐射的物质中，牛顿的原子不发生振动。

⊖ 这些是不产生净偶极矩的振动。

第14章 CHAPTER 14
普朗克的诺贝尔奖噩梦
PLANCK'S NOBEL NIGHTMARE

出现在辐射熵方程中的两个常数（h, k）……提供了一种建立长度、质量、时间和温度单位系统的可能性，这些单位不依赖于特定的物体或材料，而且对所有时代和所有文明，甚至是那些地外文明和非人类的文明都是有意义的。

——马克斯·普朗克

这是 1908 年的秋天，斯万特·奥古斯塔·阿伦尼乌斯（Svante Augustus Arrhenius）决心要看到马克斯·普朗克获得那年的物理学诺贝尔奖。阿伦尼乌斯，一个令人印象深刻的博学多识的科学家，刚从欧洲旅行回来。在欧洲他受到了热烈欢迎，因为他是第一批瑞典诺贝尔奖获得者。阿伦尼乌斯因为他在电解化学方面的开创性工作，在 1903 年（化学奖成立后两年）获得了化学奖。他被公认为是物理化学学科的创始人，一个处于物理学和化学边缘的领域。1905 年，他在柏林被授予了教授职位，但他却放弃了这项工作，留在瑞典领导新的诺贝尔物理研究所。在获奖之后，他将成为诺贝尔物理学奖委员会的成员和事实上的化学委员会的委员，此后一生在此工作。因此，他对获得这些奖项的人有着巨大的影响力，他毫不犹豫地利用了这些影响力。

阿伦尼乌斯像所有他的同代人一样，丝毫没有察觉隐约出现的被年轻的爱因斯坦揭示的原子物理学的危机。爱因斯坦现在已经知名了，不仅是因为他挑战了牛顿范式的连续运动，还因为他排斥了另一个牛顿公理，绝对时间的观念。在爱因斯坦迅速地转移到新兴的量子理论的未知领域，假定原子存在并努力找出它们的运动规律和辐射的相互作用的同时，阿伦尼乌斯仍在进行最后一场战斗，证明原子是真实的。接下来的插曲说明了科学界完全忽视了即将来临的暴风雨。

如果阿伦尼乌斯知道爱因斯坦这个德国/瑞士的犹太人充满挫折的职业生涯的故事，这个人在 1908 年仍然得不到瑞士保守派教授的正式承认，他可能会承认他是一个遭遇相同的人。阿伦尼乌斯在瑞典的乌普萨拉市长大，他的父亲是乌普萨拉大学的测量师，这所大学也是北欧大学中历史最悠久、最有声望的大学之一。阿伦尼乌斯是一位科学和数学天才，他十七岁考上大学，并在两年内获得学位，然后继续在物理系做研究工作。然而，他与爱因斯坦有一个惊人的相似，他疏远了教员中的高级成员，托拜厄斯·塔伦（Tobias Thalen）（物理）、特奥多尔·克利夫（Theodor Cleve）（化学），三年后离开去斯德哥尔摩科学院物理研究所完成他的博士学位。不幸的是阿伦尼乌斯去的新研究所没有资格授予博士学位。因此，当他在 1884 年完成了一本长达 150 页的关于电解溶液导电性的著作，例如解释水中的盐由于分解成离子产生的高导电性，它受到了一个被他拒绝的由乌普萨拉教师组成的委员会的极大怀疑。在论文的最后只给了他最低的刚刚及格的分数（只是被接受了，但没有褒词）。四十年后，阿伦尼乌斯痛苦地叙述说，克利夫和塔伦甚至拒绝在博士学位仪式后给他惯例的祝贺，说他们已决定"牺牲他"。虽然这项工作以及它的扩展最终使他获得了诺贝尔奖，但是当时他得到的成绩太差了，以至于他至少在名义上被取消了在瑞典从事学术研究的资格。

然而，他的故事与爱因斯坦不同，他大胆地把自己被贬值的论文发给欧洲化学和物理的主导人物克劳修斯（熵概念的发明人）、阿姆斯特丹的范特霍夫（van't Hoff）（将会是第一个诺贝尔化学奖获得者）和里加的奥斯特瓦尔德（Ostwald）（第九位诺贝尔化学奖获得者）。奥斯特瓦尔德立刻辨认出它的创新性，甚至到了亲自到乌普萨拉旅行的地步，并在自己的机构向阿伦尼乌斯提供一份工作⊖。阿伦尼乌斯没有给人留下特别深刻的印象，根据奥斯特瓦尔德的回忆："阿伦尼乌斯有点胖、红脸、短胡子和短头发，他给我的印象是他更像一个农业系的学生，而不是有着不同寻常思想的理论化学家。"但他是一个优秀的化学家，最终阿伦尼乌斯搬到欧洲，受训于奥斯特瓦尔德、范特霍夫，甚至玻耳兹曼，然后回到瑞典，成为瑞典物理化学界无可争议的领袖，并成为初期确定诺贝尔奖为国际范围奖项的人。

十年后，在世纪之交，化学和物理学仍有一场重大的运动，把原子视为有点可疑的启发性实体，这个运动由阿伦尼乌斯的前导师奥斯特瓦尔德领头。这

⊖　与爱因斯坦的情况比较有一些讽刺意味的是，爱因斯坦 16 年后写信给同一个人寻找工作，导致奥斯特瓦尔德的父亲背着爱因斯坦给奥斯特瓦尔德写了一封著名的信，基本上是恳求奥斯特瓦尔德表示同意。不知结果如何，但在 1910 年奥斯特瓦尔德成为提名爱因斯坦得诺贝尔奖的第一位科学家。

个学派被称为"力能学"派，在瑞典的物理学界也有支持者，保持着对待理论总体不信任的态度，特别是"对原子说和原子论有着明显的敌意"。阿伦尼乌斯决定终止这一运动，并使 1908 年成为原子的诺贝尔年。马克斯·普朗克将获得物理学奖，因为他的辐射法促进了阿伏伽德罗常数和原子电荷的基本单位的准确测定，而化学奖将颁发给英国物理学家欧内斯特·卢瑟福（Ernest Rutherford），他证明在放射性衰变过程中（发射称为 α 粒子的双电离的氦原子）原子分解。在最近的一次盖革实验中，卢瑟福从 α 粒子的研究中推断出了基本电荷的值，这与普朗克用辐射定律计算的结果非常吻合，于是这两个奖巧妙地结合在一起。

卢瑟福认为自己是个物理学家，如果把他重新划分为化学家他会很惊讶⊖，这一事实并不能阻止阿伦尼乌斯实现他的计划。阿伦尼乌斯当年曾提名卢瑟福同时获得物理学奖和化学奖，因为他是物理委员会中的一员，所以很可能他一直计划在这个委员会中支持普克。在 1908 年 9 月 18 日举行的重要会议上，他知道化学委员会（基于显然是他代写的内部报告）致力于把奖授予卢瑟福。瑞典数学家和数学物理学家伊瓦尔·弗雷德霍姆（Ivar Fredholm）已提名普朗克和维恩由于热辐射理论共同获得物理学奖，阿伦尼乌斯转向支持这一提名，但意图把票分开，为普朗克独自设立一个奖。

为什么阿伦尼乌斯认为只有普朗克才能被承认？因为当时阿伦尼乌斯对热辐射规律背后的物理原理的兴趣不如与其有关的分子化学的基本常数的兴趣那样大⊖。这是普朗克 1900 年工作的一个方面，在现代几乎没有提及，但当时它掩盖了他的激进的量子假说。普朗克辐射定律取决于两个新发现的物理常数，他引入的"作用量子"（普朗克常数 h）和玻耳兹曼常数 k（一个是通过公式 $S = k \log W$ 与熵有关的常数，一个通过均分关系 $E_{mol} = kT$ 与热能有关的常数）。仔细拟合黑体辐射数据可以得到相当精确的 h 值和 k 值，普朗克在 1900

⊖ 卢瑟福花了多年的时间来证明放射性衰变时元素的转化，后来他开玩笑道，"他在他的时代看到许多变化，但没有一个像他自己蜕变成一个化学家那么快"。

⊖ 阿伦尼乌斯还有另一个对热辐射感兴趣的原因。他是第一个认识到 CO_2 在捕捉热辐射和全球变暖所起的作用的科学家，甚至提出了人类产生的工业 CO_2 排放会增强这种效应的可能性。他在同一年，1908 年发表了这一观点。他认为这是一件好事，可能会阻止未来的冰河时代。

年导出他的辐射定律后立即这样做了。常数 h 在他看来是完全神秘的，并没有立即使用，但常数 k，后来被称为玻耳兹曼常数[⊖]，立即被认为是提供了一个从理论上研究原子的显微镜。

普朗克在 1900 年 12 月的巨著中提到："最后，我可以指出这一理论的一个重要结果，同时也可以进一步检验这个理论的可靠性。"他继续通过简单的步骤指出玻耳兹曼常数满足简单的关系 $k = R/N_A$，其中 R 是一摩尔气体的理想气体定律 $PV = RT$ 中的常数，N_A 是阿伏伽德罗常数。那些开始学化学的学生一定会感到吃惊这个常数是包含在一摩尔任何气体中的原子数。这个数字在 1900 年还不完全知道，而 R 是众所周知的。因此，通过辐射定律可以非常精确得到 k，可以以前所未有的精度确定阿伏伽德罗数。普朗克发现其值为 $N_A = 6.175 \times 10^{23}$，与目前公认的值 6.022×10^{23} 偏差在 2.5% 之内。利用同样的信息，他可以精确地确定氢原子的质量。最后，在一次给物理化学家留下深刻印象的惊人的成功中，他利用电解化学（阿伦尼乌斯自己的领域）来寻找质子中的基本电荷，获得的数值与现代值相差在 2.5% 以内。相比之下，最著名的由约瑟夫·约翰·汤姆逊（J. J. Thomson）从电子研究中测得的一个电子的电荷 e 值偏差为 35%！普朗克满怀信心地总结了他 1900 年的分析："如果该理论完全正确的话，所有这些关系应该不是近似的，而是绝对可靠的。因此，计算的精确性……比到现在为止所有确定的值都要好得多。"

普朗克一直痴迷于将基本常数作为物理学中绝对和永恒的表示。甚至在 1900 年之前，他就认识到辐射定律涉及两个新的不同的基本常数。人们可以用基本常数定义所谓的绝对单位，即测量与物理学基本定律有关的单位。例如，光的速度 c，提供了速度的自然单位。因为没有信号能比速度 c 更快，当速度接近光速时，所有相对论现象变得越来越重要。在狭义相对论著名的孪生子佯谬中，当你的同卵双胞胎的相对速度越来越接近光速时她的衰老比你慢得多。普朗克指出，他的两个新发现的常数与光的速度和引力常数结合在一起，将允许定义所有物理量（长度、时间、温度等）的基本单位。普朗克为此异常激动，一种怪异的想法一本正经地出现在他的文章中，他狂热地说："这些

⊖　它最初被许多人称为"普朗克常数"，一直很混乱，直到最后约定把 h 分配给普朗克和 k 分配给玻耳兹曼。

单位将适用于所有的时代和文明……即使是外星的。"后来，当普朗克卷入与维也纳哲人科学家恩斯特·马赫的哲学辩论时，马赫会讽刺他对基本单位的洋洋得意："这种对所有时代和所有的人民，包括火星人都可靠的物理学，对我来说似乎太草率，甚至近乎滑稽。"

尽管如此，1900 年使普朗克最兴奋的是这些从他的辐射定律出现的基本常量，而不是他浑浑噩噩地引进物理定律的不连续性。令他失望的是，物理界的其他人甚至没有立即欣赏他在这一方面的突破。他后来回忆说：

我可以从这些结果中得到一些满足。但其他物理学家的观点却截然不同。在一些地区这种从热辐射测量所做的基本电荷的计算甚至没有得到认真考虑。但是，我并没有让自己被这种对我的常数 k 缺乏信心的情况所困扰。尽管如此，只是在我得知欧内斯特·卢瑟福通过计算阿尔法粒子获得了非常相似的数值后，我才完全有了信心。

这种完全不同的物理现象之间的惊人的一致全都说明世界是由单一的一致的原子构成的，这已经使阿伦尼乌斯相信普朗克应该独自获得 1908 年的诺贝尔物理学奖。阿伦尼乌斯心中想到的是这些基本常数使普朗克的工作比维恩的工作显得更加重要，在他给诺贝尔物理委员会的报告中几乎没有提及普朗克推导的辐射定律，也完全没有提到"能量的量化"。他说："普朗克常数 k 的使用证明物质是由分子和原子构成的观点是正确的，非常合理的……毫无疑问，这是普朗克伟大工作中最重要的产物。"

阿伦尼乌斯的热情没有感染到保守的物理委员会中的任何一位成员。物理委员会成员中间有一位杰出的实验物理学家克努特·安格斯托姆（Knut Ångström），他曾亲自做过热辐射实验，并且知道造成普朗克"绝望行为"以前的实验历史，他非常公正地写道："用这一理论指导实验距离还非常远，完全可以理直气壮地做出一个完全相反的声明。"然而，他的论点中有一个小问题，因为那一年没有一个实验者被提名，所以他认为应有一名实验者接受或分享奖项。安格斯托姆和物理委员会其他持怀疑态度的人被阿伦尼乌斯勉强地说服将普朗克加入到获奖提名的行列中。

因此，谦虚正直的普朗克（他自己提名卢瑟福获得那一年的物理学奖）之所以有可能得到这个荣誉，不是因为爱因斯坦在 1905～1907 年间阐明了他的工作的真正意义，而是因为对其全部含义的普遍无知。在瑞典皇家科学院物理分院同意普朗克为受奖者后，这个结果的传闻很快传遍大陆，显然到达了普朗克本人，他对新闻界说："如果这个消息是真的，我认为这个荣誉是由于我在热辐射领域的工作。"但物理委员会的这个建议还必须得到瑞典皇家科学院总部的核准，在投票的过渡期间有些事情改变了斯德哥尔摩方面的态度。他那一代最著名的理论物理学家和爱因斯坦最钦佩的人终于公开谈到了普朗克定律，这位最著名的理论物理学家的观点破坏了阿伦尼乌斯的周密计划。

亨德里克·洛伦兹 1853 年 7 月 18 日出生于荷兰阿纳姆的一个普通的中产阶级家庭。他非凡的才华早就得到了认可，二十四岁时他被任命为莱顿大学新创建的理论物理学教授。他早年就致力于麦克斯韦辐射理论的应用和延伸。特别是，当约瑟夫·汤姆逊在 1897 年"发现电子"时，洛伦兹在之前的 1896 年就推导了电子的存在，是从他分析在磁场的存在下从气体发出的光得出的，这个效应叫"塞曼效应"，是他以前的学生和助手彼得·塞曼发现的。他在 1902 年因这项工作与塞曼一起获得了诺贝尔物理学奖（成为了得到这一荣誉的第一位理论物理学家）。他又继续建立了电子与光相互作用的优雅理论，发表于 1904 年。在相关工作中，洛伦兹走到了狭义相对论的最边缘，仅仅是由于他不愿意解释相对论效应没有继续走下去，因为相对论的本质是时间的相对性，正如爱因斯坦在 1905 年所说的那样。事实上，洛伦兹被爱因斯坦的方法所困扰，他抱怨道："爱因斯坦只是简单地假设了我们从电磁场的基本方程推导出的东西，虽然我们的推导有些困难并且不能完全令人满意。"尽管有这些顾虑，但几年后，洛伦兹成为爱因斯坦亲密的知己和科学上的前辈，支持他所有的主要研究工作和提出建设性的批评。

我们已经知道爱因斯坦认为洛伦兹是他曾遇到过的最强大的思想家，因为洛伦兹的优雅、慷慨和善良的精神，他对洛伦兹的赞扬比这更深刻。晚年的爱因斯坦写道："从他最伟大的头脑中涌现出来的一切都是清晰和美丽的，就像一个很好的艺术作品一样……就我个人而言，他比我在人生旅途中遇到的其他人更重要。正如他掌握了物理学界和数学结构一样，他也掌握了自己，轻松而完美的宁静。"到了 1908 年，欧洲的许多物理学界和数学界都同意了爱因斯坦对洛伦兹的看法。百科知识中很多分支的知识都是以洛伦兹的意见为定论。"任何被洛伦兹接受的东西都被接受了，而被他拒绝的任何东西都被拒绝了，或者充其量被认为是有争议的。"所有的理论家中，在爱因斯坦之前只有他一个人注意到普朗克早在 1903 年间的推导中必不可少地使用了"能量元素"，并且一直到 1908 年"都在考虑这个热辐射问题"。

洛伦兹以其无与伦比的电磁理论和电子动力学的知识，开始严格地从辐射和吸收辐射的带电电子的运动中推导出普朗克辐射定律，而不像普朗克所做的那样引入虚构的分子或"共振腔"。但无论他如何努力，他仅仅在瑞利-金斯（还有爱因斯坦）重新发现的低频近似定律上成功了，这个定律在高频率得出了荒谬的结果（无限能量）。1908年4月，他在罗马举行的国际数学家大会上宣布了他的发现。

普朗克理论是唯一能给我们提供符合实验结果的理论，但我们能够接受这样一种说法，只是由于假定我们彻底修正了电磁现象的基本概念……然而，我必须处理金斯理论如何能够考虑实验所显示的辐射曲线峰值（金斯理论不能预计高频热辐射）这个问题，金斯理论除了涉及玻耳兹曼常数 k，不涉及其他常数。金斯给出的解释，实际上是唯一可能给出的解释是最大值是虚幻的，它的存在只是表明不可能实现一个物体对于短波长是黑色的……幸运的是我们希望对辐射功能新的实验测定可以在这两种理论之间做出选择。

洛伦兹，他那代人中最受尊敬的理论物理学家，倾向于支持金斯的"慢突变"理论！

德国物理学界最初感到震惊，然后大怒。两位杰出的实验者卢默（Lummer）和普林斯海姆（Pringsheim）（安格斯托姆支持他们获得1908年诺贝尔奖）激烈地写道："如果我们检查金斯-洛伦兹公式，我们第一眼就看到它导致完全不可能的后果，它不仅违背所有观测辐射的结果，也与日常经验相冲突。"他们继续带着一丝讽刺地说，"因此我们也许无须进一步考察就能排除这个公式，如果不是有地位和权威的两位理论物理学家捍卫它的话。"很多人都感到了威廉·维恩的愤怒，他说，"我对洛伦兹在罗马的演讲非常失望……他提出的无非是金斯的旧理论，没有增加任何新的观点……那个理论在实验界是不值得讨论的……把这些问题提交给数学家是什么目的呢？因为他们不能在这件事上做出判断吗？……*在这种情况下洛伦兹并没有表现出自己是一个科学的领路人*。"

在这种批评的洪流中，即使是平静的洛伦兹也必须再想一想。到了1908年6月，仅两个月后，他写了一封长信给维恩，其中包含用一个尴尬的思想实验的形式表示道歉。在瑞利-金斯理论（洛伦兹重新推导的）中，热辐射在一定频率发出的能量与热辐射温度成正比。一种金属，如银，加热到绝对温度1200K（大约900℃），会发出耀眼的白光。根据这个理论，当温度降低到室温

（约 300K）时，它仍应该散发出 1/4 的白光。因此，洛伦兹继续说，如果这个理论是正确的，一个未加热的银镜会在黑暗中发光！他得出的结论是："因此，我们应该真正摒弃金斯理论……我们将只剩下普朗克理论。不要以为我不尊重它，恰恰相反，我非常钦佩它的大胆和成功。"

洛伦兹的迅速退缩和他私下表达的他对普朗克理论的称赞，没有得到像他在罗马公开批评它那样多的宣传。一个在瑞典皇家科学院有着重大影响的数学家米塔格·累夫勒（Mittag-Leffler），风闻洛伦兹的批评并充分利用了这个批评。他想讨好以伟大的数学家庞加莱为首的法国集团，并把物理学奖转移给第二选择候选人，法国彩色摄影的先驱者，加布里埃尔·李普曼（Gabriel Lippmann）。在这个方案中他得到原提名者普朗克和维恩，还有数学家弗雷德霍姆（Fredholm）的帮助，弗雷德霍姆因为从奖项中取消了维恩而不高兴。弗雷德霍姆在全学院进行投票选举之前写信给累夫勒批评物理委员会的决定，特别说明普朗克"把他的辐射定律的推导建立在一个全新的假设上，这个假设很难被认为是合理的，即能量的基本量子假说。"

由于物理委员会突然意识到普朗克的定律是激进并有争议的，因此他的提名在全学院投票中被彻底抛弃了，这个奖项授予了李普曼。累夫勒发出了一封有趣的把功劳归于法国数学家的信："是我和弗拉格曼（Phragmén）把奖授予了李普曼。阿伦尼乌斯想奖给柏林的普朗克，他的报告不知何故被委员会一致同意，真是愚蠢，我轻而易举地就把它否定了。"物理世界只是刚刚开始应对量子革命的必然性，这是一场英勇的斯瓦比亚在他 1905~1907 年的伟大著作中宣布的革命。普朗克、洛伦兹和欧洲的其他伟大的科学家都看着这个勇敢的闯入者引领他们前去寻求新的微观力学。十多年过去了，在诺贝尔委员会再次愿意考虑给原子理论颁奖之前发生了很多事情。

第15章 CHAPTER 15
加 入 联 盟
JOINING THE UNION

　　"所以，现在我也是这个破协会的正式会员了。"爱因斯坦就这样向他的一个朋友，雅各布·劳布（Jakob Laub）宣布他迟迟地才成为瑞士的大学教授。爱因斯坦于 1909 年 5 月 7 日被任命为苏黎世大学理论物理学的特命教授，并且此后不久写信描述他在被准许进入大学生联谊会的最后阶段所受到的"欺侮"。同一个劳布，一个年轻的与维恩一起工作的奥地利物理学家早在 14 个月前写信给爱因斯坦，他说："我必须坦率地说，我很惊讶，读到你必须一天八小时坐在办公室里。历史充满了糟糕的笑话。"劳布反映的是德国物理学界对这位默默地出现在瑞士的神秘先知的普遍吃惊，没有大人物保护，似乎是把在审查专利之余的空闲时间改写物理理论作为一种业余爱好。（后者可能有些道理，因为爱因斯坦承认他把他的物理计算藏在他在专利局的办公桌里以便偶尔阅读。）

　　爱因斯坦在专利局每周工作 6 天的五年中所做的事情令人吃惊。从1902 ~ 1904 年他进行了他在统计力学方面的基础研究，这些研究被低估了但为他后来的许多突破奠定了基础。1905 年是充满奇迹的一年，光量子、布朗运动、狭义相对论、$E = mc^2$，都是对物理学经典的永恒贡献。1906 年是比热的量子理论和宣布任何正确的原子理论都需要量子力学。1907 是对相对论理论的精湛的评论文章，其中首次包含了爱因斯坦一生的"快乐的思想"，一个匀加速与均匀引力场存在区别的想法。这个概念被称为等价原理，并为爱因斯坦的巨著广义相对论提供了一个萌芽。想象一下，如果他真的有时间专注于物理的话，他会做些什么。

　　在爱因斯坦为科学做出了这些微薄的贡献之后，他开始理所当然地想到他现在可以在大学环境中找到工作了，在大学里研究实际上是工作的一部分。但是瑞士物理机构很难摆脱传统的习惯。伯尔尼大学有一个由"几个老家伙"管理的死板的、落后的部门，爱因斯坦搬到伯尔尼后曾将其视为一种"猪圈"。在日耳曼国家成为一个大学老师必须提交一份所谓的授课资格论文，一个超出博士论文的更广泛的原创作品。爱因斯坦在 1907 年 6 月提交了一组包含 17 篇他的研究论文作为授课资格论文给伯尔尼大学，但申请被拒绝了，表面上是因为他没有整合它们成一篇手写的论文，但还有其他的原因。实验物理学教授艾姆·福斯特（Aimé Forster）没有看到在他的系里增加一名理论家的真正的价值，据说他退回爱因斯坦的论文狭义相对论时评论说："我不懂你写的这些东西。"最后，1908 年 2 月，他提供了一个可供接受的论文，不是他的论文汇编，而是关于黑体定律和辐射构成的具体工作⊖。在此基础上，爱因斯坦被授予大学物理编外讲师的职位（私人讲师）。这项努力使他除了他在专利局的全职工作之外，有资格为物理系学生提供额外的课程，但没有薪水。然而，这是获得教授职位的必要步骤。

几个月后压力开始增大到结束了瑞士科学界的尴尬局面，授予爱因斯坦在理论物理上的实际学术地位。洛伦兹和闵可夫斯基在臭名昭著的罗马会议上热情洋溢地谈到爱因斯坦，在这次会议上洛伦兹无意地破坏了普朗克的诺贝尔奖提名。普朗克很尊重爱因斯坦的工作是众所周知的。碰巧的是，苏黎世大学为了减轻其名义论文导师正教授阿尔弗雷德·克莱纳（Alfred Kleiner）的负担，创建了一个合适的副教授位置。尽管听起来不错，但一个副教授实际上比正教授要低很多。他是克莱纳的下属，工资低并且福利少。尽管如此，这是爱因斯坦学术生涯的真正入口，也是瑞士物理学提高其在欧洲大陆地位的机会。

但是地方观念不会轻易地消除，克莱纳青睐本地一个著名家庭的学者弗里德里希·阿德勒（Friedrich Adler），要他担任该职位。几个来回后，因为阿德勒不是一个杰出的物理学家，实际上对哲学更感兴趣，而后他的名字被撤回了。他写信给他的父亲："爱因斯坦最有可能得到这个教授职位……原则上应该是他而不是我自己……如果他得到它我会非常高兴……他像我一样是同时期

⊖ 遗憾的是，这篇能够为我们提供一个窗口，让我们看到在那个迷人的时刻他是如何思考的论文已经丢失了。

的学生……有关人员过去……对待他的方式有一种不道德的态度……不仅是在这里，而且在德国，认为像他这样的人应该坐在专利局里……客观上……这是一件很好的事，这个人不顾一切困难坚持自己的主张。"

即使阿德勒退出爱因斯坦也没有立即得到这个工作，克莱纳认为他的教学能力不足。爱因斯坦不得不要求克莱纳通过在苏黎世物理学会安排的一次讲座对他进行第二次教学评估，这一次是成功的，他向劳布解释道："我真的很幸运。这一次完全违背我的习惯，我讲得很好。"但爱因斯坦拿到的工资比他在专利局的工资低得多，他感到这是一种侮辱，在这种情况下他拒绝接受这一职位。后来他们同意给他的工资与专利局的工资相当时他才接受。手续很顺利地就完成了，爱因斯坦正式就任。毫不奇怪，爱因斯坦并不为在 1909 年底终于得到新职位而满怀感激。

当爱因斯坦在伯尔尼时劳布曾访问爱因斯坦并和爱因斯坦一起工作。爱因斯坦把的他的任命告诉了他的朋友劳布，就在 1908 年劳布寄给爱因斯坦一封信后不久，在这封信中他称爱因斯坦描述的境遇是一个"糟糕的笑话"。他成为第一个与爱因斯坦合作发表文章的科学家（在此之前发表的每一篇文章爱因斯坦都是唯一作者）。事实上，虽然爱因斯坦在他的职业生涯中断断续续地有过合作并且非常喜欢和同事讨论物理，但他的伟大论文没有一篇有合作者[⊖]，他与劳布的合作也不例外。他们两个在一起完成了两篇普通的相对性理论的文章，此后不久劳布在 1908 年 5 月就离开了，爱因斯坦把相对论放在一边，完全致力于辐射/量子理论的研究。1908 年的夏天和秋天，当洛伦兹摇摆在瑞利-金斯定律和普朗克定律之间，和斯德哥尔摩的主要人物为诺贝尔奖争吵时，爱因斯坦在消化能量量子化的深刻意义，并试图搞清光量子的含义。

1908 年 1 月，爱因斯坦就已经指出他主要关心的不是相对论，而是理解量子理论，包括辐射（通过光量子）和原子力学（通过比热的量子定律）。阿诺德·索末菲（Arnold Sommerfeld）是那时的另一位伟大的德国理论家（与普

⊖　在他职业生涯的后期（1925 年后），爱因斯坦一直与合作者合作，但没有发表具有历史意义的论文，只有一个例外。1935 年，他与鲍里斯·波多尔斯基（Boris Podolsky）和纳森·罗森（Nathan Rosen）发表了一篇深奥的文章，目的是作为一个批评，指出量子力学的非局部性质（"EPR 悖论"）。事实上，这一理论的特性已得到实验证实，并在重要的和不断发展的量子信息物理领域发挥着关键作用。

朗克齐名），爱因斯坦回答了他的询问。索末菲 1905 年在慕尼黑继承了玻耳兹曼在理论物理的位置。他是彻头彻尾的普鲁士人，大胡子，给人以"骠骑兵上校"的印象，脸上的决斗伤疤更加重了这一形象，这个伤疤是他在学生时代作为一个饮酒和击剑协会（兄弟会）的成员时留下的。他的外表不仅令人生畏，他的智力也是如此，这反映在他的即使在理论物理学家中也罕见的数学能力。他最初对爱因斯坦工作的反应说明他对这个新的犹太"先知"不大认同，索末菲在给洛伦兹的一封信中写道："我们现在都渴望着你对整个复杂的爱因斯坦论著做出评论。虽然他们都是天才的作品，但这些不可违背和不可实现的教条似乎包含着某些不健康的东西……也许它反映了……该犹太人的抽象概念特征。"然而，这种最初的偏见很快就消失了，不久他就会以极大的尊重谈论爱因斯坦为相对论和量子论做出的重大贡献。

在爱因斯坦一月给索末菲的回信中，爱因斯坦似乎被索末菲的前一封称赞信弄得有点不好意思（这封信失去了），信是这样开始的："你的来信使我非常开心……由于我偶然想到一个幸运的想法把相对论引入物理学，你（和其他人）高估了我的科学能力……让我向你保证，如果我在慕尼黑我会参加你的讲座以完善我的数学物理知识。"然后爱因斯坦说到要点，针对索末菲提出的问题认为相对论根本没有提供明确的电子理论："一个物理理论，只有在将其结构建立在基本理论上（elementary foundations）才能令人满意。"他说，相对论就像玻耳兹曼在原子水平上解释熵的意义之前的热力学一样。

我相信，我们距离得到令人满意的电的和力学过程的基本理论还有很大的距离。我之所以如此悲观，主要是由于以直觉的方式解释普朗克辐射定律中的第二个普遍常数 h 所做的努力没有得到有效的结果。我甚至真的怀疑，保持麦克斯韦方程组在真空中的普遍有效性是可能的。

一年后，1909 年 1 月，爱因斯坦在一篇题为"关于辐射问题的现状"的论文中提出了这一根本性的思想，这是在洛伦兹、金斯和沃尔特·里兹（Walther Ritz）所关注的类似问题的论文发表之后⊖。经过一些初步的准备，

⊖ 里兹是一个有前途的年轻的瑞士物理学家，即使在阿德勒退出后，苏黎世遴选委员会实际上比起爱因斯坦更喜欢里兹。具有讽刺意味的是，克莱纳说里兹而不是爱因斯坦，"是个杰出的人才，甚至是个天才。"里兹被拒绝得到这个位置只是因为他身患肺结核，说他只能活到 1909 年 7 月。

他再次陈述了他们所面临的根本矛盾，"毫无疑问……当前流行的理论观点必然导致金斯提出的定律。然而可以同样确定的是这个公式与事实不符。毕竟，为什么固体只在一个固定的、相当严格定义的温度之上才能发光呢？为什么紫外线不是到处都有呢……？"在再次展示了能量量子化是如何导致普朗克定律之后，他说："尽管每个物理学家都必须庆幸普朗克先生以如此幸运的方式忽视了经典统计力学的要求，但不应忘记普朗克辐射公式与普朗克先生的理论基础是不相容的⊖。"

　　然后爱因斯坦提出了一个新的微妙的论点（这将在下面描述），以解释为什么普朗克公式告诉我们光同时具有粒子和波的性质。他最后说："依我看，最终的考虑决定性地表明辐射的构成必然与我们目前所相信的不同"，因此，"基本的（麦克斯韦）光学方程必须用电子（电荷）的方程来代替。"在描述了这个新的方程必须满足一些约束之后，他总结说，"我还没有成功地找到满足这些条件的方程组，而这种条件对我来说是适合于构造基本电量子理论和光量子理论的。然而，各种各样的可能性似乎并不太大，面对这项任务不得不望而却步。"

　　爱因斯坦现在专注于寻找"基本"理论，他希望这个理论会成为电磁和原子现象的基础，这一理论将把坚实的墙壁置于相对论的框架中，但光靠这种理论本身不能进一步解释分子尺度上的现实。1909 年 6 月他把他的新想法写信告诉劳布："我不断关注辐射的构成……这个量子问题是如此重要和困难，每个人都应该努力解决这个问题。"

⊖　这个坦率的陈述诱发了普朗克的一个要求，爱因斯坦让人们明白普朗克本人对这个问题是清楚的，爱因斯坦是在相当尴尬的附录中说明这一点的。

第16章 CHAPTER 16
创造性的融合
CREATIVE FUSION

"如果因我的粗心给您带来了麻烦，我感到非常抱歉。您的夫人在我获得任命之际给我寄来了贺卡，而我的回信词过于亲密了，从而唤醒了过去我和您妻子彼此拥有的感情。但这并不是出于恶意的。您的妻子是我很尊重的人，她的行为完全是得体的。这是我妻子的错误，但也是情有可原的，她只是由于极端的嫉妒才那样做，我事前并不知道她做的事情。"1909 年 6 月，爱因斯坦写这封道歉信给一个他从来没有见过的人，乔治·梅耶（George Meyer），他碰巧是安娜·迈耶·施密德（Anna Meyer Schmid）的丈夫，爱因斯坦在十年前的一个假期曾与这位女人调情。安娜在报纸上读到爱因斯坦被任命为苏黎世教授，寄给他一张祝贺明信片。他回了一封热情的肯定会被误解（或者说是正确的解释）的信："你的明信片让我无比的快乐。我……怀念我在你身边度过的美好时光……我敢肯定你今天已经变成了一个优雅而开朗的女人，就像当年你是一个可爱的年轻女孩一样……如果你有机会来苏黎世，有时间请来看我……这将使我非常高兴。"

到这个时候，爱因斯坦和他妻子的关系还没有任何问题，他的确把她描述为一位尽职尽责的妻子和母亲。但变化也从此开始。爱因斯坦此时如果还没有十分出名的话也是众所周知了，关注和赞扬从四面八方而来，他开始觉得玛丽克是一个郁闷的、消极的和充满嫉妒的人。爱因斯坦的回复引发安娜的回信，显然有相似的暗示，不知怎么引起了玛丽克的注意。然后她就直接写信给安娜的丈夫，相当哀婉地声称说安娜的行为"不适当"，这封信使爱因斯坦感到愤怒，导致爱因斯坦的最后道歉和随后严厉斥责他妻子的行为。在米列娃看来，爱因斯坦的成功破坏了他们波希米亚家庭的和谐。她写信给朋友说："由于那些名誉他没有多少时间顾及他的妻子，"后来又说，"我为他的成功感到高兴，因为他真的值得拥有它……我只希望名誉不要对他的人性方面产生影响。"事实上，爱因斯坦在成功之后始终保持了他的和蔼、谦虚和幽默感，但作为他的道德准则的一部分他没有保持对妻子的忠诚和关照。在下一个四年爱因斯坦与米列娃的关系进一步恶化了，最终导致了彼此的分离和最后的离婚。

爱因斯坦从专利局职员提升到了大学教授，并在瑞士社会得到了极大的尊重，这几乎是史无前例的。当爱因斯坦作为专利局的一名二类技术专家递交辞呈时，一个在场的同事叙述说，他的上级拒绝相信他要成为苏黎世的教授，他粗声粗气地大叫："这不是真的，爱因斯坦先生。我就是不相信。这是一个很荒唐的笑话！"尽管爱因斯坦很有声望，但他很难成为一个典型的像韦伯那样的教授。他讲课很随意，鼓励他的学生打断和提问，并经常邀请他们在附近的咖啡店进一步讨论，甚至在自己家里（他会自己泡咖啡）。他的学生非常欣赏爱因斯坦的这种风格，尽管有某种程度的混乱，但表现出他个人对他们的关心。在这一点上，他已经成为一个相当好的老师，尽管他自己都惊讶他从研究中抽出了这么多时间。1909 年 11 月他向贝索透露"我的讲座让我非常忙，我实际的自由时间比在伯尔尼还少。"这种他个人喜欢的教学方式很费时间和精力，又要急切地直面科学前沿的奥秘，这种紧张关系最终导致他一有机会就会逃避强制性的教学。对他来说没有比写文章作为了解宇宙的窗口更令人满意的事情了。1909 年，在研究宇宙的世界里没有什么比辐射"形状"和量子更令人困惑和费解了。

他 1909 年 1 月关于辐射问题现状的论文是对洛伦兹和其他人所做的回应，这给了爱因斯坦一个与他最钦佩的人展开科学通信的开端。1909 年 3 月底，他写信给洛伦兹：

我给你们发了一篇关于辐射理论的简短论文，这是我多年思考的结果。我一直未能真正理解这件事。但我还是把论文寄给你，甚至请你快速看看，原因如下。这篇文章包含了一些论点，我认为不仅是分子力学的，而且麦克斯韦-洛伦兹电动力学也无法与辐射公式达成一致……我期待着你能找到正确的方式。

几周后，他又加了一个几乎是谄媚的注释，称赞洛伦兹在罗马演讲中推导金斯定律的"美"，并称阅读它是"一种真正的享受"。鉴于爱因斯坦不可动摇地坚持金斯定律是经典推理的唯一可能的结果（1905 年来他反复讲到，而且在他最近的论文中也有重申），人们不得不想他是不是有点奉承洛伦兹。无论如何，一个月后他得到了洛伦兹回复的一封长信，给出了非常详细的科学论证，以致爱因斯坦认为，如果"所有在这个问题上工作的人不读这个清晰而美丽的阐述……将会是一个遗憾"。

洛伦兹首先指出普朗克能量量子化规则，$\varepsilon_{quant} = h\nu$，用于电子而不是分子时毫无意义。此时已知分子是由原子结合在一起组成的，当它们与光相互作用时会自然振动。相反，固体中的电子通常像在气体中一样可以自由移动，"在金属中自由电子的存在是无法否认的"。因为这个运动是自由的，非周期性的，"因此一定有一个频率 ν 和一个能量元素 $h\nu$"。因此作用量子 h，不是一般物质的一种特性，而更可能的是应该"归于以太，而不是归于物质，只有确定的量子才会表现出能量被吸收和发出的性质"。

请注意，洛伦兹继续谈到电磁场是靠以太维持的，一个爱因斯坦希望通过相对论消除的观点。他甚至温和地挖苦爱因斯坦和相对论者："如果把 h 看作以太常数，那么就剥夺了这种介质的部分简洁性，并直接反对那些想否认以太几乎所有实质的物理学家的观点。"然后他否定光的"点状"能量包概念，即爱因斯坦的光量子概念，已经观测到光波的干涉发生在几百万次的振荡频率上，相应于光移动近一米距离。于是他最后说这是假想量子的最小长度。通过类似于光线通过望远镜物镜聚焦的论点，他认为它们的宽度也必须是宏观的。"每个光量子的个体性是不可能的，"他最后以少得可怜的安慰总结道，"光量子假说是非常漂亮的，而且你和斯塔克所做的许多应用使它非常诱人，遇到如此严重的困难非常遗憾。"

最后，洛伦兹给爱因斯坦的建议泼了冷水，爱因斯坦的建议是也许修改麦克斯韦方程组就能解释所有这些难题。洛伦兹写道："我相信即使想让麦克斯韦方程组稍有变化也会面对巨大的困难。"洛伦兹以尽可能支持和温柔的语气拒绝了爱因斯坦的所有新想法，他最后说，"请允许我说我是多么的高兴，在仰慕你的文章这么长时间之后，辐射理论这个问题给我一个与你建立个人联系的机会。"

爱因斯坦似乎非常高兴被伟大的人物注意到，他并不在意洛伦兹驳回他的想法。收到回复后不久，他以追星族的语调写信给劳布："我目前就辐射问题与洛伦兹进行了非常有趣的会话。没有别的人让我这样钦佩，我可以说我爱他!"。但这种爱不会阻止他的计划，那就是改变麦克斯韦方程组，使光量子以某种形式存在。在同一封信中他继续说："我在光量子方面的工作进展缓慢。我相信我走在正确的轨道上……但还没有走远。"

1909 年 5 月 23 日，他给洛伦兹写了差不多一样长的技术方面的回信解释他的计划。他当然对洛伦兹的详细回信感到"高兴"，整个社团应该阅读这封信，但他指出洛伦兹关于电子缺乏明确运动频率的论点是没有实际意义的。因为我们还不知道分子力学和电磁学的基本规律，也可能与普朗克定律没有矛盾，只是"困难在于推广普朗克的方法"。爱因斯坦正确地意识到量子理论将是一个通用的力学理论，其中的一个含义是用于普朗克的振荡器的 $\varepsilon_{quant} = h\nu$，但有些不同的关系将适用于自由电子。他接着描述了他希望发展的通用的光量子理论。在这一理论中光既不是粒子也不是波。相反，它由点状客体构成，这个点状客体承载着扩展的场，这个场基本上是传统的电磁场。点状的客体是场中的"奇点"，在这一点场强变得无限大，类似于电场在单点电荷附近变为无穷大一样。每当光被吸收，其中的点客体消失，储存了能量 $h\nu$，这里 ν 是光场的频率。在这里，我们看到爱因斯坦的灵活思维与老物理学大师洛伦兹的刻板看法形成鲜明对比。而在数学细节上，爱因斯坦的概念不是很接近我们现代的理论，这是首次尝试将既是粒子又是波状的数学对象引入物理学，这是一个现代量子理论概念结构的基石。

爱因斯坦给洛伦兹的回信最后说："我认为能和你建立亲密的关系是我最大的荣幸。"这一时期保存的与洛伦兹的通信到此为止。

爱因斯坦为能与洛伦兹交换看法感到非常兴奋，似乎像一个在如此高的水平上下棋的象棋大师，终于找到了一个能与他比赛的对手，一个可以考验他勇气的人。但洛伦兹无法动摇爱因斯坦的信念，光的波和粒子性质并存，一个新的电子和力学理论能将这些古老的概念合在一起。此时，爱因斯坦是这个星球上唯一能理解这种需要的科学家。在少数知道普朗克推导辐射定律和爱因斯坦 1905 年工作的人中，几乎所有人都反对黑体定律暗示某种形式的光量子的观点。洛伦兹和普朗克这两个最熟悉的演员现在同意"能量元素……在热辐射定律中起一定的作用"，但拒绝承认在物理上有局限性的量子概念。

约翰尼斯·斯塔克是当时公认的支持光量子理论的物理学家。他似乎认为光量子和波动理论是不可调和的。斯塔克是一位才华横溢的实验家，在 1919

年赢得诺贝尔奖，是一个难相处的人，总想与在理论上超出他能力的人竞争，在他的理论的有效性和科学优先权问题上陷入了与他人的争执[⊖]。然而，1907年4月他提供给爱因斯坦第一次有报酬的学术工作，让爱因斯坦在他的实验室当助手，爱因斯坦因为钱太少拒绝了这一工作（报酬比专利工作少得多）。正是斯塔克邀请爱因斯坦做了关于相对论的重要评论文章。具有讽刺意味的是，这位著名的支持爱因斯坦思想的人许多年以后，和菲利普·勒纳德（Philip Lenard）一起成为反对"犹太物理学"纳粹运动的领袖，这一切都发生在遥远的未来。1909年7月爱因斯坦写信给他的盟友斯塔克，说普朗克固执地"反对有关物质的（局部化）量子"。他继续说："你无法想象我是多么的努力尝试设计一个令人满意的量子理论的数学公式。但迄今为止，我还没有成功。"尽管他感到沮丧，但他仍在期待着在萨尔茨堡与斯塔克结识。

事实上，在那时，爱因斯坦这位给现代物理毁灭性打击的魔术师还没有遇见一位欧洲领衔的物理学家，不是普朗克，不是洛伦兹，不是索末菲，也不是维恩（他们都与爱因斯坦有通信）。情况就要改变了。自1822年开始，一年一次，讲德语的物理学家汇聚在不同城市召开有超过1300位科学家和医师参加的专业会议，会议是由德国自然学家和医生协会组织的。1908年聚会在科隆举行，爱因斯坦计划参加，但是疲惫阻止他利用专利办公室不足的假期时间做这次旅行。他是一个缺席的明星，就是在这次会议上数学家闵可夫斯基将四维修饰添加到爱因斯坦的相对论，宣布空间和时间"联合"成一个单一的空间时间连续体。但之后，1909年的会议在萨尔茨堡举行，爱因斯坦受到邀请（可能是由普朗克）做一个全体出席的会议讲座，与会者将会见到和听到这位新的救世主，爱因斯坦也将认识年长的先知。沃尔夫冈·泡利（Wolfgang Pauli）这位引领下一代的量子理论家把这一事件称为"理论物理进化的一个转折点"。

当爱因斯坦在9月21日下午走上讲台时，有一百多名同事参加，包括主持会议的普朗克、维恩、鲁本斯（黑体实验者）和索末菲，以及年轻的将会与爱因斯坦成为朋友的物理学家，如马克斯·冯·劳厄（Max Von Laue）、马

⊖ 一年后爱因斯坦在一封给劳布的信中直率地分析了这样一个争吵："斯塔克和索末菲之间的争吵是不光彩的。斯塔克再次产生了纯粹的垃圾……吵吵闹闹一点都不明智。"

克斯·玻恩（Max Born）、弗里茨·莱歇（Fritz Reiche）和保罗·爱泼斯坦（Paul Epstein）。普朗克显然希望他回顾现已接受的相对论，但他选择了一个符合他目前兴趣的课题，"论我们对自然观点的发展和辐射的性质"。他开始了在他熟悉领域的演讲："一旦认识到光具有干涉现象……这似乎是很难怀疑的……这种光就被想象成波的运动。"他指出，似乎需要一个以太传播波的运动，引用一个权威性的文本说以太的存在"几乎可以肯定"（我们已经看到，洛伦兹和普朗克仍然使用以太的概念）。但是爱因斯坦却没有这样做："然而，今天我们必须把以太假说视为过时的观点。"

他猛烈地驳斥了四十年来电磁理论的中心教条，他说，光的某些性质暗示了粒子的性质，这是不可否认的。然后，他投下重磅炸弹：

因此，我的观点是，理论物理学发展的下一个阶段将给我们带来一种光理论，它可以被理解为一种波与光粒子发射理论的融合。以下发言的目的是说明这一观点的理由，并说明我们对光的本质和构成的看法发生了深刻的变化。

这些话是有先见之明的。这样一个光的"融合"理论确实会出现，但它的最早形式出现却需要 16 年的时间，而且没有其他物理学家会像爱因斯坦一样对物理学的未来有如此之远见。

他已经把他的革命论文钉在教堂门口了，爱因斯坦继续布道。他简要地评论相对论使以太变得多余，并暗示光是一个独立的实体，而不是介质中的干扰。然而，他明确指出相对论本身并不需要光量子。他说："关于我们的光结构的概念……相对论并没有改变任何东西。不过，这是我的意见。我们正处于重大发展的门槛……我要说的是……这个看法尚未受到别人的充分检验。尽管如此，我提出这些考虑不应归因于对我的观点过于自信，而是为了抛砖引玉，希望你们中的一个或另一个人关心这个问题。"

然后他继续回顾许多过程，例如光电效应似乎取决于光的频率而不是强度，他详细阐述了他 1905 年论文中的同样的考虑因素。这些考虑把他引向推导普朗克的黑体定律和神秘的"能量元素"，他又从容不迫地说："接受普朗克的理论显然意味着必须拒绝我们的经典辐射理论的基础。"但是，他指出，卢瑟福和盖革对基本电荷的测量再次验证了普朗克的理论（一年前阿伦尼乌斯曾根据此提名普朗克为诺贝尔得奖人）。既然我们不能拒绝普朗克定律，我们就必须通过光的量子来解释它。

在滔滔不绝地发言之后，爱因斯坦踩了刹车。"不是可以想象普朗克的公式是正确的吗？然而它的推导不是基于一个看起来可怕的假设吗？……"他对想象中的保守派（很可能是普朗克本人）的回答是一个响亮的否定。他首开先例，第一次不打算论证光是粒子，也不论证光是一个波。他的论点是论证光两者都是。

他的论点是以另一种巧妙的思想实验为基础的。他设想一个空腔，含有温度为 T 的一种完美的气体，热辐射也必然是分布在相应于普朗克定律的频率上，这个空腔处在与气体相互平衡的状态（也就是说，温度相同）。在这种黑体空腔轨道上悬挂一个全反射的镜子，这个镜子可以在垂直于其表面的方向上自由移动。这面镜子与气体接触，它会在不规则的间隔内与气体分子发生碰撞，使它随机移动到左边或右边[○]。但镜子也经受另一种力，这是由于热辐射反射到每个物体表面的产生的压力。从麦克斯韦时代就已经知道这种辐射压力并不是量子效应，它是产生彗星尾部的原因（阿伦尼乌斯等人假设）。在爱因斯坦的镜像实验中有一个有趣的特性：当镜子静止时，两边施加的压力是相等的。然而，如果它在运动，在前表面反射的辐射要比后表面多。压力的反作用力……因此比作用在后表面上的压力大，板块因经受"辐射摩擦"而反向运动。

但这不可能是辐射的唯一影响，因为如果是的话，镜子会通过分子与镜子的碰撞不断地从气体中吸收能量，并有效地将它转移到辐射，从而加热辐射，我们从经验中知道这样的事情不会发生。解决这种矛盾的方法是，辐射除了有减缓板块的平均趋势外在它与板相互作用时也有同样的不规则波动，就像气体分子那样平均来说传回到板上的能量与吸收的能量相同。很容易想象这种力是由于板块两边随机到达的光量子的数量不同而产生的，正如气体所产生的力来自于两边分子数目不等的碰撞。看来对光量子的另一种看法即将出现。但这不是爱因斯坦所想要的。爱因斯坦假设普朗克定律可以正确地计算辐射波动的力量，使众人惊奇的是他得出此力的两个来源[○]。第一个确实是人们所期望的具有能量 h（和动量 $h\nu/c$，其中 c 是光速）的光的分子随机击打镜子两侧产生的。但是第二项正是麦克斯韦所期望的，光波在两个方向移动时的复杂干涉引

○ 这个随机动量应符合由于能量均分定理给出的运动的平均动能 $kT/2$。镜子是假定这样的宏观量子效应违反了均分，可以忽略。

○ 听众中一位年轻物理学家弗里茨·莱歇（Fritz Reiche）回忆说："我对波动公式中的第二项印象深刻。……我记得人们公然反对，并试图找出另一个原因。"

起的辐射压力波动⊖。现在知道了：魔术师把屏幕移走了，显示他刚锯成两半的那个女人实际上又是一个完整的女人。波效应和粒子效应在同一公式中并存，这个公式是从物质和辐射之间的平衡和不可否认的普朗克辐射定律的有效性简单地得出的。

爱因斯坦最后为辐射理论画了一张新的"奇异性"的图，同时承认："还不可能构建一个辐射的数学理论公平对待辐射的波动结构和量子结构……我只想简单地说明一下……辐射同时显示的这两个结构特性（波动和量子）不应该被认为是相互排斥的。"

普朗克作为主席，站起来主持对爱因斯坦文章的讨论。可以想象人们安静地期待着：这位伟大的物理学家对这一关于光本性的激进的建议会做出什么反应，这个建议来自一位从事相对论研究并得到普朗克提拔和广泛赞扬的物理学家。普朗克感谢听众"以极大的兴趣倾听……即使可能有反对的意见"，这是一个暗示。他继续说："演讲者所说的大部分内容都不会有任何分歧。我也强调引入某些量子的必要性……问题是在哪里寻找这些量子。根据爱因斯坦先生的说法，有必要设想一下光波本身是原子构成的，因此必须放弃麦克斯韦方程组。在我看来，这一步还没有必要……首先，我认为应该把量子理论的整个问题转移到物质与辐射相互作用的领域。"我们听到的是保守推理的声音，我们还没有准备好接受光子，当然也没有准备好接受波粒二象性。

当时观众席上的一个年轻的物理学家保罗·爱泼斯坦，后来有人问他爱因斯坦在萨尔茨堡的演讲有没有说服力。"它没有很大的影响，"爱泼斯坦回答说，"你看，会议主席是普朗克，他马上说爱因斯坦的发言很有意思，但他不太同意。而唯一支持它的人是约翰尼斯·斯塔克。你看，爱因斯坦的想法太超前了。"

⊖ 爱因斯坦解释这一项是出自麦克斯韦波而不是从麦克斯韦方程组推导的，不久之后洛伦兹自己填写了这一步。

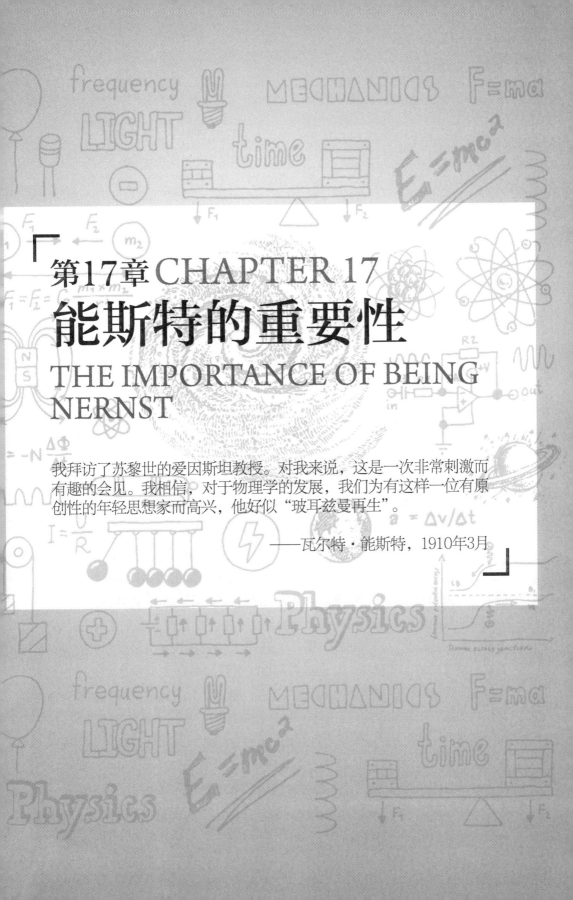

第17章 CHAPTER 17
能斯特的重要性
THE IMPORTANCE OF BEING NERNST

我拜访了苏黎世的爱因斯坦教授。对我来说，这是一次非常刺激而有趣的会见。我相信，对于物理学的发展，我们为有这样一位有原创性的年轻思想家而高兴，他好似"玻耳兹曼再生"。

——瓦尔特·能斯特，1910年3月

在萨尔茨堡，马克斯·玻恩这样的观察员认为"爱因斯坦的成就在科学家聚集的世界里显然得到了正式认可"，最被认可的成就是他的相对论，那时已被波恩的艾尔弗雷德·布赫尔（Alfred Bucherer）用快电子实验证实。正如我们所注意到的，爱因斯坦的量子假设被萨尔茨堡的所有的领军人物认为也许是有创意的，但肯定是轻率的和不成熟的。这一印象可能是由于爱因斯坦决定不在他的讲座中提到他关于固体比热的鲜为人知的工作而得出的。固体比热这项工作表明，普朗克的热辐射分布定律也可以应用于电中性振动，并清楚地表明需要有非牛顿原子力学，而不是将普朗克的"能量元素"视为某种异常，正如普朗克所建议的那样这些异常是与辐射和物质相互作用有关的一些反常现象。但是有一位领军人物不在萨尔茨堡，他敏锐地意识到爱因斯坦在比热方面的工作对他来说是一件极其重要的事情。他的名字叫瓦尔特·能斯特。

能斯特像阿伦尼乌斯一样是一个物理化学家，而且两人确实在 1886 年阿伦尼乌斯在德国学习期间相遇，那时他们 20 几岁，很快成为朋友，同时也是喜欢吵吵闹闹的饮酒伙伴。阿伦尼乌斯称能斯特的热传导工作是"这是任何实验室工作者长期以来所做的最好的工作"，邀请他到莱比锡他的赞助人奥斯特瓦尔德那里工作。像阿伦尼乌斯一样，能斯特不大好看。他的身材矮小，一张"鱼嘴"，有一个独特的高亢的声音，他经常用这种高亢的声音要求优先考虑他的这样或那样的想法，这些想法是他在他的物理化学经典教材中经常坚持的。早在 20 世纪初，能斯特在柏林社会中已众所周知，流传的笑话是关于一个超人，他有上帝的大脑但他的身体却是小工匠。令人失望的是魔鬼为了娱乐而把它带到了生活中，你能猜出这个傀儡的名字。

能斯特自己有一种独特的讽刺性的幽默，能完全不动声色地表达。例如，他周围有狂热的包括普朗克在内的徒步者，普朗克爬山一直爬到 70 多岁，能斯特说他年轻的时候也爬过一次山，然后就一辈子也不想爬了。他确实是一位才华横溢的科学家，爱因斯坦称赞"他有惊人的科学直觉，掌握大量的事实材料和他擅长的罕见的实验方法和技巧"。尽管爱因斯坦说他"像孩子一样爱虚荣"，根据能斯特的实习生罗伯特·密立根（Robert Millikan）的看法，他"最主要的是要在实验室中很有声望，尽管在学术界他几乎总是与人吵架。"密立根回忆说，1912 年他为能斯特著名的对电荷进行测定的教科书写了一章评论（密立根对这个课题的研究将最终赢得诺贝尔奖）。能斯特最初接受了这个草稿，但在法国著名物理学家、最终的诺贝尔奖获得者让·佩兰在一次会议上惹恼了能斯特之后，他要求密立根从这一章中删除每一处提到这个人名字的地方。佩兰的冒犯是嫌能斯特计划的演讲时间太长，因此剥夺了摊派给能斯特的一些时间。瓦尔特·能斯特就是这种有决心、有魅力，同时也为鸡毛蒜皮小事斤斤计较的人。

这些巧合使能斯特成为二十世纪最成功的科学"游说者"之一，能够说服政府和行业官员让他们知道科学工作的重要性，特别是他自己的贡献。这些特性很快将对爱因斯坦的事业和量子理论的发展产生重大影响。能斯特的政治才能表现在他早期的职业生涯中。二十四岁时，在 1888 年，他将最初由化学家范特霍夫提出了一个想法发展为一个重要的关系，现在叫作能斯特方程，可以根据电化学测量估计化学反应可用的能量，他成功地利用这一成果迅速在哥廷根获得学术地位。到 1895 年的时候，他在慕尼黑获得了一个全职教授的职位和自己的物理化学研究所。大约在那个时候，他开始研究这个时代的一个关键技术问题：廉价耐用的电灯。事实上，电气照明为鲁本斯、克鲍姆和其他人的黑体辐射的重要研究项目提供了一个主要的动机，这些研究项目几乎在同一时间取得成果。

1897 年能斯特已经开发并获得专利的基于加热的氧化铈玻璃棒的"能斯特灯"，在一些方面优于爱迪生和其他人开创的白炽金属灯丝灯泡。能斯特认识到照明市场的发展是不可预知的，因此拒绝接受由德国公司 AEG 许给的他的发明专利费，而是坚持一次性付清一大笔款。也许正如能斯特所预见的那样他的灯亮了几年，在 1900 年巴黎博览会辉煌地照亮了德国展馆，在接下来的十年销售了超过四百万件。但最终还是输给了比较便宜的钨丝技术，是由能斯特以前的学生和后来的化学家欧文·朗缪尔（Irving Langmuir）完善的。在这个结局之前，能斯特在 1898 年拜访过在美国的爱迪生，在年老的发明家做了与学术工作无关的演讲后，他大声在爱迪生耳边吹喇叭："你的灯泡专利为你赚了多少钱？"听到爱迪生回答说什么也没得到后，能斯特吼道："我得到一百万马克⊖！你爱迪生的问题是你不是一个好商人！"

由于他谈判的敏锐，他的灯泡的商业失败后果不大⊖。能斯特现在是一个有钱人，一个德国社会不可忽视的人。1905 年他接受了在德国科学中心柏林大学的教授职位，在那里他成为普朗克的亲密伙伴，其早期的热力学工作把能斯特方程建立在更坚实的理论基础上。他在柏林的杰出的同事，有机化学家埃米尔·费歇尔（Emil Fischer）已经在 1902 年获得了诺贝尔奖，他赞美能斯特"多才多艺，多面手，充满了好奇和雄心"。他的学生开玩笑地称他为 kommerzienrat，在德语里是成功商人的意思（与德语中表示受尊敬的学者 Geheimrat 的意思相反）。甚至在搬到德国前，他还被皇帝授予并任命为枢密院议员，因此他一到柏林就被负有声望的普鲁士科学院录取。

大约在这个时候，他做出了他生命中最重要的科学发现，一个现在被称为热力学第三定律的原理。这个原理用现代的说法来表达，即任何系统当它的温度趋于绝对零度时它的熵趋于零。与其他两个热力学定律不需要用量子效应来解释不同，这个定律是关于量子"冻结"的。根据玻耳兹曼定律，一个系统的熵取决于它在给定温度下的可使用的状态数量。我们已经从爱因斯坦的著作中看到，当振动固体变得很冷时原子不能振动，因为它们没有足够的热能来达到即便是第一激发量子水平，即 $h\nu$ 在能量上比最低状态（基态）高。换句话说，系统趋向于单一的、独特的基态，并且按照定义熵为零。能斯特定律说，任何系统，不管多么复杂这总是会发生的。

你可能会问，为什么一个有实际经验的像能斯特这样的化学家会关心这种抽象的原则呢？因为几年前已经认识到知道了一个系统的低温熵行为，人们就可以使用有限范围温度内的化学反应数据预测在其他温度和压力下每个产品有

⊖ 相当于大约 2008 年时的 450 万美元。戴安娜·巴坎（Diane Barkan）在她的能斯特传记中说能斯特收到的实际数量未被证实，但传说仍然存在。

⊖ 具有讽刺意味的是，他的发明确实使得他与阿伦尼乌斯的友谊破裂。1897 年他在斯德哥尔摩向阿伦尼乌斯展示他的灯，当酒店所有保险丝都烧断时阿伦尼乌斯捧腹大笑。这个小事件导致二人终身不和，其结果是能斯特只在 1921 年获得诺贝尔奖，在许多较小的化学家被认可之后。

多少会产生特定的反应，这是化学中的一个基本问题。能斯特迅速着手计算从他的原理得出的"常数"，并显示能够很好地预测各种实验结果。1910 年当他第一次和爱因斯坦会见时，他的方法已经被他的同事弗里茨·哈伯（Fritz Haber）关键性地用于对人类极为重要的化工技术的发展，从空气中去除氮，以制造用于肥料的氨（炸药）。

典型地，他把自己发现的原理称为"他的定理"，而这恰恰不是一个定理。一个定理是从其他公认的规则或公理逻辑性地推导出的东西。能斯特的"定理"是一个基于数据分析的假设，它根本没有原子理论的基础，在那时也不可能有。服从经典力学均分原理的系统不服从能斯特定律；所以实际上他的猜想是与目前公认的理论相矛盾的。我们现在知道量子观念对于这个原则的有效性至关重要。这是爱因斯坦研究的课题。

能斯特肯定意识到他的"定理"的需要一些微观基础才能成为定理。当时的主要理论家绝对没有给出一丝违反均分原理的微观理论。是的，这里有关于辐射定律的奇怪的事情，但正如普朗克肯定会告诉他的，这些奇怪的事情主要涉及与辐射相互作用的物质。当他知道爱因斯坦 1907 年的论文，解释如何将普朗克思想用于预测振动固体出现违反均分的现象，而且正是这种振动（冻结的振动）将会证明能斯特的"定理"后，可以想象他是多么兴奋。难怪在 1910 年 3 月初能斯特专程去苏黎世会见这位神童，是他首次提供的数学理论与他的历史性猜想吻合。

尽管爱因斯坦作为副教授的地位越来越高，但他的同事和熟人都不知道他们当中有这么一个重要的人物。他和学生相处的不拘礼节和他固有的幽默感并不意味着他是令人敬畏的要人，他的衣品从他利用梳妆台的长条丝巾做临时围巾起就没有什么改进。他的第一个（也是唯一的）的博士生汉斯·坦纳（Hans Tanner）描述了他"寒酸的服装，太短的裤子和铁的表链"，但又急忙补充说他的讲课风格"立刻抓住了我们的心"。一个副教授位置不能让一个有家的男人过得太优雅，一个那时的老同事写信给阿伦尼乌斯描述爱因斯坦："我对大学里的这位副教授最感兴趣，爱因斯坦仍然年轻，才华横溢。从他那儿可以学到很多东西……我相信他有一个美好的未来，目前他和他的妻子和孩子的生活条件不是太好。他当然应该有更好的生活。"

在能斯特访问之后，爱因斯坦地位的总体印象突然发生了急剧改变。当时在苏黎世理工学院的一个年轻的助理，后来成为诺贝尔化学奖获得者的乔治·

赫维西（George Hevesy）回忆说，能斯特的访问"使爱因斯坦出名了。"1909年，爱因斯坦在苏黎世并不出名。然后能斯特来了，苏黎世人说："如果伟大的能斯特从柏林远道来苏黎世跟他讨论，爱因斯坦一定是一个聪明的家伙。"

关于这次访问的细节后人知道的很少。只知道能斯特告诉爱因斯坦在他的实验室所做的比热随温度变化的最新测量和爱因斯坦对热力学和统计力学的深刻理解，以及他的量子假说可以处理许多问题给能斯特留下了深刻的印象。能斯特的反应是值得详细引用的：

我拜访了苏黎世的爱因斯坦教授。对我来说，这是一次非常刺激而有趣的会见。我相信，对于物理学的发展，我们为有这样一个原创性的年轻思想家感到高兴，他好似"玻耳兹曼再生"。同样的坚定的信念和敏捷的思维，在理论上极具勇气，而又不会是有害的，因为一直与实验保持最亲密的联系。爱因斯坦的"量子假说"可能是有史以来最显著的思想（结构）。如果它是正确的，那么它就为所谓的"以太物理学"和所有的分子理论指明了全新的道路；如果它是错误的，那么，它将永远保持"美好的记忆"。

这段惊人的话中最引人注目的是能斯特，这位马克斯·普朗克最亲密的同事和朋友，在谈到爱因斯坦的量子假说时根本没有提普朗克。对他来说很清楚，在爱因斯坦手中普朗克对辐射理论的临时修补已经变成某些非常不同的东西，一种全新的电磁和分子理论的设想。事实上，爱因斯坦1907年在分子力学上的量子革命宣言没有被任何人注意到，直到1909年年底或1910年年初能斯特才注意到它。从1907年初爱因斯坦的文章出现，到1910年2月17日能斯特读到他的第一篇提交给普鲁士科学院的文章在结尾简短地提到爱因斯坦的理论为止，没有一篇文章是有关量子理论应用到比热上的⊖。由于能斯特的引导，这种情况戏剧性地改变了。1911年出现10篇这样的文章，在随后的两年出现了30多篇。此外，很可能是在访问期间或之后不久，能斯特构思了一个项目把爱因斯坦带到柏林。能斯特1910年7月31日的一张明信片开头写道："我已经询问了有关爱因斯坦的事情，但还没有收到任何消息。"

至于爱因斯坦，到现在为止他已经徒劳地挣扎两年多通过修改麦克斯韦方程组解释光量子，能斯特的访问极大地鼓舞了他。能斯特离开后一个星期他写

⊖ "比热在低温下急剧降低……相应爱因斯坦的理论要求它趋于零。"（能斯特，1910年2月17日）

信给劳布："对我来说，量子理论是一个已解决的问题。我对比热的预测显然得到了明确的证实。能斯特刚刚来这里看我。鲁本斯在忙于实验验证，这样我们很快就会知道我们的立场。"三个月后，他写信给索末菲告知进一步的结果："看来无可辩驳的是，周期性的能量无论发生在哪里总是 $h\nu$ 的倍数……无论是辐射还是物质（分子）结构的振荡……现在看来相当确定的是在热含量方面固体物质的分子基本上与普朗克的共振器相似。能斯特发现在银和其他物质的情况下确实有这种关系。"

但所有这些对他的启发式思想的支持丝毫没有转移他对潜在挑战的注意力：波和粒子的性质是如何在量子力学或电动力学的完整数学理论中共存的？在同一封他给索末菲的信中，他以他惯有的智慧总结了他的观点："我认为整个问题的关键在于：'能量量子和惠更斯（Huygens）的波干涉原理'是否相互兼容？表面上是对立的，但上帝似乎知道如何摆脱困境。"

第18章 CHAPTER 18
哀悼废墟
LAMENTING THE RUINS

至于说知道，没有人知道任何事情。整个故事是残忍和虚伪狡诈的神父所喜悦的。

——阿尔伯特·爱因斯坦，1911年11月

一个杰出的白头发的人，穿着无可挑剔，刚过七十岁，走上讲台来解释他的理论。在为数不多的 24 个听众中，聚精会神地倾听的有爱因斯坦、洛伦兹、普朗克、能斯特、维恩、卢瑟福、居里夫人（Madame Curie）、让·佩兰和 H. K. 昂尼斯，他们都是当前或未来的诺贝尔奖获得者，还有主要的科学人物如索末菲、鲁本斯、庞加莱和金斯。地点是在布鲁塞尔典雅的梅特洛珀勒酒店的一间小会议室里。

我决定以一个总的概念作为我的出发点，这个概念可以满足最严格的、哲学的和建设性思想的要求：正的和负的以太、原子的和可立体化的。它们之间的接口形成交替的正的和负的原子面，在两种不同的以太之间存在普遍的竞争，尽管由于立体的和浅表化的分子它们在本质上是相同的。立体的和潜在的能量是积极产生的，而能量完全是由于分子接触而产生，迄今为止它是被忽视的，这是我的理论中的一个基本要素……活跃的宇宙是用它自己的原始元素以紧密而明确的机制创造的。

他讲完后，没有一个在座的权贵们对这个古怪的"万物理论"的正确性或一致性提出质疑。相反，受人尊敬的会议主席洛伦兹煞费苦心地感谢演讲者"给了我们一个很好的报告……他给我们的报告只是讲解了它的主要思想"。为什么在场的杰出男女哑口无言没有发挥他们原本高度发展的批判能力呢？他们遵从的是一个由来已久的艺术与科学的老规矩：为了迎合富有的赞助人。

讲话的人是富有的比利时实业家欧内斯特·索尔维（Ernest Solvay），一种有效的和有利可图的制碱法的发明者，现在是一个跨所有人类活动领域的科学进步的鼓吹者和业余体育理论家。他论述的场合是传说中的 1911 年第一届索尔维会议，它是现代专业科学会议的开端。索尔维先生有着与能斯特一样的政治敏锐性，为这次隆重的独一无二的欧洲物理聚会提供赞助。幸运的是，索尔维自己的"重力-唯物主义"理论没有占据后续的有关原子理论的讨论很多时间，而他的科学助理说，他认为这些讨论太"高度专业化"了。

爱因斯坦从一个非常不同的地方抵达布鲁塞尔，一个无论智力上、职业上和地理上都不同于他所在的地方。仅仅19个月前他是如此高兴地受到能斯特的访问和赞扬。从实际的角度来看，能斯特的访问是爱因斯坦的地位和状况平步青云的开始，最终邀请他在布鲁塞尔会议做总结"报告"，这也许是历史上最优秀的科学家聚会。爱因斯坦在苏黎世大学的副教授职位几乎不是一个工作清闲报酬优厚的职位，它给了他一个紧巴巴的中产阶级的生活，没有任何迹象可以看出他能得到一个常任的且能自己做主的正教授位置。然而，在能斯特结束了他在1910年3月月初的访问不到五周的时间，爱因斯坦被授予德国布拉格大学的教授职位。这是一个他急于得到的职位，尽管他在苏黎世生活得很舒适，但这是一个沿着科学进步的阶梯上升的必要步骤。1910年的夏天这个任命暂停了，因为明显的反犹太主义似乎第一次阻碍了爱因斯坦的事业。维也纳主管部决定任命搜索委员会第二次选择的一个奥地利人，古斯塔夫·乔曼（Gustav Jaumann），这个人在科学史中的作用是有限的，仅限于一个客串角色。爱因斯坦是幸运的，乔曼教授以一种骄傲的令人难以忘怀的难过心情撤回了候选人资格，指责该大学"追求现代化却无视真正的价值"。1911年4月，爱因斯坦和家人搬到了布拉格，在那里他接受了他的理论物理学教授新职位。

这是他出现在1911年10月索尔维大会时的情况，但他的情况仍然是波动的，具有稳定向上发展的趋势。就在他离开苏黎世之前，德国诺贝尔化学奖获得者埃米尔·菲舍尔（Emil Fischer）已与他接触，告诉他一个重大的消息，一个匿名的工业捐赠者提供给爱因斯坦一个礼物，一万五千元马克来"推广你的科学工作"，不附带任何条件，这项捐赠很可能是能斯特促成的⊖。现在普朗克已公开将相对论描述为"大胆的超越了推理自然科学中迄今为止所取得的一切……只有哥白尼引入的革命性的世界体系能与之相比"。布拉格不大

⊖ 菲舍尔的信只提到爱因斯坦的"在热力学方面的伟大理论文章"，而不是相对论领域，说明这是能斯特的贡献。

可能留住这位升起的新星很长时间。就在爱因斯坦搬到布拉格几个月之后，他的好朋友海因里希·赞格尔（Heinrich Zangger），苏黎世大学医学系主任，还有某个爱因斯坦非常钦佩的人开始开展活动要他回苏黎世，为他在他的母校苏黎世理工学院创造一个全职教授的位置⊖。爱因斯坦在布拉格表面上彬彬有礼，但他感到孤立和与文化疏远，私下吐露"空气中充满了烟，水会危及生命，人很肤浅"。事后他称这个城市为"半野蛮"城市。因此，当赞格尔的活动成功时，爱因斯坦立即接受了这一职位。他最终回到了苏黎世，他的地位有了很大的提高，1912 年 7 月，仅仅在搬到布拉格后一年。天意让他的回归变得更容易了：他的老对手韦伯死了，他无情地说"对理工学院来说是一件好事"。在所有这些专业的活动中，米列娃在 1910 年的夏天生下了他的第二个儿子爱德华（Eduard），尽管他和妻子的关系继续恶化。

在爱因斯坦所有这些变化中不变的是他的科学工作，特别是他重点考虑的那个时代最重要的量子理论问题。能斯特访问苏黎世的爱因斯坦和能斯特倍加关注地强调量子问题，最终使物理学界知道自 1907 年以来爱因斯坦所知道的一切：量子理论的确有两点困惑。辐射公式、光电效应和其他类似的现象都说明通常认为是波的光有了量化的能量单位 $h\nu$，并具有特殊的属性。同时，比热理论的要点现在已被能斯特的实验所证实，有力地说明分子力学违背了牛顿定律，至少在分子是周期运动的情况下涉及单位为 $h\nu$ 的能量量化。因为这些振动是电中性的，因此不可能直接与光相互作用，这个行为似乎基本上是与辐射的量子性质无关的。爱因斯坦需要做出一个重要的决策：应该专注哪个量子问题？他选择了辐射的量子理论。

早在 1909 年初，爱因斯坦曾向他的偶像洛伦兹吐露他的修改麦克斯韦方程组，以便生成光量子理论的计划。洛伦兹毫无疑问对他那一代的电磁理论有着最深刻的理解，曾经警告过爱因斯坦："即使想让麦克斯韦方程组稍有变化也会面对巨大的困难。"爱因斯坦在 1909 年和 1910 年艰难地进行一番辛苦的工作之后，开始认识到洛伦兹的先见之明，改变麦克斯韦方程组就像润色蒙娜丽莎一样。玻耳兹曼曾经赞美这些方程"是上帝写的这些方程吗？"数学结构

⊖ 苏黎世理工学院刚刚被提升到技术大学的位置，更名为苏黎世联邦理工学院，能够授予博士学位。

是完美的，每一次修改都与许多已知的电磁现象相矛盾。1909 年 9 月，爱因斯坦在这艰难的探索之中，在他的萨尔茨堡演讲的结尾承认："没有可能建立一个辐射的数学理论既正确地包括波动结构也正确地包括量子结构……辐射的波动特性（他在演讲中所演示的）……没有提供建立什么理论的正式线索。"他大胆预言将会出现辐射的融合理论。然而，除了他对一个扩展领域"奇点"的模糊概念之外，没有什么可以支持他的预言。他很快就同意了这个说法，"只要没有引出一个确切的理论这种描述就没有重要的意义。"

在萨尔茨堡演讲后的整整一年中，爱因斯坦多次反复地提到他与辐射理论的斗争。1909 年跨年之夜，他写信给劳布，在这一时期劳布是他固定的宣传者："我还没有得出光量子问题的解，但我做这些工作时发现了一些有意义的事情。我要看看我是否能够成功地孵化出我喜欢的蛋。"1910 年 1 月在给索末菲的信中他描述了他越来越激进的假说来解释辐射的双重属性："也许电子不可设想为像我们想象的那样是一个简单的结构？当一个人陷入困境时，没有什么是不考虑的。"那一年的七月，在能斯特访问的鼓舞下他再次给索末菲写信，相信两个量子假说（光和物质的）是正确的，但承认在调和量子与波方面没有取得任何进展。他已确定"辐射点结构的粗糙物质概念……无法解决这个问题"。8 月 2 日，在索末菲访问后不久他写信给劳布："关于光的构成问题我没有取得任何进展。有某个很基本的东西在它的底部。"然后，1910 年 11 月他再次写信给劳布，光是射线（还是波？）："此刻，我非常希望我能解决辐射问题，而且不需要光量子就解决它。我非常好奇会得出什么。我们将不得不放弃当前形式的能量原理（能量守恒）。"唉，一周后："辐射问题的解决方案又一次化为乌有。魔鬼对我开了一个卑鄙的玩笑。"

不幸的是，含有爱因斯坦试图将辐射量子化失败的相关笔记没有幸存下来，在这期间他使用和丢弃的数学结构我们所知甚少。然而，这封信是爱因斯坦最后一次建议如何或接近解决辐射的量子难题。1910 年 12 月，他再次表示失望："辐射之谜不会屈服……这个秘密仍未解决。"

事后我们知道，爱因斯坦在试图改变麦克斯韦方程组以包含量子的过程中走了错路。爱因斯坦试图做最自然的事情：通过与普朗克常数单位相同的比例 e^2/c（电子电荷平方除以光的速度），找到一组包含基本量子常数 h 的新的电磁方程，无论是显式的，还是隐式的。当时所有已知的自然常数（除了 h 和 e）都出现在已知的自然法则中了。光速直接出现在麦克斯韦方程组中，重力

常数 g 出现在牛顿定律中，玻耳兹曼常数 k 出现在熵原理中，$S = k \log W$。当这些常数出现在基本定律中时，人们可以从这些定律计算出依赖于 c 或 g 或 k 的结果。

普朗克常数的引进并没有涉及一个新的物理定律，它的引入是用玻耳兹曼原理评估黑体熵的过程中的特设插入。爱因斯坦的光量子假说具有相同的特殊性质，本质上是从普朗克那里继承来的。这就是为什么爱因斯坦一再强调："今天所谓的量子理论确实是一个有用的工具，但是……这不是一个通常意义上的理论。"他自然地假设辐射的量子理论需要一个推广的麦克斯韦方程组，这将引入普朗克常数，但是在没有观察到量子行为的情况下它将化简为原来的方程。

但是此路不通，因为一个非常微妙的原因他的假设是错误的。在量子理论中麦克斯韦方程组仍然是真实的和保持不变，只有它们的解释变了：它们是控制光子动力学的波方程，与最终奥地利物理学家欧文·薛定谔（Erwin Schrödinger）发现的描述电子动力学的量子波动方程有同样的意义。但两个方程之间有决定性的区别：在薛定谔的电子方程正中间像一面旗帜一样地插着普朗克常数，正如爱因斯坦在一个类似的光子方程中所期待的那样。爱因斯坦选了毫无价值的东西。在辐射问题中，"作用量子" h 被隐藏在普通的视线中，因为爱因斯坦自己创造的相对论原理而无法看见！

如果确实有光的粒子它们就不可能有惯性质量，因为大的物体无法达到光的全部速度。然而，正如我们已经看到的，辐射即使是无质量的⊖也可以产生压力（它可以传递动量）。光波能量 E 和它的动量 p 之间的相对关系是 $E = pc$。这种关系嵌入在麦克斯韦的微分方程中。在量子理论中，正如我们现在所理解的，光子能量是量子化的并与 h 成正比，但动量也是如此，所以因子 h 在联系这两个方程的关系中消掉了。这是在麦克斯韦方程组中 h 不出现的根本原因。它"应该"是存在的，但它的消失是因为光子没有质量⊜。对于大质量粒子来说，这种情况并不发生，因为它们是由量子方程控制的，在量子方程中，h 像

⊖　在牛顿物理学中物体的动量是质量乘以速度（$p = mv$），对于无质量的物体为零。

⊜　当我们超越麦克斯韦方程时普朗克常数确实进入了量子理论，麦克斯韦方程描述电场和磁场中许多光子产生的平均行为，量子电动力学可以描述单个或少数光子。

一个伸出的拇指。但他想用量子理论改写麦克斯韦方程组的不切实际的探索失败了，他很快就放下了手中的枪。

到 1911 年 5 月，在从布拉格写给贝索的信中，他表达了放弃探讨量子的企图。"我不再问这些量子是否真的存在。我也不再试图去构建它们，因为我现在知道我的大脑无法用这种方式弄明白。但我尽可能仔细搜寻结果了解这一概念的适用范围。"然而正当爱因斯坦放弃他 4 年来的努力时，来了一封邀请信：

亲爱的先生：

从表面上看，我们现在正处于关于物质的经典分子和动力学理论所基于的原理的新发展阶段……各位先生们，普朗克和爱因斯坦已经表示……如果对电子和原子的运动施加一定的限制矛盾就消失了……但这种解释反过来……必然地和无可争议地需要我们目前的基本理论的大改革。为此，签名者建议你参加一个"科学大会"……一个若干杰出科学家聚集的一个小型会议……我希望并期待与你合作，亲爱的先生，我向你致以最崇高的敬意。

签名：欧内斯特·索尔维，1911 年 6 月 9 日

人们可以想象爱因斯坦在读这封信时的反应：告诉我吧，伙计。这个邀请当然太有声望了无法拒绝，几天后在他给欧内斯特的回信中他假装很感兴趣。他被要求就比热问题的现状做报告，他接受了。但他的心和他丰富的科学想象力却在别处。1911 年 8 月，他与劳布的通信包含了新激情的第一个暗示："引力的相对处理造成了严重的困难。我认为很有可能……光速不变原理只对有恒定的引力势的空间成立。"在这封信后两周之内，他与天文学家威廉·尤利乌斯（Willem Julius）通信，谈到重力场引起的太阳光线的红移⊖。到了 9 月，距离索尔维大会的召开不到两个月的时间，他焦急地回答贝索的信说："如果我回答不去……完全是因为我在布鲁塞尔会议上的胡言乱语会使我很沮丧。"

因此，第一届索尔维会议是该领域的一个出发点，而讨论的量子问题是今后物理学的中心问题，这标志着最年轻的参与者暂时投降。爱因斯坦的报告是透彻的充满学术性的，并解释了各种推理方式之间的矛盾是多么尖锐。例如，

⊖ 这封书信实际上是由乌得勒支的尤利乌斯的大学的一位求职者发起的，爱因斯坦最终收到了，为支持苏黎世联邦理工大学他拒绝了。

正如辐射能量的波动所揭示的："就像研究固体中的热运动一样，我们站在一个尚未解决的难题面前……谁敢对这些问题做出明确的回答呢？我只打算在这里说明辐射公式怎样使我们陷入基本的和深层次的困难。"他并没有新的想法如何走出这些困境，萨尔茨堡的乐观情绪已经消散。

爱因斯坦个人非常喜欢这次会议，他描述了他与法国让·佩兰、保罗·朗之万（Paul Langevin）和居里夫人三人的见面是何等的着迷。他再次敬畏地见到他今年早些时候已经见过的洛伦兹："洛伦兹以无与伦比的机智和令人难以置信的技巧主持了这次会议。"普朗克的正直赢得了他的心："他是一个完全诚实的人，他一点都不考虑自己。"至于科学，每个人都才发现他在这个禁区已经研究多年。他向他的老朋友贝索谈了他最后的看法，因为对他来说不需要有什么顾虑："在布鲁塞尔，他们也承认了理论的失败……但没有找到补救办法。总的来说，会议……像是在耶路撒冷的废墟上的哀歌。没有什么积极的迹象……我不觉得很兴奋因为我没听到我以前不知道的东西。"之后，他似乎怀疑他把重点放在辐射上是走错了路，一个月后他写信给洛伦兹："h-弊端[⊖]看起来越来越没有希望了。我仍然相信会首先澄清纯粹的力学一面。"在这一点上他将被证明是正确的。

在布鲁塞尔有一个说法，所有在场的人只有爱因斯坦独自一人觉得特别有趣和值得争论，虽然他从来没有公开这样做过，因为说这话的人是索尔维本人。在他的"正、负以太"不可思议的演讲当中索尔维得出结论说："我把牛顿精彩的引力定律作为我的出发点，这是无可争议的，因此能够满足最严格的科学思维。"事实上，爱因斯坦现在已经开始认真地质疑的正是这个定律。到1912年3月，他给朋友写了一封信："我正在全速处理一个问题（万有引力）。你应该原谅我长时间没有给你写信。"1912年10月回到苏黎世后，他拒绝了索末菲邀请他讲量子理论，他说："我向你保证，在量子问题上我没有任何有趣的新的东西……我现在的所有工作都在万有引力问题上。"索末菲，他以著名数学家戴维·希尔伯特（David Hilbert）的名义联系爱因斯坦并邀请爱因斯坦演讲。之后，他绝望地写信给希尔伯特："我给爱因斯坦写的信证明无用的……显然他是如此深入地在研究万有引力问题，以至于他对其他的一切

⊖ 爱因斯坦的提喻：普朗克常数 h 代表整个量子难题。

都充耳不闻。"

　　爱因斯坦至少是暂时在通往原子的门前贴上了一个隐喻的符号:这条路让人疯狂。他承认他是作为一个笑话告诉他的朋友和同事菲利普·弗朗克(Philipp Frank)的,弗朗克是他在布拉格那一年认识的。弗兰克很快就被爱因斯坦的机智和奇思妙想迷住了:"他的幽默感是显而易见的……当有人说些有趣的话时……从他生命的深处会涌出笑声,这是他的一个特点,会立即受到人们的广泛关注。"当弗兰克讲这个故事时,爱因斯坦正开始被困扰在光的双重性质产生的悖论(波和粒子)中[⊖]。爱因斯坦对这个问题的心理状态可以用下面的事故来描述。通过他所在的布拉格的办公室俯瞰一个公园,那里的游客有个奇怪的特点:早上只有妇女出现,下午只有男人出现,这些人有时独自一人与自己交谈,有时则是一群人在进行激烈的讨论。对这种情况他的解释是,该公园属于波希米亚的精神病院,只许暴力程度较低的病人使用。爱因斯坦领着弗朗克到他的窗口,然后开玩笑地说:"这些是不研究量子理论的疯子。"

　　⊖　弗兰克说错了,在搬到布拉格之前至少有 4 年爱因斯坦一直在关注这个悖论。

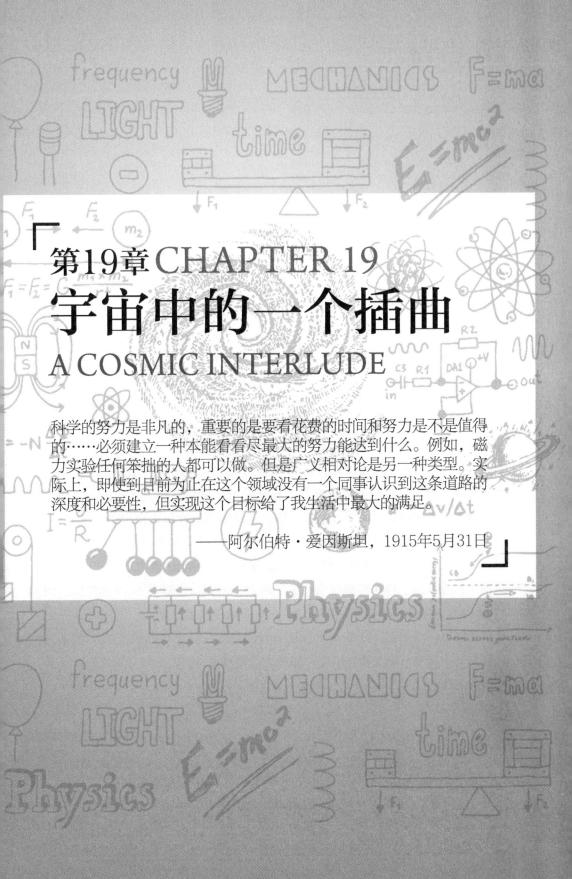

第19章 CHAPTER 19
宇宙中的一个插曲
A COSMIC INTERLUDE

科学的努力是非凡的,重要的是要看花费的时间和努力是不是值得的……必须建立一种本能看看尽最大的努力能达到什么。例如,磁力实验任何笨拙的人都可以做。但是广义相对论是另一种类型。实际上,即使到目前为止在这个领域没有一个同事认识到这条道路的深度和必要性,但实现这个目标给了我生活中最大的满足。

——阿尔伯特·爱因斯坦,1915年5月31日

　　1911 年，由于认识到即使尽了最大的努力也没有得出真正的量子理论，爱因斯坦决定在接下来的四年把他的精力放在他的新的引力理论上，这是他狭义相对论的自然推广，因此被称为广义相对论。在这一领域他第一批工作的结晶是狭义相对论，来源于由麦克斯韦方程组产生的电磁波的性质。万有引力在他的思想中根本没起作用，事实上，1907 年之前，他对原子的浓厚兴趣有据可查，但没有证据表明爱因斯坦对引力现象特别感兴趣。引力效应是天文学的主要兴趣，因为只有在天体尺度上，万有引力才超越电磁力和核力起主导作用。然而，爱因斯坦极其固执地追求概念的清晰性。在阐明相对论的原理时，物理学定律对于所有相对匀速运动的观测者来说似乎都是一样的，他很快指出："当这个陈述扩展到非一致的（即加速）运动中问题就出现了。"在加速运动中你感觉到一种在匀速运动中没有的力。例如，当你在 4s 内从 0 加速到 60km/h 时，你感到座椅背后有压力。你不能说你站着不动，你周围的世界正在加速倒退，因为你车外的人没有被推着向前走。结论是你确实在"加速"，它们似乎不是不可避免的。因此，如果不是绝对速度的话，似乎至少可以定义绝对加速度。

　　然而，1907 年，爱因斯坦有了一个想法，要建立一个所有运动的理论，甚至有加速度的运动都是相对的，一个广义相对论。这个想法的来源是当速度从 0 变到 60km/h 时的推力，一种你感到就像重力一样的力把你推向座椅。事实上，如果你的加速度是恒定的，正好是地球表面重力产生的加速度（$9.8\mathrm{m/s^2}$，用字母 g 表示），放在你座椅背后的秤所称出的你的"重量"会与你站在地面上的秤所称出的重量完全相同。爱因斯坦推测，在加速期间经历的惯性力与引力完全没有区别。紧随其后的是，如果没有特殊的特权运动状态的话，结合新的引力理论就能得出广义相对论。他在 1907 年描述了这一理论的最早、最原始的轮廓。此后对这个问题没再做什么，直到 1911 年，他才开始放弃对量子理论和辐射性质的专一关注。在接下来的 4 年里，几乎他的所有原创性的研究论文都是关于万有引力理论的，而他关于原子和（或）量子现象的一些著作却不是开创性的。直到 1915 年 11 月，即在他过早宣布成功六个月之后他才获得最后成功。

他的科学生涯中的这一插曲与他早期的行事方式不同。与某些描述相反，爱因斯坦在他以前的所有工作中一直对实验很感兴趣，并懂得实验。事实上，在这同一年，1915 年，他发表了他唯一的实验文章，试图与洛伦兹的女婿万德·约翰内斯·德哈斯（Wander J. deHaas）合作确定原子磁性的起源⊖。此外，自从他的学生时代起，他对高等数学就不是太感兴趣，认为它是不必要的学问。他想解释自然，但不是用他的数学才能给他的物理学家同事留下深刻的印象。广义相对论改变了他的观点。他很快意识到，他需要比以前更复杂的数学工具，他的理论构建的动机不是出于任何令人困惑的实验，或甚至不是关于基本问题的共识所激发的，而是他自己的信念，必须有一个一致的物理定律框架使得所有的运动都是相对的。事实上，在一项艰巨的斗争最后，他终于得出一个美丽的数学结构，并预测和解释一些观察到的天文现象，创造了一个让所有人遵循的最高理论研究范式。

在自然科学中从未发生过这样的事情，早在 1919 年英国诺贝尔奖获得者约瑟夫·汤姆逊称广义相对论为"一个人类思想的最高成就"。诺贝尔奖获得者保罗·狄拉克（Paul Dirac）和量子先驱马克斯·玻恩又进了一步。狄拉克称"广义相对论"可能是迄今为止最伟大的科学发现，玻恩称其为"人类研究自然的最伟大壮举"。爱因斯坦自己也为他的突破激动万分，他告诉他的朋友桑戈（Zangger）："这个理论具有无与伦比的美！"。他写信给贝索："我最大胆的梦想已经成真。"木已成舟。从此以后，这个成绩会遮盖他所做过或者

⊖ 论文名称是 "*Experimental proof of the existence of ampere's molecular currents*"（《安培分子电流存在的实验证明》）。

理论物理中所做的一切，不仅是对公众而言。在 1919 年这个理论被证实时公众对弯曲的空间和弯曲的光线疯狂了，但最终是对爱因斯坦崇拜得五体投地。在他 70 岁生日写的自传笔记中给出了他对自己的科学生涯的看法，他所有早期的工作都是广义相对论的前奏，他随后所有的作品都来自于它。在自传中几乎没有提及他对量子的狂热。

但这是一个知道故事结局的人的观点，他知道将最后得出一个他不能完全接受的原子理论。1915 年的爱因斯坦仍然热衷于新的"融合理论"，正如他自己所说的那样，光既可以是粒子也可以是波，牛顿力学将被粒子运动理论所取代，这种运动自然地包含了量子不连续性。1916 年 2 月，他给索末菲写信，非常诗意地描述索末菲最近的原子谱线理论，他说："让我着迷。一个意外的发现！"几个月后，甚至称它是"我在物理学中最好的体验之一"。截至 1916年 5 月底，在完成广义相对论六个月后他已经开始新的工作，将量子理论应用到物理化学中，证明任何需要吸收光才能进行的化学反应中，每个分子吸收的能量为 $h\nu$。到 1916 年 7 月初，他实现了下一个重大的量子突破。那月他发表了一个初步的报告，1916 年 8 月 11 日又做了加工给出一个更明确的表示。他写信给贝索："我得出了一个关于辐射的吸收和发射的绝妙的想法，它会引起你的兴趣。"这种想法将是辐射现代量子理论的基础，出现在每一本有关这一课题的现代教科书的第一章。

写这封信时爱因斯坦过着与在布拉格担任外籍教授截然不同的生活。1911年他暂时放下量子理论，把他智慧的眼光从原子转向宇宙。回想一下，1912年 7 月这位杰出的新的物理学家爱因斯坦已是两个男孩的父亲和一个越来越不幸福的配偶的丈夫，回到苏黎世在理工学院担任理论物理学教授。爱因斯坦一家热爱苏黎世，在那里有许多亲密的朋友，但各种势力在密谋把爱因斯坦教授吸引到另一个不同的平衡状态。

两年前，强大的能斯特已经开始撬动杠杆想把爱因斯坦从瑞士弄到德国。到 1912 年，在这方面的努力中他的同事弗里茨·哈伯已成为他强大的盟友，哈伯是德国犹太化学家，负责氨的提取工艺的发展，这一工艺将是德国军事实力的关键，并且是二十世纪农业革命的关键。1912 年 4 月，就在爱因斯坦回苏黎世就职之前，他曾访问柏林，与能斯特、普朗克、哈伯、鲁本斯、沃伯格（Warburg）见面，在柏林工作的可能性已经浮出水面。作为一个新的量子物理学知识中心，柏林不仅比苏黎世强，而且比地球上任何一个地方都要强，这显然使爱因斯坦感兴趣。然而，由于他的研究是完全独立的，因此他几乎不需要再移动一次就能改善他的科学研究的邻居。但是，两个新因素成了问题。

1912年4月的第一次柏林之旅中，他再次见到他的一个表妹，爱尔莎·爱因斯坦（Elsa Einstein），他从童年时代起就深深地爱恋她。爱尔莎，离婚，有三个孩子，爱因斯坦的父母和她父亲和母亲有亲缘关系因而是他的表妹。但是，按照当时的习俗，这不会阻碍二人相爱。后来，爱尔莎声称当爱因斯坦还是孩子时她就爱上了他，因为他小提琴拉得很好。她像米列娃一样让爱因斯坦感到坦然和熟悉。她出生在爱因斯坦的祖籍黑兴根⊖，她也讲斯瓦比亚方言同时喜爱斯瓦比亚的舒适（gemütlichkeit，这个德语单词狭义的意思指的是一个温馨的家庭环境，更广义地是指温暖、幽默、宽容）。而同时代的人认为她比米列娃美，她不是一个美女，但和爱因斯坦有一样的身材和卷曲的头发，以致后来人们评论他们无论怎么看都很像。爱因斯坦被她吸引住了，看来，她是一个了解他的需求并能照顾他的人，其实这正是被发现的秘密。

1912年4月爱因斯坦第一次访问柏林时爱尔莎和阿尔伯特是怎样重新相遇的还不太清楚，但他们的团聚对双方都有直接的影响。在他返回后几天，爱尔莎给爱因斯坦的工作地址写信（避免米列娃的监视）。虽然爱尔莎的信从那时起没有留存下来，但阿尔伯特的信爱尔莎小心地保存下来，她清楚地看到了和他一起度过美好未来的前景。他在回复她的第一封信时写道："我甚至不能告诉你这几天我对你有多喜欢……每当我想起我们的万隆（柏林附近的森林）之旅，我好像在天堂之上。"在这第一封信中他似乎已经对他们未来的浪漫关系打定了主意，他继续大胆地说，"我得有某个我爱的人，否则生活是悲惨的。这个人就是你，你别无选择，因为我不是在征求你的同意"，最后，他告诫她不要以为他在公众面前顺从米列娃就认为他是怯懦："让我直截了当地向你保证，我认为我是一个成熟的男人。也许我将来会有机会向你证明这一点。"

在这次访问柏林中，他点燃了和爱尔莎的爱情之火，在此期间爱因斯坦曾寻求在物理技术实验室得到一个位置，许多对黑体辐射的基础研究都是在这个实验室完成的。然而，这个位置对爱因斯坦不是十分重要，对爱因斯坦也没有产生太大吸引力。事实上，在他第一封给爱尔莎的信中他告诉她："不幸的

⊖　爱因斯坦的奥林匹亚学院"院长证书"曾称他自己为"黑兴根人"。

是，我在柏林得到这个职位的机会是相当小的。"也许因为这个原因，爱因斯坦迅速收回了他的提议，仅过了三个星期，他对爱尔莎说："如果我们形成紧密的依恋，这对我们两人不好，对别人也不好。"然而，他对他在柏林前景的判断过于悲观。到了第二年7月（1913年），瓦尔特·能斯特和马克斯·普朗克前往苏黎世，向他提出一个他不可能拒绝的建议。

除非像麦克斯韦和瑞利勋爵那样有独立的财富，即使是最伟大的物理学家也不得不通过教学、行政管理或实用工程监理挣钱。然而，能斯特、哈伯和普朗克说服普鲁士当局，说爱因斯坦是王冠上的宝石，他应该是个例外。他在柏林大学担任大学教授没有教学任务（除了他自己的选择），以及担任一个新的尚未建立的理论物理研究所的董事职位，他可以用一个他认为合适的小机构来管理它。而且，最后，他当选为普鲁士皇家科学院最年轻的会员⊖。这最后的荣誉是如此伟大，当他把这个消息告诉了一个在苏黎世受人尊敬的老同事奥列尔·斯托多拉（Aurel Stodola）时，斯托多拉的眼睛涌出"欢乐的泪水"，因为"理想的正义给予了地球上的这个人"。

爱因斯坦几乎不像其他人那样关心这个荣誉。菲利普·弗兰克讲述了一个爱因斯坦的笑话，当苏黎世一位同事评论说，学院的录取总是来得太晚，以至于荣誉获得者不再高兴。爱因斯坦回答说，他应该有资格立即被录取，"因此即使现在也不会让我高兴"。但当爱因斯坦对这种虚荣心不感兴趣的时候，给予他完全的知识自由却在完美的时刻到来。他在对引力理论的历史性斗争中已经走了一半，意识到他正处于改变人类对宇宙看法的边缘，但一点也不相信会成功。此外，他密切关注量子理论的发展，而柏林是它的中心。同时，还因为他在苏黎世理工学院的教学任务越来越重占用了不少他从事划时代研究的时间。现在这个提议只不过是让他独自留在柏林按他的意愿思考！令米列娃惊愕的是他接受了这个提议。

在与研究科学的同事们交谈时爱因斯坦总是把能够自由地专注于他的研究作为移动的动机。他写信给洛伦兹说："我无法抗拒这个职位的诱惑，我将摆

⊖ 提名人普朗克、能斯特、鲁本斯和沃伯格写道："签名者知道，他们建议接纳这么年轻的学者作为学院的正式成员是不寻常的。但他们的看法是不仅是不寻常的情况足以证明这项建议是正当的，而且也认为从学院的利益出发确实需要这个机会……使这样一个不平凡的人充分发挥作用。"学会也采取了不寻常的手续授予爱因斯坦与这个荣誉位置相应的丰厚薪水。

脱所有义务，可以完全沉浸在思考中。"他对埃伦费斯特（Ehrenfest）说得更直白："我接受了这个奇怪的闲职因为课堂讲授使我奇怪地感到心烦，我不需要再做任何讲课。"能斯特和普朗克承诺的所有这种无忧无虑的科学思考的生活的特权都已兑现了，1914 年 4 月爱因斯坦先到柏林。不到两个月米列娃和他的儿子来了又回去了，回到苏黎世。米列娃"咆哮不已"地反对搬家，并且第一眼就讨厌这个城市。他们的关系变得冷淡和敌对，她的离去开启了与他的分离，这将是永久的分离，尽管又过了好几年才最后分开。爱因斯坦哭泣着在火车站送行，不得不让哈伯扶着走回家。多年来，他哀叹与孩子们的隔阂，但孩子们却很快适应了一个新的、比较自由的柏林生活。仅仅一年后，他写信给他的老朋友桑戈："在个人方面，我从未像现在这样平静和快乐。我过着一个非常隐蔽的但不寂寞的生活，感谢我表妹的关爱，当然是她首先把我拉到柏林的。"

第20章 CHAPTER 20
玻尔的原子奏鸣曲
BOHR'S ATOMIC SONATA

欧洲现在已经疯狂地走上了一种不可思议的荒谬道路。在这样的时刻，我们看到我们是多么可悲的物种。我平静地沉思着，只感到一种怜悯和厌恶。

——阿尔伯特·爱因斯坦，1914年8月19日

爱因斯坦搬到柏林不仅改变了他的家庭情况，也彻底改变了他的社会和政治环境。在普鲁士科学院就职演说的一个月内他发现自己被一大批军国主义的德国民族主义所包围，独自一人待在一个和平主义的普救说的小岛上。伟大的战争已经开始，他所赞赏的德国同事能斯特、哈伯，甚至温和的普朗克急切地表示要献身于自己的祖国。他们和许多其他学者签署了一个筹划不周的《告文明世界宣言》的文件，拒绝记录德国在比利时的战争罪行和主张德国文化与德国军国主义的统一。爱因斯坦和他的一个医生朋友乔治·尼古拉（George Nicolai）提出一个反对宣言，题为《告欧洲人书》谴责他们同事的态度是"没有什么价值的，直到现在全世界都不理解他们的'文化'一词为何意。"没有人同意签署他们的宣言。在接下来的四年里，爱因斯坦保持了他对战争双方的批判立场，但正如他所说，主要是通过苏格拉底式的提问方式表达的，向他的同行提出别人不敢提的问题。由于他的智力水平和他作为局外人的身份，他作为一个古怪的天才没有受到责备，并没有产生重大后果（后来在反犹太主义势力和战后民族主义联合起来后也是一样）。

然而，他的同事们并不局限于用书面表达的方式支持战争。能斯特总是有点自我讽刺，在五十岁的年龄志愿在一个叫作司机兵团里当支援人员。他开着私家车到前线，及时参加了第一次向巴黎的快速推进，开到很远的可以看到城市灯光的地方。当车停下来和堑壕战开始后，他回到柏林，致力于发展非致命化学武器，其原型未能打动总参谋部。哈伯则肆无忌惮地重点研制真正致命的毒气武器：氯气、芥子气和光气，让德国人声名大作。如果德国总参谋部更强烈地相信了这些武器，把它们首先部署在伊普尔（Ypres），德国人可能会突破盟军的防线并赢得战争。能斯特和普朗克都在战争中失去了儿子，哈伯也失去了他的妻子克拉拉（Clara），她的自杀至少部分出于厌恶她丈夫拥有的致命发明⊖。值得关注的是，爱因斯坦从来没有直接站出来反对他的同事，实际上他为他们辩护，说他们与沙文主义学者相比是"具有国际意识的科学家"。

爱因斯坦在他的信中经常提到战争的心理代价（"国际灾难沉重地压在我身上"），同时他一再表明他有超自然的能力不受外部世界干扰而专注于他的科学。1914 年和 1915 年他致力于完成了广义相对论，这是已经讨论过的重大成就。在那个令人感叹的几个月内，他以新的活力攻克量子问题。在他的宇宙插曲中原子世界发生了大事。1911 年的索尔维大会对爱因斯坦没有多大科学价值，但使一些来自英国和法国的杰出参与者大开了眼界，在这些国家早期量子理论还鲜为人知。其中最主要的是一个新西兰人，现在在英国曼彻斯特大学物理实验室工作，名叫欧内斯特·卢瑟福。他一直通过实验探索原子的结构，浑然不知统计物理的有力证据，以及原子遵守着经典力学和电磁理论无法解释的新规则。1908 年是戏剧性的一年，他因测量了电荷的大小获得了诺贝尔化学奖，而普朗克的诺贝尔物理学奖提名由于被错误地认为量子作用威胁了场论的基础而失败了。到了 1913 年，卢瑟福的研究小组做了一个决定性的支持原子核概念的实验。在一张照片中一些轻的、带负电荷的电子围绕一个局部的、更重的、有相同正电荷数的核运转。现在有了一个可以使经典物理崩溃的定义明确的模型，这就是进步。

当时卢瑟福实验室来了一位 26 岁的来访者，丹麦的物理学家尼尔斯·玻尔（Niels Bohr）。玻尔表现出一种偏爱理论而非实验的令人沮丧的迹象，在卢瑟福的实验室里这是不受欢迎的，幸运的是他那富有男子气概的活力弥补了他性格上的弱点。卢瑟福认为他是一个可以接受的物种："玻尔与众不同。他是个足球运动员。"⊖

⊖ 据说克拉拉因哈伯的才华横溢的年轻合作者奥托·萨库（Otto Sackur）之死而精神失常，萨库在实验室试图改善气体武器时因爆炸丧生。

⊖ 这里的足球当然是指英式足球。事实上大家都说玻尔是一个熟练的守门员，虽然运动上比不上他的弟弟哈拉尔德（Harald）。哈拉尔德成为著名的数学家，并在 1908 年夏季奥运会上为丹麦足球获得一枚银牌。

玻尔也对卢瑟福大加赞赏。在他搬到曼彻斯特之前，他在剑桥访问约瑟夫·汤姆逊时经历了一次失败。他写信给他的兄弟热情地做了对比。卢瑟福的实验室"充满了来自世界各地的人，在这位'伟人'的精神激励影响下愉快地工作"。卢瑟福本人是"一个可以信赖的人，他经常来这里询问事情进行的怎样，讨论最小的细节"。卢瑟福告诉玻尔早期的量子概念所带来的巨大困惑。玻尔回忆说："我在 1911 年，在卢瑟福从第一次索尔维会议回来不久从卢瑟福那儿得到了这次会议讨论的生动描述。"他立即着手寻找一个办法，将普朗克常数 h 放到卢瑟福的原子中。

玻尔正是在适当的时候开始了他的理论分析。有一段时间原子已知是电中性的物体，含有约瑟夫·汤姆逊在 1897 年发现的负电子。这些电子似乎是处在一亿分之一厘米（10^{-8}cm）的范围内。在二十世纪的第一个十年还不知道抵消电子负电荷和使原子保持中性的正电荷的性质。根据开尔文的建议，约瑟夫·汤姆逊引进了一个"葡萄干布丁"模型，在这个模型中正电荷均匀地散布在与电子所处范围大致相同的球体内（10^{-8}cm）。电子以某种方式悬浮在带正电球体内的固定环内。经典物理学要求电子是静止的（除非它们受到外界的某些干扰），因为根据麦克斯韦方程组，原子轨道中的电子会不断地辐射能量，这是一个尚未观察到的过程。与此相反，气体中的孤立原子只在几个狭窄的频率下发出光，每个元素的发光频率都是特有的。而且，它们并不是连续地发光，只是断断续续地或在外界干扰下才这样做。

汤姆逊没有参加 1911 年的索尔维大会，在这次会议上需要在原子尺度上改变基本规律的必要性被传达给卢瑟福和其他人。当汤姆逊参加 1913 年的会议时，他仍然捍卫他的古典原子。多年来一直致力于量子悖论研究的杰出人物洛伦兹并没有坐以待毙。他打断了汤姆逊的演讲说："提出的假说产生了一个……一般性的异议。我们可以认为，在一个模型中按照一般的力学定律所发生的一切都会导致瑞利勋爵的黑体辐射公式（紫外线灾难）。正如约瑟夫·汤姆逊爵士提出的模型中没有任何东西是与力学定律不相容的，我们很难从中推断出正确的辐射定律。"

当汤姆逊受到这种粗暴的提醒时，他以前的保护者卢瑟福已经实验确认汤姆逊的葡萄干布丁模型难以成立。在放射性衰变中，被他称为 α 粒子的双电离氦原子从衰变的原子中发出。这些 α 粒子可以被校准成能探测原子结构的光束。从 1909 年开始，汉斯·盖革⊖和能斯特·马士登（Ernest Marsden）在卢瑟福的指导下通过实验发现，这个光束中的粒子在敲打金属原子薄箔时偶尔会被弹回。正如人们从葡萄干布丁类比中可以想象到的那样，汤姆逊设想的在球体中弥散的正电荷永远不会导致 α 粒子如此剧烈的方向改变。正如卢瑟福提出的，这就好像向薄箔发射一个炮弹发现它又弹了回来。因此，原子中心必须有一些坚硬的东西，由于已知电子很轻，所以这个中心只能是一个高度局域的相对重的正电荷球，他称为原子核。（除氢外，原子核含有同样重的不含电荷的中性粒子，叫作中子，但这一事实要再过 20 年才能确立。）

因此，当 1913 年玻尔坐下来解释原子的力学时，他知道了一些非常重要的事情。人们可以把原子想象成一个微型太阳系，带负电荷的电子绕着一个局部的、重的、带正电的核绕轨道运行。电子必须绕轨道运行，因为如果它们静止不动，它们就会直接进入原子核。然而当它们绕轨道运行时它们不能按照经典电动力学的要求辐射能量，否则无论如何它们将最终坍缩到核中。但这不是问题，这是一个特点。他抓住了洛伦兹的要点，他的理论只能违反经典物理学的某些方面，并且如果他能想办法让普朗克常数 h 进入到方程中才能成功。黑体理论的成功是由于该利用经典物理的地方应用它，在不该利用它的地方改变规则。为什么不对原子采取同样的方法呢？

1913 年初玻尔从英国回到丹麦后写了他的有关原子光谱的开创性论文，他寄给卢瑟福听取他的意见。卢瑟福对结论印象非常深刻，但反对文章太长，以及它的冗长而沉闷的风格。"我真的认为你应该把讨论的内容缩减到一个合适的程度，"他写道，"你知道，相比于德国似乎要长篇大论才有价值，英国的习惯是简洁和精炼。"玻尔没有受到这种反应的影响，到了曼彻斯特之后，成功地保留了自己手稿中的每一句话。这种语义丰富但格式差的科学写作风格将是玻尔一生的特色。

玻尔首先指出，他的导师卢瑟福实验建立的原子的"太阳系"模型看上去是合理的，但"试图在此原子模型的基础上解释物质的某些性质时遇到了由于电子系统明显的不稳定而引起的严重困难（由于辐射能量损失）……然而，由于能源辐射理论的发展，近年来人们对这一问题的看法也发生了根本性

⊖　辐射计数器的发明人。

的变化。肯定了在这个理论中引入的通过实验发现的新的假设……如比热、光电效应、伦琴射线（X-射线）等。结果是普遍承认经典电动力学在描述原子大小系统的行为时是不适当的。"在这里，在提到爱因斯坦关于实验量子行为的两个伟大预言，光电效应和比热之后，他引用了第一次索尔维大会会议的记录。他继续说："不管电子运动的规律有什么变化，似乎都需要向经典电动力学中引入一个量，即普朗克常数。"

他意识到他是在踩着爱因斯坦的脚步前进。"普朗克的理论对讨论原子系统行为的一般重要性最初是由爱因斯坦指出的（他引用了爱因斯坦 1905 年和 1906 年关于光量子的论文，以及他的 1907 年关于比热的论文）。爱因斯坦的想法已经被发展并应用于许多不同的现象，尤其是被斯塔克、能斯特和索末菲等人引用"。需要注意的是，正如能斯特在 1910 年指出的，**是爱因斯坦而不是普朗克被看作是量子原子的发布者**。但玻尔与 1908～1911 年间的爱因斯坦不同，他不是试图把常数 h 放入麦克斯韦方程组中。他通过两个独立的假设将它引入经典力学中，与普朗克的原始约束 $\varepsilon = nh\nu$ 非常相似（在爱因斯坦的手中它成为振动能量的量子化）。

那么原子中的"普朗克"电子运动的问题到底是什么呢？这个问题是由爱因斯坦在他的第一批给洛伦兹的系列信件中表示的："我唯一的困难在于，普朗克的基础（引进 $h\nu$）不适用于这一理论的基础，只适用于（具有单一频率的）振荡结构这一特殊案例。因此，我们不知道，不能推断……我们必须为自由电子引入什么样的电学和机械定律……这里没有矛盾，只有推广普朗克方法的困难。"正如已经指出的，普朗克已经研究了最简单的机械系统，弹簧上的一个质量（物理学家称线性振荡器）和附加的特设的规则，即它的能量只能是 $h\nu$ 的整数倍，一个在牛顿物理学中没有依据的量化规则。

线性振荡器如此简单的原因是它进行周期运动（在完全相同的路径上来回运动）和这个运动的频率与拉伸弹簧的距离无关。如前面所讨论的，当你把弹簧拉伸的更远，你添加了更多的总能量在这个运动上，额外的能量正好弥补了在一个周期里必须走过的额外的距离，因此在更长的距离上振荡用了完全相同的时间，即频率相同。所以一个线性振荡器的振荡频率是恒定的，不依赖谐振子的能量，并且规则 $\varepsilon = nh\nu$ 决定什么能量是允许的。当普朗克振荡器发出一个光量子 $h\nu$，失去了一个量子的能量后能量变为 $\varepsilon = (n-1)h\nu$，但运动的频率没有变化，因为它是一个线性振荡器。同一个频率 ν 也描述电子运动的频率和发射的光的频率，正如我们在经典电动力学中所期望的：振荡电荷在它们的振荡频率下产生辐射。

但这种线性振荡器的单频特性是由于它的简单的力学定律决定的，即弹簧的恢复力（来回拉它）与弹簧拉伸的距离成比例。原子核中的电子的力不是那种，玻尔（正确地）认为带相反电荷的电粒子间的吸引力是平方反比定律。至少在最简单的氢原子（一个电子围绕一个质子运动）的情况下，这种力学定律导致周期的轨道运动$^{\ominus}$，但随着能量的变化，运动的频率不断变化。例如，不同轨道半径的圆轨道中的两个电子不仅对核有不同的结合能，而且轨道的频率也不同。由于所涉及的数学与绕太阳运行的行星完全相同，所以所有这一原理的方程都是经典天体力学所熟知的。特别是，远离太阳的行星太阳对它的吸引力较小，结合能较小，因而绕太阳运行的周期较长（频率较低）。例如，冥王星的一年是 248 个地球年。玻尔准备用经典力学同样的原理来解释电子轨道。但是，与振荡器不同，当能量改变频率时如何实现允许能量的量子规则呢？

让我们把电子轨道的频率叫作 f，以区别原子可能发出的光的频率（我们仍然称它为 ν）。玻尔通过相当精细的论证，想出了一个令人吃惊的答案。围绕原子核旋转的电子的允许能量由整数倍的普朗克常数乘以最终轨道频率的一半确定$^{\ominus}$。对于氢中的电子的轨道，普朗克的 $\varepsilon = nhf$ 振荡器成为玻尔的 $\varepsilon = nhf/2$。用这个规则选出的独特的圆形轨道被称为"静止状态"，它被假定为永远保持稳定，没有辐射能量。正如所指出的那样，轨道本身的频率随轨道的能量而变化这一规则并不能导致同样间隔的能量级别，这与普朗克所发现的振荡器的情况相反。

玻尔以非凡的直觉和对氢气发出的光谱的批判性观察为指导，对普朗克定律做出了这种不太明显的概括。长期以来人们就知道原子气体发出的光不是由连续的"彩虹"组成的，而是有几种非常纯净的颜色。当这种光被聚焦在一个基本功能像棱镜一样的叫作衍射光栅的光学装置上时，不同的颜色可以在空

$\ominus$　只要电子被束缚在原子核上（即没有足够的能量逃离核引力）。

$\ominus$　玻尔通过考虑所有圆形轨道的平均频率得出这个答案，从无限远离核的平均频率 $f=0$ 开始，到最后的轨道频率 f 为止。玻尔的限制或者可以表述为这个限制：在玻尔轨道电子的角动量等于 $nh/2\pi$，这是在现代的解释中被强调的推广到其他力定律的形式。他在他原来的论文中表达了这个想法，但没有得到有力的重视。

间中相互分离，然后投射到屏幕上，从而产生窄带或"光谱线"的颜色。由于不同的元素给出不同的颜色序列（线），人们可以使用这种光谱来识别是哪些元素发出的光。当然，这对于诸如物理、化学和天文学等学科都非常重要，它可以用来鉴别遥远恒星中的元素。但是为什么某些谱线出现在某个元素上，为什么这些谱线以特定的模式隔开，从基本物理的观点来看这是完全神秘的。

1888 年，瑞典物理学家约翰尼斯·里德伯（Johannes Rydberg）注意到氢谱线的频率似乎特别简单：它们形成了一系列可以用一个简单算术公式生成的谱线⊖。玻尔认识到，他提出的普朗克规则的具体推广，再加上与轨道频率有关的标准经典公式将产生里德伯的谱线系列。看起来这种方法是非常有前途的。

但他必须再加上一个关键步骤来解释里德伯的观察。里德伯没有直接观察电子能量，他观察到原子发出的光的频率，这可能是轨道电子能量状态变化的结果。玻尔推测，当电子通过改变它的轨道状态吸收或发射能量时，发射或吸收的光的频率 ν 是由普朗克/爱因斯坦规则确定的：$\varepsilon_1 - \varepsilon_2 = h\nu$，这里 ε_1 是电子初始能量，ε_2 为其最后的能量。这个假设，还有如上所述的他的量子化电子能量的法则暗示着氢原子只能发射或吸收一定频率的光，这正是里德伯所观察到的！

这是一个好消息，也是一个坏消息。玻尔的这种说法是如此之激进，甚至爱因斯坦这位斯瓦比亚的反叛者发现它是不可想象的。玻尔分离了原子发出的光的频率与绕原子轨道的电子的频率。在玻尔的公式中，$\varepsilon_1 - \varepsilon_2 = h\nu$，有两个电子的频率，电子在其最初轨道上的频率和电子在其最后轨道上的频率。这些频率没有一个与发射的辐射的频率 ν 相一致！对于一个经典物理学家来说，这是一个相当疯狂的想法，物理学家认为光是由电荷加速而产生的，而且必然反映了电荷运动的频率。玻尔承认："上述解释与普通电动力学的解释差别也许最清楚地表明，我们是被迫假设一个电子系统吸收的辐射的频率将不同于普通方法计算得出的电子振动的频率。"然而，他指出，使用他的新规则"用这种方法显然可以得到一个原子通过光电效应发出的电子动能的表达式与爱因斯坦所推导的相同。"因此，作为最后一个理由，他依靠促使爱因斯坦做出光量子

⊖　各对谱线之间的频率间隔之比对应于整数平方的倒数之差。

假说的精确的实验证据开始探索新的原子力学。

但是玻尔的原子理论并不是爱因斯坦一直在寻找的新的力学。这个理论仍然没有取代经典力学的基本原则，只是对经典轨道的另一种特殊的限制，一种普朗克绝望假说的变体。所以，玻尔认为他的开场白虽不优雅，但却奏效了！它不仅解释了可见光的氢光谱，其中包括两个以它们发现者命名的不同系列，巴尔末（Balmer）和帕刑（Pashen）系列；还预测了尚未观察到的紫外线系列。玻尔不知道美国物理学家西奥多·莱曼（Theodore Lyman）在过去几年中已经开始探测这一紫外线系列，他的结果很快就会被发表，结果与玻尔公式一致。但问题是玻尔公式能不能应用到令人费解的天体光谱线上。天体物理学家E. C. 皮克林（E. C. Pickering）在蓝色超巨星 ζ 尾部观察到一个新的光谱线系列，随后另一个天体物理学家艾尔弗雷德·福勒（Alfred Fowler）在地球上，在氦氢混合物中产生了这一光谱线系列。这些谱线与氢的巴尔末系列中的每一条线相对应，因为没有更好的解释，所以被暂定为氢。玻尔意识到用他的公式可以完美地解释这些谱线。他所要做的就是假设它们来自恒星光球中的单个电离的氦原子。单个的电离氦原子像氢一样只有一个单电子，但当然它有更大的核电荷和质量，将电荷和质量的新值简单地放入玻尔公式中就能给出观察到的光谱线。

玻尔对皮克林-福勒光谱的解释起了决定性作用。这个理论不只是一个设计用来拟合已知氢光谱的理论，它还有预测和解释性的力量。当爱因斯坦开始意识到这一点时，爱因斯坦印象非常深刻。爱因斯坦在苏黎世的旧交，化学家乔治·赫维希（George Hevesy），首先告诉了他这个新闻。赫维希在1913年维也纳德国物理学会上遇见爱因斯坦，正如他写信给卢瑟福说的："我们谈到玻尔理论，他告诉我他有类似的思想，但不敢公开发表。他说，'如果玻尔的理论是对的，它有重大的意义。'当我告诉他福勒的光谱时，他的大眼睛看起来更大了，他告诉我，'那么它就是最伟大的发现了。'"在写给玻尔的信中，赫维西详细叙述了爱因斯坦进一步的高度揭示性的评论："我告诉他福勒光谱的解释……当他听到这个时他极其吃惊，他告诉我：'那么光的频率根本不依赖于电子的频率……这是一个巨大的成就。玻尔的理论一定是正确的。'"

所以这是爱因斯坦并不愿意采取的革命性的一步，尽管他早在1905年初就曾考虑过光谱线。光的频率与原子中电子的运动频率无关——谁会猜到呢？爱因斯坦他本身是许多"疯狂"的直觉飞跃的鼻祖，每件事都能一眼看穿。

给他留下深刻印象的不是玻尔的计算，而是简单的猜测，应该从经典物理定律中保留什么和删除什么。后来他赞扬了玻尔的成就：

然而，我所有的修改物理学的理论基础使其适合这个量子知识的尝试都完全失败了。就好像地面坍塌了，到处都看不到有坚实的地基可以在上面建造理论。这个不安全和矛盾的基础足以使一个具有玻尔独特本能和机智的人发现光谱线和电子壳层的主要规律，还有它们的化学意义，在我看来这像一个奇迹，甚至在今天对我来说也是奇迹。这是思想领域里的音乐的最高形式。

受建立的玻尔原子假设的启发，爱因斯坦在他 1916 年回到量子思考后不久给玻尔的创作写了一个至关重要的结尾，给发展中的量子理论的不安全的基础添加了一个新的框架。

第21章 CHAPTER 21
依靠机会
RELYING ON CHANCE

已经证明爱因斯坦的相对论是物理学原理发展的基础，尽管它的应用目前仍然是很有限的。他对目前所关注的其他问题的探索被证明对应用物理学具有重要意义。而且，他首次证明了量子假说对于原子和分子运动能量也有重要的意义……有的时候他的猜测可能太超前，比如他的光量子假说，不过不应该过于责难他。

——普朗克、能斯特、鲁本斯和沃伯格，提名爱因斯坦为普鲁士
科学院院士的信，1913年6月12日

　　"为什么普朗克和我要聘用他就像你雇佣一个管家，现在看他把物理搞得乱七八糟，再也无法让他改变了。"这是能斯特讥讽性地评价爱因斯坦的广义相对论的胜利。这些普鲁士学院令人尊敬的教授们将爱因斯坦带到柏林不是为了让他去研究引力定律和时空几何，而是期望他带领他们在理解原子的竞赛中取得胜利。相反，他把内跑道让给了丹麦的尼尔斯·玻尔和他的英国合作者，就在世界大战爆发的时候。此外，他们和大多数物理界的科学家一样，从未接受过爱因斯坦关于自然出现的波粒二象性和光实际上具有粒子性质的新观点。

　　人们可能会认为玻尔的理论会促进人们相信光子。玻尔的第二个假设指出，当电子在两个允许的轨道间变迁时，其结果是"发出均匀的辐射，其频率和发出的能量之间的关系是由普朗克理论（$\varepsilon = h\nu$）给出的"。如果我们眯上眼只是看一下这句话（事实上，人们会经常这样看玻尔的著作），肯定看起来就像他所说的那样，每当电子改变其能量状态原子都会发射一个爱因斯坦光量子。但玻尔并不是有意这样说的，事实上，在未来的十二年里，他一直反对光的粒子概念。他相信量子力学支配原子，但电子在允许轨道之间转移时发出的光尽管包含固定的能量量子 $h\nu$，但还仅仅是电磁波。

　　爱因斯坦历经磨难，未能在修改后的麦克斯韦电动力学中找到量子，从1911年开始他在谈到光子时很低调。1912年5月他写信给维恩表示自己的状况："人们不能认真地相信可数的量子的存在，因为一个照明点在不同方向发出的光的干涉性质与它不相容。尽管如此，我还是更喜欢'诚实'的量子理论，而不是迄今为止发现的各种替代它的折中理论。"爱因斯坦在这里确认了他在 1912 年已经苦苦挣扎了几年想解开的一个谜。在经典电磁学中，一个点辐射源（如原子）发出的光是一个传向四面八方的均匀的球形波。但是如果将这些发散光线重新聚焦在屏幕上，它们将显示标准的干涉条纹。爱因斯坦和洛伦兹已经一致认为每一个光量子能够自我干扰，所以这样的描述就表明，从一个点光源发出的光量子必须以某种方式"破裂"，以证明它们的存在是"可数的量子"。爱因斯坦思考的另一个问题是放射性现象，其中一个或一个以上粒子是从原子核发射的，显然是在一个随机的时间和一个随机的方向。早在 1911 年他就看出这可以与电磁波辐射相比较，他写信给贝索说："光的吸收过程……真的与放射性过程有相似之处。"他的亲密朋友和未来的诺贝尔奖获得者奥托·斯特恩回忆起了爱因斯坦在布拉格的岁月时这个问题是多么困扰着他："爱因斯坦总是绞尽脑汁考虑放射性衰变的规律。他建造了这样的模型。"玻尔的令人大开眼界的原子理论的出现使他想到用新的发射和吸收的描述解决这些棘手的问题。

1916 年 2 月，爱因斯坦已经把广义相对论放在一边，开始探索原子的量子理论。索末菲 1915 年 12 月写信给爱因斯坦请他看他在玻尔的公式中做的一个改进，爱因斯坦发现这个改进特别有趣。索末菲已经意识到玻尔没必要限制电子的圆形轨道，它们也可以进入椭圆轨道（如太阳系中的所有的行星$^{\ominus}$）。然后，他使用了玻尔发明的一种方法来确定允许轨道的量子化能量$^{\ominus}$。他发现了一个比玻尔公式更一般的公式，最初给出了氢光谱同样的结果。但在他的新方法中，他能够考虑到玻尔不能考虑的额外影响。爱因斯坦的狭义相对论预言，电子的测量质量随着速度的增加而增加。已经计算得出电子绕原子核的飞速运转的速度是接近于光速，所以这个增加的质量对电子的轨道频率产生的影响应该是可以测量的。索末菲将这种效应包含在内，正如现在所做的，导致氢系列谱线分裂成紧密排列的一组线（"精细结构"），其数量取决于发出光之后电子的最终状态。索末菲在他给爱因斯坦的信中怀疑是否新崛起的广义相对论将影响他的计算，但爱因斯坦向他保证，这些影响太小，在这种情况下无关紧

$\ominus$ 圆形轨道是经典力学允许的，但要求行星轨道能量和它的角动量之间有特定的关系，在行星从原始物质中形成时这是很难完全满足的。然而，在我们的太阳系中行星轨道接近圆形。

$\ominus$ 这种方法现在被称为玻尔-索末菲-威尔逊量化，它将在下面进一步讨论。

要。就在那个时候，"精细结构"的影响已经被发现了，著名的德国波谱学家弗里德里希·帕邢（Friedrich Paschen）（原始氢系列中的一个谱线以他的名字命名）仔细测量了这种"精细结构"。1915 年 12 月下旬，帕邢写信给索末菲："我的测量……与你的精细结构完美地吻合。"实验者为他的实验突然转变为重大的发现感到非常高兴，据报道他大声叫起来："现在我相信相对论了！"

一旦爱因斯坦消化了玻尔的原子量子理论，这种原子量子理论和相对性原理的完美结合便打动了爱因斯坦。这是 1916 年 2 月他写给索末菲的狂喜的信中所谓的启示性的工作。后来，在 8 月，在他自己的工作中，受玻尔理论的启发他写信给索末菲再次说："你的光谱分析是我知道的最好的物理学实验。正是通过它们，玻尔的想法变得完全有说服力。要是我知道上帝在调整哪个螺丝就好了！"在此之前，在 7 月 17 日提交的论文中他已经指出，玻尔的电子通过吸收和发出能量为 $h\nu$ 的辐射实现允许的稳定能态之间的跃迁的假设有着显著的意义。

1916 年的第一篇论文，题为《量子理论中辐射的发射和吸收》中，爱因斯坦回到 1909 年他首先阐述的主题，即普朗克对黑体法则的推导是矛盾的，因为它采用经典电动力学将振荡器的平均能量与辐射场的能量密度联系起来，但后来离开经典物理根据量子法则计算平均能量。他再次赞扬了普朗克敢于进入未知世界的勇气——"他的推导是无与伦比的大胆"——但他补充道，"然而仍然令人不满意的是使用的电磁力学分析与量子理论是不相容的。"他继续说，"由于玻尔的谱理论已经取得了巨大的成功，因此似乎不用再怀疑量子理论的基本思想必须保持下去。"为了保持一致性，他说，"普朗克的经典假设必须被物质和辐射之间的相互作用的量子理论的思考取代。在此尝试中，我被以下的考虑所吸引，既被它的简单性又被它的一般性所吸引。"

他所提到的简单的、一般性的考虑来自于我们早先遇到的热平衡的概念。黑体定律适用于与物质接触的辐射，从而使整个系统（辐射＋物质）进入最可能的热力学状态。在热平衡状态，系统的熵达到最大值，温度不再变化，以及辐射与物质的平均能量不随时间而变化⊖。但由于物质和辐射不断交换能

⊖　记住金斯对黑体辐射观测的不可信的解释是基于物质和热辐射在高频下不处于热平衡的假设。现在人们普遍认为这是错误的，爱因斯坦可以把他的新工作建立在平衡假定的基础上而不必担心这种批评。

量，这种平衡状态不应看作是相互作用的结果，而应看作是不断补偿的结果。人们可以想象这两个系统（物质和辐射）是由管道连接起来的两个游泳池，这样水通过管道从一个池子流入另一个池，然后通过其他管道被泵抽回到第一个水池，平均来说，每个水池的水（能量）不会改变。

在玻尔之后，爱因斯坦现在可以更精确地描述这种动态平衡的性质了。他假设与辐射接触的物质是一种分子气体，具有离散的量子化能级和玻尔的静止状态。然而，他的论证是如此的概括，以至于他从不需要为允许的能量分配特定的值：它们存在就足够了。因此，他的推理与玻尔计算原子能级的方法的细节无关。然后根据玻尔法规在分子和辐射场之间交换能量。如果一个分子的能量大于其最低能量状态（称为"基态"），那么它可以发出适当的能量辐射 $h\nu_1$，从而降低到一个较低的能量状态，或吸收另一特定频率的辐射能量 $h\nu_2$，并跳到一个更高的能量状态。为了保持平衡，这些发出和吸收辐射的能量过程必须平均地保持平衡，流入分子中的能量必须与发出的能量数量相同。事实上，爱因斯坦指出，不仅能量流必须总体上平衡，而且每一对分子水平的能量交换也必须独立地保持平衡。对于每对分子"向上转换"（吸收）必须等于"向下转换"（发射），否则系统不能保持平衡。

到目前为止一切都还不错。逻辑和数学都是如此地简单使他几乎不会犯错误，但他也几乎没有得到太多的演绎力。然后，一个关键的问题是："我们在这里应该区分两种类型的跃迁。"当分子处于任何一个更高的能级，即"激发态"时，他仍然认为即使根本没有任何辐射，在没有外部影响的情况下仍有可能发射辐射。人们很难想象它是类似于放射性反应的。多么大的飞跃！放射性衰变是一种神秘的核现象，它似乎是完全随机的。放射性物质有一定的半衰期，即平均一半的核放射出放射性粒子的时间。但是对于任何一个特定的核，我们只能说在一个半衰期中不衰变的概率是二分之一，在两个半衰期有四分之一不衰变，等等。衰变的实际时间和方向曾经是并仍然是不可预测的。现在爱因斯坦声称至少有一些原子发出光的事件是这样的，我们现在称之为"自发发射"事件，并且他正确地写下了与放射性衰变完全相同的每单位时间自发辐射事件数量的数学规则。

然后他考虑了其他更常规类型的发射事件，我们现在称之为"受激发射"。这些事件的数量取决于已经存在的辐射量，也就是说，在平衡状态中，这些事件的数量与黑体辐射密度成正比。这些事件对他的读者来说更为熟悉，因为在经典电动力学中人们将辐射场描绘为是被原子中的电子电荷所驱动的，或者被驱动的，增加或减少了电子轨道运动所包含的能量。当辐射场从电子中减去能量时，我们有"受激发射"；当补充能量给电子时，电子吸收能量。嘿，这些内容至少听起来很熟悉，但……他却完全放弃了计算吸收和发射的经典方法。相反，他将这些过程也视为随机的。

现在他所要做的就是平衡各种过程，分子在自发和受激辐射中所损失的能量必须平均地等于吸收所得到的能量。通过最后一个方法他把受激发射率和吸收率联系起来，简化了平衡方程。我的天，他用两行代数就推导出普朗克辐射定律！爱因斯坦巧妙地绕过了所有复杂的计数，直奔答案。他忍不住给自己一个小小的赞扬："假设的简单性，可以毫不费力地进行分析的一般性，以及与普朗克线性振荡器的自然联系……似乎这极有可能是一个未来的理论表征的基本特征。"几周后，他兴高采烈地给贝索写信："我突然意识到一个绝妙的关于辐射的吸收和发射的想法……一个令人惊讶的简单推导，我要说的是普朗克公式的推导。一个彻底量化的事情。"

爱因斯坦是正确的，他的方法已经成为推导普朗克公式的方法。它在现代的量子力学和电动力学理论中是完全有效的，并且实际上是大多数教科书中仍然使用的推理方法。爱因斯坦引入了两个未知的比例常数（一个是自发发射率，用 A 表示；一个是受激发射率，用 B 表示），然后用附加的论据以已知的常数替换它们。这些新的基本量可以在现代的理论中直接计算，但为了向大师表示敬意仍然被称为"爱因斯坦 A 系数和 B 系数"。

然而，爱因斯坦没有停留在他的桂冠上。用纯粹的量子框架重新推导普朗克定律是一个进步，但它本身没有澄清光量子存在的问题。他仍在寻找"球面波悖论"的解决办法，球面波是经典的点源发出的均匀膨胀的球形波的前缘，就像一块岩石掉到池塘产生的涟漪。这样的波似乎排除了概念上的原子发射，即光的局域粒子的释放是向着特定方向飞出的。很难想象落在池塘中的岩石只引起单一的一条水波向特定方向运动。然而，显然单个原子真的像经典的点源。他想，也许经典的观点是错误的。也许真正的原子发射是定向发射过程，在特定的方向发出光的波动。只有当很多原子在所有方向随机发射时（反复发射时）才出现球形波。

在他 1916 年发表的第一篇论文的几个星期后，爱因斯坦高兴地意识到，他的新的量子发射假说使他能够证明这一事实，他急切地起草了第二篇包含这一论证的论文。当他 8 月 11 日给贝索写信时，他吹嘘找到了"推导"，并补充说，"我现在正在写这篇论文。"⊖在两周后给贝索的信中他补充说，"可以令人信服地表明，发射和吸收的基本过程是定向的过程。"

那么，是什么样的新见解让他如此兴奋呢？爱因斯坦意识到他可以又回到悬浮粒子的布朗运动理论和辐射能量波动理论上了。在这篇著名的 1916 年的第二篇题为《论辐射的量子理论》的量子理论文章中他评论他的优雅的新推导出的普朗克定律，并指出"这个推导值得关注不仅是因为它的简单，尤其是因为它似乎澄清了物质辐射发射和吸收仍不清楚的过程。"他说，现在我们不能只考虑能量交换。"出现了这样一个问题：当分子吸收或发射能量 $h\nu$ 时它是否接受一个脉冲（在一个特定方向的推动）？……结果证明，我们只有在完全理解这些基本过程的情况下才能得到一个没有矛盾的理论。这是以下考虑的主要结果。"

我们已经看到，即使在经典电动力学中辐射也会施加压力，从而推动物质，即传递动量给物质。爱因斯坦在萨尔茨堡的"滑动镜"思想实验中运用了这一事实。这种效应类似于当你开枪时产生的反冲，一个向特定方向发射的光波会使发射的原子在相反的方向上反冲。类似地，一个原子吸收光波类似于"吸收"一颗入射子弹的不幸过程，引起"吸收器"被推到子弹运动的方向。然而，如果原子发出球面光波则反冲压力将在所有方向相等，并且没有净动量转移。人们可以想象士兵们在竹筏上的画面。如果它们都排成一行并向同一方向射击步枪，那么后坐力会把木筏推向相反的方向，但是如果它们形成一个圆圈同时向外开火，木筏就不会移动（它们也可以围成一个圈，全都向内开火，竹筏也不会移动，但会产生其他的效果）。因此，定向发射相对于无向（球形）发射是不同的，在爱因斯坦讨论的分子和辐射之间的能量交换过程中，分子发生了不同的运动，并取决于发射和吸收是定向的还是无向的（"各向同性"）。

为证明每个分子与辐射的相互作用是定向的过程，他提出以下论点。想象一个气体分子在一个密闭的充满辐射的空间内，两者有同一温度 T（这是热平

⊖ 第二篇论文在 1917 年之前没有发表，也未被引用和讨论，所以人们普遍不认为该关键思想是在 1916 年 5 月到 8 月之间产生的（仅在广义相对论完成后六至九个月）。

衡条件)。这意味着它的辐射能量密度将由宇宙辐射定律所描述,这取决于 T 和频率 ν。在这里爱因斯坦没有假设这个定律是由现在著名的普朗克公式给出的,他的目标是根据玻尔的量子原子和统计物理学的一般考虑,以一种新的方式推导普朗克定律。在这方面他假定气体中的原子动能的能量是由我们熟悉的均分定理给出的,他知道这个定理对分子的振动能量不成立,但对于与气体中原子自由运动有关的能量是成立的[⊖]。

所以我们的均分的气体分子是以平均动能 $3kT/2$ 运动的,但它们的运动不是没有力作用的。所有这些辐射的存在都会产生一种摩擦力。在声波中我们熟悉的多普勒效应,是一个声源走向或远离接收器时观察到的频率(音调)变化:当走向接收器时,测量的音调高于静止的时候,类似地,当声源离开时测量的音调变低。光波也会产生同样的效果:当你向光源移动时,它们的频率增大,当远离它们时,它减小。实际上,在细节上光有点不同,因为与声音不同,测量的光速始终是以光速 c 移动,但是爱因斯坦在那个充满奇迹的 1905 年为此得出了将以太排除在外的公式。

为什么这种效应会引起摩擦?试想在一个游泳池的两端产生同样频率的方向相反的水波,你站在中间被每一侧的波冲向前和冲向后。如果你站着不动,那么平均来说冲击你向前和向后的波浪击打的次数是一样的,平均来说,你没有被推向游泳池的任何一端。然而,如果你以某个合理的速度(相对于波的速度)朝一端移动,那么从这一端来的波就会比从另一端产生的波浪更频繁地击打你。这是一个非常具体形式的多普勒效应:你在一个波动的介质中移动,这样当你逆着波的方向移动时,你会遇到更多的波峰(频率更高);当你顺着波的方向移动时,频率就低。在这种情况下,内在的效应是,你被冲向后的次数比冲向前的次数要多,你会感觉到一种有效的力量阻止你接近你正在接近的游泳池的末端。但是如果你转过身,开始向另一端走去,同样的事情也会发生,只是现在的力量指向相反的方向,也就是说,它的行为就像摩擦,减慢你的速度,不管你朝哪个方向走。爱因斯坦用了三页密密麻麻的代数得出计算

⊖ 八年后,爱因斯坦首先发现能量均分定理甚至对原子气体也会失效(见第 25 章),但这些效果需要很低的温度,以致到二十世纪末才观察到。此外,这一事实并不能否定他在当前工作中的论点。

这种摩擦力的精确数学公式，但基本概念是这样的[⊖]。

但这并不是作用于分子的唯一力量，也不可能是唯一的力量，因为如果是这样，随着时间的推移，辐射场就会吸取掉分子的所有动能，使它们处于绝对零度。（在我们的水池比喻中，步行者累得走不动了。）这样我们又会有一个紫外线灾难的说法。但爱因斯坦知道大自然是如何避免它的。以前的推理假设是吸收事件的发生是完全有规则顺序的，而现实的分子是被光子在不规则的时间间隔随机冲击的，因此在任何短的时间间隔内，它得到来自辐射的净推动，推动它向任一方向移动，向前或向后。爱因斯坦计算了这种波动力的大小。然后他假设这两种力，即摩擦力和波动力，都必须达到平均平衡，精确地避免了辐射引起的未观测到的冷却。但这个平衡方程依赖于辐射分布规律的数学形式，一个不很高明的通用函数 $\rho(\nu, T)$。爱因斯坦非常高兴地指出，普朗克定律，只有普朗克定律将使这两种力量平均相互抵消。

但爱因斯坦所有推理的核心是每个发射和吸收事件是一个定向过程。"如果我们修改关于动量（力）的假设，就会得出违反（力平衡）方程的后果……以一种不同于我们假设的方式满足这个热理论所要求的方程几乎不可能的。"他最后说，"如果一个分子遭受的能量损失是 $h\nu$……那么这个过程是一个定向过程，没有以球面波形式发射的辐射。"

爱因斯坦不仅在自己的头脑中解决了一个悖论，他也改变了演化的量子理论的本质。现代量子力学的创始人之一沃纳·海森堡（Werner Heisenberg）指出："爱因斯坦本人在他 1917 年的论文中……把统计概念引进了量子理论。"海森堡的一个关键的合作者帕斯库尔·约当（Pascual Jordan）将爱因斯坦的论文说成是影响现代物理学发展的最重要的论文。从这一点出发，随机的因果过程应该包括到这个理论中。这不是在玻尔-索末菲的原子理论中包含的概念，是爱因斯坦把这个不受欢迎的精灵从瓶子中放出来的。他会为此感到后悔。

他继续说："在这个辐射的基本过程中分子受到反冲。反冲的方向在目前的理论状态下是由'机会'决定的……需要建立一个辐射的量子理论几乎是不可避免的。这个理论的弱点是……它并没有使我们更接近与波理论的联系……也

⊖ 这里的类比是不完美的，因为在光波移动中没有以太，但正如所指出的，有一个相对论版本的多普勒效应仍然导致对气体的摩擦力。

让发生的时间和基本过程的方向成为一个'机会'事件。尽管如此，我完全相信所走的道路是可靠的。"

爱因斯坦确信他的结果不仅是逻辑上的简洁和优雅，他现在相信他已经得到了长期寻求的光量子和其他基本粒子一样是"真实"的证据，而不只是如普朗克、洛伦兹和其他人所说的一种辐射与物质的相互作用。在他给贝索的下一封信中，他宣布："任何这样的基本过程都是一个完全定向的过程。这样，光量子就成为公认的了。"

第22章 CHAPTER 22
混沌的幽灵
CHAOTIC GHOSTS

"我已经下定决心，在我的时间到来的时候，我要在战斗中倒下，尽可能少地依靠医疗援助，到那时向我罪恶的内心欲望忏悔。饮食：抽烟像烟囱一样，工作像马一样，不加思考和选择地吃，只在真正令人愉快的陪伴下才去散步，然而很少能够实现，不幸的是睡眠也很不规律，等等。"这是早在 1913 年 8 月爱因斯坦来到柏林之前写给爱尔莎·爱因斯坦的俏皮的话，从那时到 1916 年完成新的热辐射工作之间他付出了巨大的劳动。许多历史学家认为 1915 年 11 月至 1917 年 2 月是爱因斯坦的第二个奇迹阶段。这一时期他写出了十五篇论文，包括广义相对论的最终形式，它首次扩展到宇宙学，以及新兴的量子理论的下一个概念性的支柱、自发发射的想法、内在的随机性，以及玻尔原子与普朗克定律的结合意味着光子的真实性。这一切都是在战争期间，随着战事的继续，德国的前景暗淡，日常生活日益艰难。1917 年初，爱因斯坦已精疲力竭，不得不重新考虑他是多么严重地忽视了自己身体需求。

1916 年的冬天，爱因斯坦以新的工作强度回到了量子理论，这个冬天在柏林被称为"萝卜冬天"，那时卑微的萝卜成了各式各样的稀缺食品：面包、蛋糕、咖啡，甚至还有一些"萝卜啤酒"。英国封锁了食品运输，结果在 1916 年那一年，估计有 120000 人死于营养不良。1917 年 2 月，爱因斯坦和其他柏林人一起度过了一个异常寒冷的冬天，在这期间，他患了严重危及生命的肝脏和膀胱疾病，两个月内体重下降了五十多磅。爱因斯坦在这些年里没有遭受重大的生活必需品的匮乏，这多亏他在瑞士的朋友桑戈和他在德国南部的亲戚（寄大包用品给他），所以他的病主要是因为过度劳累、不良的饮食习惯和一个长期困扰他的消化系统，米列娃称其为他的"著名的痛苦根源"。1917 年 2 月 6 日，他将他关于宇宙学的新工作提交给普鲁士科学院之后，他就病了。2 月 14 日，他写信给莱顿的保罗·埃伦费斯特，让他取消他访问荷兰的计划。他解释说："我的肝脏很虚弱，迫使我需要一个非常安静的生活方式和严格的饮食方案。"两个月后，他写信给洛伦兹："我没有工作过，周围的环境也很理想。"到了 5 月，他唱歌的语调与早在 4 年前他送给爱尔莎的生机勃勃的序曲不同了。他告诉贝索，他拒绝医生的命令去"温泉治疗"，他说他不能"迷信这种治疗"。但是，他继续说，"我承诺做别的难以做到的每一件事情，如戒酒等。总之，忠实虔诚地遵医嘱去做。"

在爱因斯坦第一次尝试与米列娃离婚失败后，他与表妹爱尔莎保持了一定的距离，不再像 1913 年初那样兴奋地急于进入第二次婚姻。他在疾病中仍写信给桑戈："我了解到所有人类关系的可变性和学会如何使自己不要太热和太冷，使温度保持稳定和平衡。"但现在是爱尔莎主要在护理他的身体和调节他的健康。1917 年夏末，她为他购买了在哈伯兰大街 5 号靠近她的公寓，甚至趁他外出旅行时把他的东西搬进去。到了 12 月他向桑戈报告："我的身体现在很好……由于爱尔莎的精心照料，我从夏天起体重增加了四磅。她为我做饭，这已被证明是必要的。"尽管"爱尔莎不厌其烦地烹饪"他的"鸡饲料"，但是，到了 1 月他又卧床不起了六周，一直到第二年夏天才感觉好些。正是在那个夏天，爱因斯坦终于收到米列娃同意离婚的信，但有一个著名的条约，她将获得他一定会得到的诺贝尔奖的收益（如果他活得足够长能得到它的话）。到了 1919 年 6 月，办完法律手续后，爱尔莎终于嫁给了爱因斯坦，实现了她成为阿尔伯特·爱因斯坦夫人的夙愿。在接下来的 20 年里，她将是爱因斯坦的稳定可靠的生活伴侣，但绝不是他早年在搬到柏林之前写下的情书中想象过的浪漫伴侣。

爱因斯坦的健康问题，从 1917 年 2 月开始一直持续到 1918 年，加上复杂的和耗费精力的离婚和再婚的个人问题，使得爱因斯坦这两年的科学研究成果没有前两年多了。他继续完善和推广广义相对论，但量子理论和新的原子力学在他雄心勃勃的研究中仍然是最重要的。1917 年 3 月，他还是不太舒服，不能做很多工作，他写信给贝索，谈到他在 9 个月前就写好但最近才被发表的有关热辐射的新论文。"我发出的量子理论的文章使我回到了辐射能的空间量子性质的观点。但我有一种感觉，那就是自然之谜所提出的问题的真正症结还没有被完全理解。我们能活着看到解决这个问题的那一天吗？"

第二天，他写信给桑戈抱怨自己健康不佳和缺乏智力："科学生活已经或多或少打起了瞌睡，也没有什么想法在我的头脑中转动了。相对论在原则上是完整的，至于其他的，稍微修饰一下就适用了……能做的不想做，想要做的不能做。"就在他对贝索讲了关于量子之谜之后，他的自我要求似乎很清楚：此刻他最想要的是真正了解原子和光相互作用时发生了什么。

在他以"完美的量子形式"推导普朗克定律之后，爱因斯坦从1911年开始的怀疑光量子是否真实的时期就结束了。他相信光量子是完整的粒子，它们定位于空间，沿着定向轨道运动，携带动量和能量。这一信念简单地重新提出了如何调和它们的真实性与电磁辐射所表现出的干扰性质的问题，这似乎需要将光线扩展到大范围的空间中。虽然还没有如何解决这一问题的想法出现，无论是他还是不断扩大的量子物理学家团体都没有如何建立一个新的光的数学理论可以包含这两个相互矛盾的想法。但这段时间，爱因斯坦开始制订了一个概念框架，作为一个通向完整理论的权宜之计。

他假设光是在一个双重过程中发出的。在遵循经典麦克斯韦方程组的导波产生的同时，从原子向特定方向发出一定数量的光量子，并携带所有的能量。他在给索末菲的一封信中简单地提到这个想法："我相信，除了定向的能量过程，还发出一种球面波，这是因为大孔径角存在干涉的可能性，但……我不相信立即发出（定向过程）的东西具有振动性。"显然他已经长时间地与埃伦费斯特和洛伦兹详细讨论了他的观点，但他没有发表也没有公开它们。洛伦兹自己在1922年的加州理工学院的讲座中提到了这些内容（以爱因斯坦的名誉），另有一封1921年11月洛伦兹给爱因斯坦的信保存下来，他在信中概括了爱因斯坦的建议。

基本思想：……说到光的发射这里有两种辐射。它们是：

1）干涉辐射（interference radiation），这种辐射是根据通常的光学定律发生的，但不传递任何能量……因此，它们自己不能被观察到，它们只是显示能量辐射的方式。它就像一个死的模式，只有通过能量辐射才能变活。

2）能量辐射（energetic radiation），它是由不可分割的量子（能量）$h\nu$组成的。它们的路径是由（非常小的）来自干涉辐射的能量流给出的，因此它们永远不能到达一个能量流为零的地方……即使是形成全干涉辐射……只有一个单个的量子发射，因此到达接收屏幕也可以只有一个点。但是这个基本的情况重复了无数次……各种量子现在按统计方式分布……因此，屏幕上每个点的平均数与入射辐射的强度成正比。这样观察到的干涉现象就形成了，与经典理论是一致的。

爱因斯坦意识到为理解光的行为要求我们用扩展的场或干扰来描述辐射，这将决定空间中特定点能量转移的测量，而能量转移本身则由局部的和量化的单元组成。他想出了一个美妙的名字——"鬼场（Gespensterfeld）"来排除引导障碍，并且他似乎倾向于把微粒量子作为"真实"的东西，而扩展的波浪形的实体退居为次要的光谱形式。尽管如此，他很严肃地对待这个想法，并从1918年开始广泛讨论。所以，不只是爱因斯坦的亲信圈内知道它，年轻的学生，如尤金·维格纳（Eugene Wigner）也知道它⊖，他回忆说，爱因斯坦"非常喜欢它"。此外，根据洛伦兹的说法，爱因斯坦也预见到鬼场将被用来确定光量子的概率。他描述爱因斯坦的思想说："不得不假设在每次反射和衍射中，当入射光束分裂成两个或两个以上的光束时，一个光量子走一条路径或另一个路径的概率与光沿着这些不同的路径运动的强度成正比，其概率根据经典的法则计算。""经典法则"指的是麦克斯韦方程组，它决定了电磁波的反射和衍射，从而决定了量子将以一种方式或另一种方式传播的概率。对于单个光子来说，似乎没有确定的运动规律，只有引导场的性质是由确定的定律决定的。这两种观点——认为量子粒子是由一个扩展的场引导的，允许它们"自我干扰"，和这个扩展场遵循的是确定的定律，但并不决定个体量子的命运——这是现代量子辐射理论（物质）中的关键概念。通常把它们归功于马克斯·玻恩，他首先把它们应用于电子，但他总是说它们来源于爱因斯坦，甚至在斯德哥尔摩的诺贝尔领奖台上也是这样说。

1917年，爱因斯坦也同时开始建立他的光量子的"鬼场"概念和战胜自己的各种各样的疾病，有时他集中精力研究量子困境的另一面：电子和原子的量子理论。在此之前，爱因斯坦开始研究光和热辐射的量子理论，但到了1907年，他意识到普朗克定律要求原子和分子也必须服从非牛顿力学，因为

⊖ 维格纳1921年19岁时抵达柏林，参加了柏林大学著名的物理座谈会。他目睹了量子理论的完成，并将于1963年因开创性应用这个理论，特别是他对对称原则的识别和使用而获得诺贝尔奖。

它们的振动能量必然是量子化的。那时，他选择了一种包含了光量子修正的辐射理论，只是在 1911 年把这个课题沮丧地放在了一边。取而代之的是玻尔在 1913 年在原子力学中走了下一步，提出了量子化的电子轨道，紧接着在 1915 年他用阿诺德·索末菲的理论精化了他的理论阐释，给爱因斯坦留下深刻印象。一直到 1917 年春天，在 12 年的工作中，爱因斯坦从来没有提出一个方程来描述电子的量子行为，而这是理解原子的关键。十分引人注目的是，他在 1917 年 3 月和 4 月的疗养期间接受了这一挑战。他的工作揭露出玻尔-索末菲版本的量子理论的一个惊人的不足。

玻尔和索末菲首创的物质的量子理论的早期版本（现在被称为"旧量子理论"），克服了概括普朗克-爱因斯坦限制的第一个主要障碍，即在分子尺度上能量的量子化。正如我们之前所看到的，普朗克和爱因斯坦只对最简单的周期运动——线性谐波振荡施加了限制，而玻尔则通过对绕原子核转动的电子周期运动的相当详细的论证来推广它。索末菲已经意识到玻尔的法规相较普朗克的 $\varepsilon = nh\nu$ 是一个更普遍的法则，但实际上量化的量，无论是电子轨道还是分子的振动，都是作用。

是的，"作用"。记得普朗克先生总是称他的常数 h 为"作用量子"，"作用"是经典力学中的一个术语，它指的是在十九世纪引入的数学量，一种方便和有力的方法来考虑任何服从牛顿定律的粒子轨迹。"轨迹的作用"是物理学家可以计算的数字，但它的含义并不像牛顿提出的质量、动量和能量的概念那样直观和熟悉。粗略地说，它对应于粒子从 A 点到 B 点可能的最小时间。有点不可思议的是，一个牛顿粒子根据 $F = ma$ 计算所遵循的实际轨迹是要使得这个全局度量最小化，就好像粒子预先规划了它的路径一样。实际上，你可以抛开牛顿定律，用"最小作用原理"来完成所有经典力学的计算。

就像经典力学中的其他量如能量一样，作用也是连续变化的，所以没有明显的方法把它分解成最小的单位。在发现普朗克常数之前这是不可能的。普朗克常数是已知的第一个与作用有相同单位的基本物理常数，其单位是长度乘以动量。如果我想把一根绳子割成 1 英尺、2 英尺和 3 英尺的段，我需要一把尺子来衡量。我可以用这把尺子来"量化"绳子的长度。同样，索末菲已经认识到普朗克常数是自然的量化周期轨迹的"尺子"，沿每一轨迹的作用必须是 h 的一个整数倍。如果一个电子轨道它的作用被 h 除有余数的话你可以排除原子中这些经典的电子轨道。由于某种原因这些是不允许的。这条规则没有解释为什么微观运动在更基本的意义上比普朗克的原始假设更加量子化，但它允许量子理论描述比简单简谐振动更广泛的运动范围。特别是索末菲已经能够在玻尔的简单的圆形轨道中添加椭圆电子轨道，甚至包括当电子被原子核旋离时轨道能量的相对论的影响。事实上，因为原子中量子化轨道的模型越来越精细，所以这种方法将在未来七年中成为主流。

索末菲的优雅方法激起了爱因斯坦强烈的好奇心，在他完成新的辐射理论之后，他立即把注意力转到这方面。但是他很快就意识到这个量化作用新理论有一个问题，只有他认识到这个问题，1917 年春季之初在他生活仍然很困难的情况下，他开始研究这个问题。

在 1917 年 4 月 29 日他写给贝索的一封信中，出现了第一个明确的迹象表明他的新观点："昨天我提出了一个小的关于索末菲-爱泼斯坦[○]量子理论公式的小东西给我们的物理学会的一些人。在接下来的几天我想把它写完。"到了 5 月 11 日，他准备把成品提交给德国物理学会，题为《论索末菲和爱泼斯坦的量子理论》。

爱因斯坦的动机是以他的相对论为核心写这篇论文：物理定律不应该依赖于观测者的参考系统，或者在原子的情况下取决于描述电子轨道的坐标系的选择。他在文章的开始赞扬索末菲的方法，然后说"它仍然是不完美的，不得不依靠一个特定坐标系的选择，因为坐标系的选择可能与量子问题本身没有关系。"

爱因斯坦在寻找量化作用原则的更一般性的陈述。而且，他掌握了一套比他在发展广义相对论之前更先进的数学工具：拓扑不变性。拓扑学是数学的分支，它研究可以连续变形到另一个形状，但不对物体造成任何破坏的特性，因此物体保持同样的"孔数"。拓扑中的炸圈饼和咖啡杯被认为是相同形状的，由于杯手柄相应于炸圈饼的洞，并且你可以想象把杯子其余部分（如果它是可锻的）围绕着手柄均匀挤压，一点都不破碎，直到把它塑造成一个炸圈饼的形状。在现代物理学中，拓扑不变量被发现在许多基本理论中起着关键作

○ 爱泼斯坦是来自波兰的一个年轻的犹太裔理论物理学家，索末菲的博士研究生，对索末菲公式的细节做出了进一步的工作。爱因斯坦对他印象深刻，帮他找到一份永久性的工作。他最终移民美国，在密立根的帮助下成为加州理工学院的一名教授。

用，但是在爱因斯坦的 1917 年的工作之前没有发现任何拓扑不变量。爱因斯坦用一种巧妙的方法，就能够在短短的几页纸中，将玻尔-索末菲规则写成只取决于电子轨迹的拓扑性质，本质上取决于这些轨道在每一个运动周期后如何"绕回到"自己。因为它的性质是拓扑的，如果你使系统旋转或变形它不会改变，因此它不依赖于任何特定的坐标系统。

这样看来，好像爱因斯坦已经很满意用更加严谨的数学使玻尔-索末菲理论更加坚实，似乎已经走到这个问题的结尾。但是故事还有很多。爱因斯坦继续说："在一个在今天听起来也一样古怪的提法中，我们现在来到了一个非常重要的，在构思这个基本思想期间小心翼翼地避免提及的问题。"他指出，事实上如果电子轨道是足够复杂的或不规则的，就不会有单一的周期使轨迹回到自身，那么他的方法就失去意义了，玻尔和索末菲的整个方法也就没有意义了。这种复杂的、不规则的运动现在已为现代物理学家所熟悉，它是由混沌动力学这个术语描述的。

爱因斯坦最后说，"我们立刻注意到，这种类型的运动不包括我们所描述的量子条件。"对于玻尔-索末菲方法来说这是一个迫在眉睫的问题，这个量化混沌运动的问题也困扰了爱因斯坦本人。

爱因斯坦的工作太超前，在那个时候很少有人能理解。混沌运动直到出现现代计算机才真正被认识，并且拓扑量子规则超越了每个人的视野。尽管爱因斯坦很有名气，但在他的文章中认识到的这个问题却被忽视了五十多年，在一个被称为"量子混沌理论"的理论物理学的一个分支出现之后这个问题才受到重视⊖。但他写的文章在那个时候还是很重要的，当 1926 年欧文·薛定谔写下他划时代的论文确定量子力学的波动方程时，他写下以下注脚："爱因斯坦 1917 年文章中的量子条件框架，是从早期一直到现在的尝试中与目前的框架最为相似的。"

⊖ 这是爱因斯坦 1917 年的论文，如引言中所描述的那样，激励作者重新审视爱因斯坦对量子理论的贡献。

第23章 CHAPTER 23
一千五百万分钟成名
FIFTEEN MILLION MINUTES OF FAME

但现在我已经厌倦了相对论！当一个人为它花的时间太多时，即使是这样的事情也会显得苍白无力。

——1921年1月8日阿尔伯特·爱因斯坦给爱尔莎·爱因斯坦的信

1917 年和 1918 年间，爱因斯坦努力恢复了活力，重新集中精力去探索原子，而社会力量的奇异融合正在发生，这将不可逆转地改变他的生活。1918 年 11 月 9 日，德国帝国投降，德皇退位，德国陷入了政治动乱。这场大战将留下仇恨、怨恨和幻灭的余灰，并将影响国际科学合作十年之久。然而，在不到一年的时间里，一支英国科学探险队将爱因斯坦推向了科学史上史无前例的享誉全球的地位。剑桥年轻的布卢米安天文学教授，亚瑟·斯坦利·爱丁顿（Arthur Stanley Eddington）带领探险队，他在战争中被良心驱使拒服兵役，是一个粗鲁而且固执的被爱因斯坦认为是和他有相似灵魂的人。由于他在科学研究方面的重要作用，剑桥大学的老师为他申请了延期服兵役。他在签字时坚持要加上一条，如果他被视为有更大的军事价值，他无论如何都会拒绝服役。爱丁顿在英国支持爱因斯坦的广义相对论，通过天文学家弗兰克·戴森（Frank Dyson）爵士的帮助，爱丁顿被任命负责日食观测探险队。这个探险队 1919 年 2 月出发去检测爱因斯坦所做的由于太阳引力场产生的星光路径弯曲的定量估计。考察卓有成效，最终探险队证实了爱因斯坦的理论，并在 1919 年 11 月 6 日皇家学会历史性的会议上报告他们的结果。

　　数学家阿弗烈·诺夫·怀海德（Alfred North Whitehead）把这次会议比喻为"希腊戏剧"，在这个戏剧中"物理学的定律是注定的法令"，这次会议把爱因斯坦放在了英国科学神殿上，并与艾萨克·牛顿爵士处在同一水平，引出了约瑟夫·汤姆逊的著名宣言，宣称爱因斯坦的新框架是"人类思想的最高成就之一"。◯有关这一新世界观的某些事物虽然晦涩难懂，但人们并没有被技术术语所封闭，这些内容捕捉了公众的想象力，而"谱线"和原子的"量子"理论永远做不到这一点。空间是弯曲的，光是受重力影响的，所有的运动都是相对的。这是令人费解的东西，但不是不可理解的技术语言。人们可以用它变魔术。并且有人这样做了。

纽约时报用一个从未有过的异想天开的标题捕获了这个时代精神："天空中的光线都歪了：研究科学的人或多或少都在急切地等待日蚀的探索结果，爱因斯坦理论成功了，星星不在它们看来或被认为应在的地方，但人们无须担心。这是一本写给 12 个智者的书；全世界能理解它的人不超过 12 人。"

到了 1920 年 9 月，相对论狂热席卷全球。爱因斯坦惊呼："目前每一个车夫和每一个服务员都在争论相对论是不是正确的。"爱因斯坦的第一位传记作者这样描述这种思潮："一个安静的从事智力工作的学者成了救世主……在这段时间人们说得最多的都是这个人的名字……这个人的手已经够到星星了，他的理论让人们忘记了尘世的烦恼。"这个跨国的对政治不感兴趣的人在毫无意义的十年破坏之后未成预料地满足了社会需要。因此，爱因斯坦成了人类更美好天性的象征，一种潜在的政治力量，他是犹太人的民族灯塔，是革命艺术的灵魂，是对哲学家的挑战。他的演讲都是耸人听闻的事件，他对一切事物的看法都被搜索。他应该写这个或那个评论，给这个或那个演讲，加入这个或那个委员会，为了这个或那个值得的事业。所有这些都干扰了他的真正的生活使命，对自然的深入思考，更具体地说，为了最后深入到原子理论难题的底部。在他 1921 年 1 月给他老朋友桑戈的信中写道："一个人的计划被各种各样的职责搞得支离破碎，严重伤害了身体，尤其是对一个专注比一切都重要的人来说。"

在爱因斯坦一跃成为科学家中前所未有的名人时，德国正努力在第一次世界大战失败后维持稳定的政治秩序。有着自由宪法的魏玛共和国是在 1919 的夏天成立的，并在接下来的四年中屡遭反动势力的挑战，为首的是右翼的自由军团。这些力量助长德国投降，并在签署凡尔赛条约之后掀起反犹太主义的浪潮。爱因斯坦，由于他崭露头角，自然是一个被攻击的目标。由一个默默无闻

◯ 后来往往被错误地引述为最高成就。

的叫保罗·韦兰德（Paul Weyland）的工程师领导的一个科学家和工程师的边缘群体，攻击相对论是谬误的，破坏了德国科学的纯洁。爱因斯坦天真地认为，关注这些批评者和用逻辑论证及讽刺相结合的方法驳斥他们的主张是值得的。1920 年 8 月份他出席了反相对论者召开的公开会议之后，他在一篇报纸文章中攻击他的批评者，但很快就后悔了。"每个人都必须不时地成为愚蠢祭坛上的牺牲品……而我的文章做得太透彻了。"

事实上，除了注意这个毫无意义的运动之外他还激怒了一位受尊敬的物理学家菲利普·莱纳德（Philipp Lenard）。莱纳德是诺贝尔奖获得者，他对光电效应的开创性实验部分地启发了爱因斯坦在光量子方面的突破性工作。莱纳德怀疑相对论的有效性，在 1918 年写了一篇批评它的文章，但在这一点上他从来没有亲自攻击过爱因斯坦。莱纳德关于相对论问题的陈述是许多人能够认同的：认为它违反了"声音常识"。莱纳德不是理论家，爱因斯坦的同事们肯定会意识到他的批评仅仅是因为无法掌握这个理论的抽象化问题。然而，韦兰（Weyland）为了他的团队盗用了莱纳德的名字，造成爱因斯坦也许有某些正当的理由认为莱纳德有着和他们一样的非科学动机来攻击他。因此他直呼其名地写道："（他）在理论物理学中迄今为止一无所获，他反对广义相对论是如此肤浅，直到现在我才认识到没有必要详细回答这些问题。"

莱纳德自然就对爱因斯坦带有侮辱语气的评论发起反击，促使索末菲恳求爱因斯坦做出一些和解的姿态，然而爱因斯坦从未同意这个请求。事实上，在德国有着强烈的反犹主义的色彩的攻击爱因斯坦科学的第一轮风暴从来不是一个主流运动，并被当时的德国物理机构广泛拒绝。爱因斯坦在那个时候感到他的批评不过是一种烦恼。他的评论中有一句著名的名言："我觉得好像一个人躺在一张舒服床上，但饱受臭虫的折磨。"然而，十年后这个虫子会有毒。莱纳德永远不会原谅爱因斯坦，从此全力反对他。最终他加入了纳粹党，成功地从普鲁士科学院驱逐包括爱因斯坦在内的犹太科学家，并从课本中根除"犹太物理学"。

尽管在 1921 年初这些早期的袭击事件中，爱因斯坦的科学同事们认为他与这个混蛋斗一点都不明智，但他们一致为他辩护。最引人注目的是冯·劳厄（Von Laue）、能斯特和鲁本斯的演讲："我们并不是详细讨论导致爱因斯坦完成相对论的他的无与伦比的智力工作……我们想强调的是，在昨天的反相对论会议上的一篇文章中没有触及的东西是，除了爱因斯坦的相对论研究之外，他的其他工作已经保证了他在科学史上的不朽地位。"因此，尽管公众对相对论抱有厌恶或愤怒，但他的柏林同事并没有忽视爱因斯坦是新原子物理学概念领袖这一事实。他们没有放弃他会拿出一个真正完整的量子理论的希望。

然而，爱因斯坦自己却似乎在他一生中第一次轻松地从他的科学研究中脱离出来。虽然他在 1920 没有真正受到右翼反犹情绪的威胁，但似乎确实和他的犹太弟兄们一起重新点燃了犹太民族的民族认同感。1920 年 4 月，他在一个犹太组织发表如下讲话："在我身上没有任何东西可以被描述为'犹太信仰'，但我很高兴属于犹太人。"他对宗教仪式并没有任何同情，因为他向一个与他辩论过的犹太教教士明确表示："犹太宗教社区是一个行使仪式的组织，与我的观点不同。我必须接受今天的现状，而不是希望看到它变成什么样子。当我想开车进城时，我不能躺在床上希望它能长出轮子变成汽车……（然而）我欣然发誓……我要为犹太人和犹太社区的利益而进行各种努力。"

按照这一声明，不到一年后，尽管他宣称要专注于科学，但他立即同意来自世界犹太复国主义组织主席哈伊姆·魏茨曼（Chaim Weizmann）的邀请，陪他到美国为计划中的耶路撒冷希伯来大学募捐。不必担心这次行程会要求他从索尔维第一次关于"原子和电子"的大会上退出，也不必担心在他众多的天赋和兴趣中从未遇到过的筹款。他对哈伯（他非常反对爱因斯坦的参与）坦言道："当然，需要的不是我的能力，只是我的名字。爱因斯坦的推广力预计会带来相当大的成功，因为多拉里亚（Dollaria，爱因斯坦在美国的绰号）在美国有很多同族的人。"然而，他认为他的参与是一种道德责任："尽管我有着国际化的心态，但我仍然感到我有义务在我的能力范围内为我的受迫害和在道义上受压迫的同胞说话。建立犹太大学的前景使我特别高兴，我在最近的几次例证中看到，年轻的犹太人在这里受到的虐待和不友好的对待是为了剥夺他们受教育的机会。"事实上，尽管爱因斯坦在他所到的美国每一个地方都产生了一定的影响，再加上他的传奇，但这次旅行在筹集金钱的目标上仅取得了一定的成功。

这次旅行似乎在爱因斯坦身上激起了一种他先前没有显示过的癖好。在接下来的两年里，除了前往美国（主要由他自己选择），他访问了荷兰、奥地利、捷克斯洛伐克、英国、法国、意大利、瑞士、日本、中国香港、新加坡、巴勒斯坦、西班牙、瑞典和丹麦在内的国家和地区，没有一个计划是深思熟虑的。然而，在 1921 的夏天从美国回来后，爱因斯坦又一次把他的想法转向了光量子问题。

　　尽管爱因斯坦这时已经发展出了"鬼场"的概念来解释光粒子是如何表现与波相关的干涉的影响，但他没有想到观测的净结果会完全像经典电磁波理论所预言的那样。因此，他寻求一个将直接分辨他的理论的实验测试，其中所有的能量都是由经典光学预言的单个光量子携带的。1921 年 8 月，他认为他找到了一个关于光发射本质的非常有趣和相当简单的实验，并希望能很快完成它[⊖]。

　　这个想法确实很简单，但有缺陷。爱因斯坦假设当光量子从运动原子发射时不显示多普勒效应（它的频率不会根据其运动与探测器的视线之间的角度而移动），而已知的经典辐射会显示这种效应。因此，他建议用一个插入的棱镜状元件通过望远镜透镜对运动原子的光进行成像，以便有差别地偏转不同频率的光。他计算出经典理论会给出偏转的图像，而他的量子理论则不会。他不必亲自做实验，找到经验丰富的专业人士瓦尔特·玻特（Walter Bothe）和汉斯·盖革，他们非常乐意做这些相对简单的测量。他们在 1921 年 12 月完成了测量，没有检测到图像的偏转。

　　爱因斯坦再次欣喜若狂，正如他在 1916 年量子工作之后，他告诉玻恩这个最新的消息。"感谢盖革和玻特的出色合作，有关光发射的实验完毕。结果：通过移动（原子）发射的光是严格的单色，而根据波动理论在不同方向元素发射的颜色应该不同。因此，可以肯定地证明波动场不存在……这是我多年来最强有力的科学经验。"但是爱因斯坦的狂喜是短暂的。埃伦费斯特和冯·劳厄独立地指出，爱因斯坦得到的经典预测是错误的，无论是经典的和量子理论的预测都无影响。爱因斯坦重新做了计算，几个月后提出了修正的结论："根据这个理论结果，不能从有关发射过程性质的实验中得出更深层次的结论。"他又写了封信给玻恩，具有自嘲的性质："我……犯了一个巨大的错误（指光的发射试验）。但不必太认真。只有死人才不会犯错误。"他显然由于未完成量子理论再次越来越沮丧："我想的是，我有那么多分散我注意力的东西这是好事情，只有量子问题会迟早把我送进疯人院……理论物理学家面对自然是多么无奈。"

　　⊖　值得注意的是，尽管爱因斯坦对公众来说已经成为纯粹的理论家的范式，但他仍然很愿意考虑实际建立并亲自进行这样一个实验。

由于他的名声给他带来许多复杂的让他分心的事情。1922 年 6 月，右翼极端分子暗杀了德国外交部部长瓦尔特·拉特瑙（Walter Rathenau）。拉特瑙是第一个担任这个职位犹太人，是爱因斯坦的私交，他的被害不仅打破了爱因斯坦的平静，而且后来多次威胁到了他自己的生活。他躲在乡下，被一位富有的朋友赫尔曼·安施（Hermann Ansch）庇护，甚至一度想放弃了他的物理学研究和工程师的工作，（"想成为一位完全普通的人"和"做一些实际的工作"）。这种幻想在几天内就破灭了，但他避免了参加在莱比锡的德国物理学会议。21 岁的沃纳·海森堡（Werner Heisenberg）出席了会议，为没能见到爱因斯坦感到痛苦和失望[⊖]。爱因斯坦在给他的老朋友和"奥林匹亚学院"的校友索洛文的信中说："我不断地得到警告，虽然我人在这儿，却不得不放弃我的演讲计划并缺席。反犹太主义非常强烈。"他感到幸运的是，他"有了一个长期离开德国的机会"，他承诺去日本做一次长时间的讲演，并且在 1922 年 10 月向东方出发。

然而，在他的计划中出现了一个意想不到的变化，诺贝尔奖物理委员会主席阿伦尼乌斯告诉他说："可能非常需要你 12 月来斯德哥尔摩，如果你在日本那就不可能得奖了。"诺贝尔委员会最终提名将奖项授予自牛顿以来的最著名的科学家。典型的是，爱因斯坦不愿意随着这个机构的曲调起舞，尤其是对于一个已经与他擦肩而过多次的机构[⊖]，尽管阿伦尼乌斯暗示爱因斯坦缺席可能会使最后的投票产生疑问，但他回答说他"很难推迟"。所以，他按时乘船去了日本，在途中的某个日期收到了他获奖的消息，他甚至没有在旅行日记中记下这件事。尽管如此，该奖项的题目令许多人吃惊："是他对理论物理学的贡献，尤其是他对光电效应定律的发现。"诺贝尔委员会发现相对论太不确定并有争议不好承认，因此把奖项放在光电效应这个爱因斯坦自认为是"革命"的工作上。

在这一发展过程中有很多讽刺性的地方，事实上该奖项是精心选择的，用来承认光电效应是经验法则而不是基础理论。美国物理学家罗伯特·密立根在

⊖ 和海森堡一起学习的索末菲答应将他介绍给爱因斯坦，海森堡从高中起就把爱因斯坦当成他的偶像。他走进大厅，劳厄正在讲台上代表爱因斯坦做讲演，当他发现一份攻击爱因斯坦的反犹主义传单时，他感到非常震惊。

⊖ 此前爱因斯坦已多次被提名作为诺贝尔物理奖的候选人，但一直没有获得通过。——译者注

1916 年已经详细证实了这一规律，随后又进行了许多其他实验，因此人们不再怀疑。密立根本人对自己的结果百思不解，他说："我用了十年的时间来检验爱因斯坦 1905 年的方程式，与我所有期望的相反，我不得不断言它得到了明确的实验验证，尽管它是不合理的，因为它似乎违反了我们所知道的光的干涉的一切。"这个诺贝尔奖项根本没有谈到光的量子说，因为这个概念仍然被绝大多数物理学家所拒绝。事实上，尽管玻尔对爱因斯坦深表钦佩，但他还是忍不住跟爱因斯坦开了一个相当尖刻的玩笑，他说，如果他收到爱因斯坦的一封电报说他证实了光量子的存在，他会指出，由电磁波传播的电报本身就是驳斥它的证据。

爱因斯坦直到 1923 年春季才回到德国，并在这个夏天领取了他的诺贝尔奖。这一次，他开始了一个不同的科学探索，他试图用统一场理论统一引力和电磁力。然而，他非常希望这样的理论能为量子问题的解决指明方向，甚至在那一年十二月沿着这条线索提交一份论文给普鲁士科学院。1924 年，在一次广播讲话中，他告诉只想听到相对论的公众他真的专注于某些别的问题上：

大约 1900 年以来我一直关注的另一个重大问题是辐射和量子理论。在维恩和普朗克工作的刺激下，我认识到力学和电动力学与实验事实有着不可解决的矛盾，因此我帮助创造了叫作量子理论的复杂概念，特别是由于玻尔的努力它获得了富有成效的发展。我可能会用我的余生致力于对这个问题的根本澄清，然而，实现这个目标的前景非常黯淡。

事实上，现在已经相当接近目标了，尽管不像爱因斯坦所希望的那样，他将为实现这一目标做出最后的历史性贡献。

第24章 CHAPTER 24
印 度 彗 星
THE INDIAN COMET

尊敬的先生：

我冒昧地随函寄去附上的文章供您阅读和评论。我急于想知道您是怎么想的。您会发现，我试图推导出与经典电动力学无关的普朗克定律中的系数 $8\pi v^2/c^3$，仅假设相空间中的最终基本区域包含 h^3。

这是一位默默无闻的印度科学家写给爱因斯坦的一封信（爱因斯坦在 1924 年 6 月上旬收到），引发了现代科学史上最不同寻常的事件之一，最终爱因斯坦对新量子理论的结构做出了历史性的贡献。萨特延德拉·纳特·玻色（Satyendra Nath Bose）写这封信时是东孟加拉达卡大学一位 30 岁的讲师（大致相当于副教授级）。他以前的五篇研究论文对当代的研究并没有产生多大影响。他最近被告知，由于大学资金短缺他的职位不会再超过一年。此外，他寄给爱因斯坦的论文已提交给英国哲学杂志，但被拒绝发表。他钦佩爱因斯坦多年，甚至将爱因斯坦的广义相对论论文翻译成英文在印度传播，尽管翻译的普普通通。因此，由于崇拜和大胆，他猛然想起把这篇与爱因斯坦 1916 年的辐射理论工作密切相关的论文直接寄给大师，并提出一个惊人的请求：

我的德语不够好，无法将这篇论文翻译成德文。如果您认为本文值得出版，我将非常感激您安排它在医学物理学杂志上发表。虽然对您来说我完全是一个陌生人，但我没有任何犹豫就提出这样的请求。因为我们都是你的学生，虽然只是通过读您的作品得到教诲。

您忠实的，S. N. 玻色

在那个时候，正如我们所看到的，爱因斯坦不仅是他那个时代最著名的科学家，也是整个地球上最著名的科学家之一。他被陌生人的来信迷住了，在阳光下琢磨他的每一个观点，与此同时，他努力与庞大的物理学家群体保持着大量的科学联系。此外，爱因斯坦会说很少的英语，1921 年访问英国时几乎没有说英语，也没有能在他的听众中用他们的母语发表他著名的演讲⊖。玻色的论文非常可能在循环筛选中被淘汰掉，他的作品和他的名字很可能无法传给后人。

但事实并非如此。爱因斯坦在收到信后不久就看完了这篇论文，并翻译了它，同时在 1924 年 7 月 2 日送到德国的期刊，强烈地推荐它。随后论文发表了，附加了爱因斯坦的一个评论："在我看来，玻色推导的普朗克公式意味着一个重要的进步。使用的方法也产生了理想气体的量子理论，我会在其他地方详细说明。"事实上，此后不久，爱因斯坦紧跟着又收到玻色的第二篇论文，翻译成德文，1924 年 7 月 7 日送到杂志社。这一篇没有引起这位伟人的过多好感，他也发表了一篇评论，同时支持它的出版。

由于伟人的这些姿态，事情成了定局。玻色在现代物理学的历史上成为最著名的名字之一。"玻色子"这个术语用于现代物理学中基本粒子的两个基本类别之一⊖，因为这样的粒子服从新颖的统计规律，这个规律是玻色寄给爱因斯坦的第一篇文章中首次采用的，尽管没有宣布。这一类粒子包括爱因斯坦的光子（光量子），以及周期表上大约一半的原子。但是玻色的发现，就像二十四年前普朗克的发现一样，并不像人们描述的那么清晰，因此再一次需要爱因斯坦找出其中最根本的含义。

玻色 1894 年出生于加尔各答受过英国教育的新兴的中产阶层印度人家庭。他父亲是一个会计，有着广泛的兴趣并传给了他的儿子，除了他的数学天赋，他对诗歌、音乐和语言的多样性也有着广泛的兴趣。然而，当他 1909 年被录取到加尔各答院长学院（Presidency college）时，他选择学习科学，至少部分原因是科学对印度的未来有潜在的效用，在那时民族主义浪潮席卷了他这一代人。他的团队是"一个特别优秀的团队——在院长学院历史上从未见过的

⊖ 即使在爱因斯坦 1933 年移居美国后也从未完全掌握这种语言。他和他的一个亲密的合作者雷奥波德·英费尔德（Leopold Infeld）说他只会"约三百字，并且发音古怪"。

⊖ 玻色子是基本场的载力粒子。最近确定的这个组的成员是与弱电相互作用有关的希格斯玻色子。原子不是基本粒子，而是由夸克和电子组成的，行为仍能像玻色子一样具有统计学意义。

1909 年著名的一批学生。"玻色在 1913 年完成学士学位，1915 年完成硕士学位，两个考试都是第一名。但他没有明显的途径获得博士学位，并且在那个时候教授行列仍保留给三等的英语学院。玻色因此经历了一个局外人的奋斗时期，与爱因斯坦在同一年龄的职业生涯并无不同。

他结婚早，没毕业就结婚了，但与习俗不同的是他拒绝接受嫁妆或从他妻子的家庭得到财务支持。在他获得理学硕士后他已经能够养活妻子和儿子了，他花了一年的时间通过私人辅导维持艰难的生活，同时努力获得数学博士学位，师从一位知名的教授，加内什·普拉萨德（Ganesh Prasad）。普拉萨德因对未来的学生和他们以前的老师的严厉批评而闻名，通常会吓得候选人沉默不语。但玻色"以直率著称"。在爱因斯坦与权威人物如韦伯的冲突中，玻色支持爱因斯坦，敢于反驳韦伯的批评而被立即撤销考虑他的博士工作，韦伯说："你可以考得很好，但这并不意味着你是专门做研究的。""由于失望，我离开了，决定做我自己"，玻色回忆说。

和爱因斯坦一样，他被拒绝在加尔各答大学科学学院从事低层次的教学工作，在那个时候学院的创始人阿苏托什·穆克吉（Asutosh Mookerjee）爵士开始雇佣年轻的印度科学家，包括未来的诺贝尔奖获得者拉曼（C. V. Raman）。正是在这个学院，玻色首先开始了解欧洲物理学中与普朗克、爱因斯坦和玻尔的名字有关的令人振奋的发展。在这里，他和他的密友，物理学家梅海纳德·萨哈（Meghnad Saha），获得和翻译了重要的德国物理学著作，包括爱因斯坦的相对论理论论文。

1921 年玻色在孟加拉国达卡大学得到一个教员职位。在达卡他"度过许多不眠之夜"试图了解普朗克定律，同时教给他的学生。他觉得有义务将自己已经清楚和已经融会贯通的知识交给学生："作为一名老师，他必须让学生明白这些事情，我意识到了其中的矛盾……我想知道如何用自己的方式解决矛盾……我想知道。"1923 年年底，他想出了一个新的方法来推导这个定律，并把一份手稿寄给哲学杂志，这个杂志以前发表过他有关量子理论的论文，结果在 1924 春季得到了答复，最后的决定是拒绝发表。就是在这个时候，玻色大胆地把论文寄给了爱因斯坦，一个如此投机的策略，其成功似乎违反了论文本身所采用的最大熵原则。

令人瞩目的是，尽管普朗克的黑体公式是对的，但普朗克的黑体公式在普朗克最初推导出来整整二十四年后仍然有些神秘。并不是任何人怀疑这个公式的有效性，而是普朗克推导的推理让物理学家们几十年来都不满意。这就是为什么爱因斯坦和其他人对玻色标题为《普朗克定律和量子假说》的论文感兴趣。正如我们之前看到的，普朗克不愿意直接用统计力学来处理辐射，而是使用经典的推理，他把给定频率的辐射的平均能量与理想化的振动分子（谐振器）的平均能量联系起来。然后，他通过把他的量子化能量"技巧"引入状态计数来计算这些谐振器的熵。在普朗克的方法中，在相当长的时间内没有认识到的一个关键因素是可以将属于每个谐振器的能量单位处理为难以区分的量（如果谐振器 1 具有 7 个能量单位 $h\nu$，谐振器 2 具有 9 个能量单位，就不必问它们是什么单位）。1912 年，杰出的年轻理论家和未来的诺贝尔奖获得者彼得·德拜（Peter Debye）重新推导了普朗克定律，不是通过计算谐振器状态，而是通过计算适合于黑体腔的经典电磁波的状态，然后赋予它们与普朗克分配给每个谐振器的相同的平均能量。对腔中允许波数的计数导致了普朗克辐射公式中的因子 $8\pi v^2/c^3$，玻色在给爱因斯坦的信中提到了这个因子。这个因子很容易从经典波物理中找到，却很难从量子原理找到，因此玻色强调找到了通往它的量子路线。

很显然，从爱因斯坦最早的文章可以看出他曾经被普朗克的推导所困扰，但在 1916 年以前他甚至已经试图证明这一规律了，随后美妙地完成了他的"完美的量子"论文，引进了自发和受激发射光子的概念，并为光子的真实性提供了强有力的论据。爱因斯坦对这项工作如此满意，甚至称之为普朗克公式的"推导"，一个主要原因是它在任何时候都没有使用普朗克所使用的能量单位分布的奇怪计数。他设法通过不同的途径得到相同的答案，根据的是玻尔的量子化的原子能级和他自己的所有的发射和吸收过程相互平衡的合理假设。然而，玻色不是完全欣赏这样的方法，他声称发现了一个更为理想的纯粹的推导。

玻色的论文极其简洁，总共不到两个杂志页面。他开始工作的动机是用另一种方法推导普朗克定律。"普朗克公式……是形成量子理论的起点……它在物理学的各个领域已取得丰硕的成果……自从 1901 年它发表之后已经提出了推导这个定律的多种方法。众所周知，量子理论的基本假设与经典电动力学规律是不一致的。"然而，玻色继续说，"只能从经典理论推导因子 $8\pi v^2/c^3$，这是所有推导的不满意的地方。"甚至"爱因斯坦给出的最优雅的推导"最终也要依赖于一些经典的理论概念，如"维恩位移定律"和"玻尔的对应原理"，"在我看来，在所有的情况下这些推导都没有足够的逻辑基础"。

爱因斯坦不同意这种批评，甚至颇费笔墨地在他给玻色的第一封十分友好的信中争论说："但是我发现你对我的论文的批评是不对的。维恩的位移法不以（经典）波浪理论为先决条件，也没有使用玻尔的对应原理。但这并不重要。你推导的量子力学的第一个因子（$8\pi v^2/c^3$）……这是向前跨进的美妙一步。"在这两点上爱因斯坦是正确的[⊖]。玻色提出了一个得到结果的更直接的方法，是第一个只使用光子概念本身的人，一个具有极大吸引力的简化。

自从爱因斯坦 1905 年发表光量子论文以来，就有一个显著的把量子看作基本粒子的逻辑问题。在处理分子气体的统计力学时，有可能导出所有重要的热力学关系，如"理想气体定律（$PV=RT$）"[⊖]，甚至不用指定任何其他的气体分子相互作用的系统。简单地说，还有其他气体可以交换能量的大系统（"水库"）。然后用玻耳兹曼开创的经典方法（不用 h！）计算气体的状态。最终得出了气体分子的熵、能量分布和所有已知的关系[⊜]。同样的方法对于光的量子系统来说是不合适的，它导致了维恩的不正确的辐射定律，而不是普朗克定律。这是一个主要的问题，不只是在解释光的干涉特性方面的困难，而且导致人们一致认为光量子不是真正的粒子，而是某种试探的构造。即使诺贝尔奖授予爱因斯坦的光电效应，这一共识仍然存在。玻色的工作展示了如何克服这些困境中的第一个难题。

玻色开始计算多个能量为 hv 和动量为 hv/c 的光量子根据量子原理可能有多少状态 W 分布。从这一点出发，通过普朗克方法的一个变型，他获得了光子气体的平均熵和能量[⑳]。第一步是考虑一个能量为 hv 和动量为 hv/c 的单一

[⊖]　位移法则约束了普朗克定律的形式，但不决定它，这个法则遵从热力学的一般原理，并且不需要麦克斯韦方程组。爱因斯坦没有使用在那个时候仅仅与原子力学有关的玻尔的对应原理，而只是使用了瑞利-金斯定律的已知系数。然而，后者确实要求某种形式的波浪计数，所以玻色对这一问题的推动至少有某些价值。

[⊖]　这里 P 是压力，V 是体积，T 是温度，R 是气体常数，与前面讨论过的玻耳兹曼常数 k 相关。该定律的一个特例是波义耳定律，即气体压力在一定温度下与体积成反比。

[⊜]　在下一章中我们将看到，在这种方法中确实存在一些爱因斯坦将会发现的微妙缺陷，然后通过应用玻色的想法证明真正理想的气体将偏离玻耳兹曼发现的经典行为。但是这些偏差还没有检测到，问题不在于气体与未指定的水库相连的概念，而是由于玻耳兹曼的计数方法。

[⑳]　以后我将使用"光子"（现代术语）和"光量子"（爱因斯坦和玻色术语）互换。光子气体是标准的现代术语。

的光量子。如果一个光子被视为一个真实的经典粒子，那么每个粒子应该能够根据它的位置和动量来指定它的状态。物理学家把这些量称为矢量，因为它们携带着一个幅值和一个方向（例如，光子运动方向为东北向，幅值为 5 个单位，其动量总是平行于它的运动方向）。一个大质量粒子的动量仅仅是它的质量乘以它的速度矢量（当它的速度远小于 c）。但是光子速度（速度的大小）总是等于 c，爱因斯坦已经指出（例如，在他的 1916 年的文章中），其动量的大小是 $h\nu/c$（而不是 m 乘以 c，因为光子质量为零）。

用玻色的论点计算光子的位置状态并不困难，假设光子气体被包围在体积为 V 的盒子中，并且它可以以相等的概率存在于 V 的任何地方（这一点爱因斯坦在他 1905 年分析黑体熵进行光子概念的原始论证中使用过）。因此玻色专注于计算动量状态。由于光子运动的可能方向是连续的，因此是无限的，他不得不采用早在 1906 年初普朗克提出的想法。普朗克常数 h 定义了可以分辨的动量最小差异的量子极限[○]。因为所有频率的光子都有同样大小的动量 $h\nu/c$，同样假定光子的运动有可能指向任何方向，玻色可以通过将半径为 h 的普朗克的球体的表面与这些"普朗克细胞"平铺在一起，用基本几何和球面壳只有一个细胞厚的假设来计算它们的状态。然后，他得出状态的数目为 $8\pi v^2/c^3$[○]。

到目前为止，玻色所做的一切在逻辑上是诱人的，但还不是有历史意义的。是他的下一步使他的论文成为"旧量子理论的第四篇也是最后一篇革命性的论文"。他仍然需要获得普朗克形式的辐射定律，而不是维恩形式。下一个关键步骤，他必须计算有多少物理上不同的方式将许多光子同时放入这些可用的状态。但是玻色似乎没有意识到这下一个步骤是重大的一步，而他似乎认为前一个是最重要的。他在相关段落的开始说："现在很容易计算宏观定义状态的热力学概率。"经过几个定义他揭示了他的答案，一个相当模糊的布满阶乘符号的组合公式。这是关键的中间步骤。从这里开始，就不可避免的发现普

○　实际上，"分辨率"的相关单位是一个同时处于位置和动量的单元，被称为"相空间体积"（在玻色的第一封给爱因斯坦的信中提到的），这个单元的体积为 h^3（再一次如玻色字母中所提到的）。

○　在这个论证中他最后包括了一个因子 2，需要它通过电磁波极化概念的假设延伸到光子以恢复正确的系数。因为极化是波的性质而不是粒子的性质，所以正如爱因斯坦向玻色指出的这个步骤并不是完全严谨的。后来玻色声称，他曾提出光子具有两种可能的自旋，这是公认的理论，但爱因斯坦拒绝了这一观点，并在第一篇文章中"把它划掉"。

朗克公式只是涉及简单的操作，在他的同龄人可以掌握的能力范围内就能做到。

由于书面记录太少，因此留下了一个巨大的历史问题。玻色在多大程度上理解了他的"革命性"推导中的关键概念？藏在玻色阶乘公式中的是一个非常深刻和大胆的断言。这个公式意味着光子气体与标准的、经典的玻耳兹曼假设的原子气体不同，光子气体中的两个光子的交换不会导致不同的物理状态。玻耳兹曼和他身后的其他人都认为，即使原子很小，而且大概都是"相同的"，人们仍然可以想象和标记它们并跟踪它们。如果光子是像原子一样的粒子，那么人们应该能够做同样的事情。具有向北动量的光子2和具有向南动量的光子2与光子2向北、光子1向南在物理上是不同的条件。玻色在他的论文中对此没有说一句话，意味着他不认为这是真的！

在玻色的晚年，有人问起他的工作所遵循的关于微观世界的这一关键假设。他非常坦率地回答：

我不知道我所做的事情真的很新奇……就我所知我不是统计学家，我知道我做的事情确实与玻耳兹曼所做的有很大的不同，与玻耳兹曼的统计不同。我没有把光量子看成一个粒子，而是讨论了这些态。不知为什么，这是我遇到爱因斯坦时他所问的同样的问题：在推导普朗克公式时我是如何得出这种方法的？嗯，我认识到普朗克和爱因斯坦尝试中的矛盾，我用自己的方式应用统计学，但我不认为它与玻耳兹曼统计学有什么不同。

回想一下在玻色的推导中他是得到最新的知识指导的，即已经知道了普朗克辐射的精确公式。因此，他无须预先说服自己他的计数方法是合理的，已经清楚这个方法是给出"正确"答案的方法，已经事后证明是合理的。他似乎忘了这样一个事实，即在提出这种新的计数方法时，他对原子世界有了深刻的发现，即基本粒子在一个新的和基本的意义上是无法区分的。

尽管爱因斯坦最初热衷于这个前置因子的推导，但他很快就抓住了关于玻色工作真正有意义的但令人困惑的东西，即后经典计数法。在收到玻色的论文后不久，他在一封给埃伦费斯特的信中表达了这一点："（玻色）的推导是优雅的，但本质仍然是模糊的。"他将在接下来的七个月里追求并最终阐明这个模糊的本质。

玻色并没有完全欣赏他的第一篇文章的新颖性，他把重点放在了1924年6月14日写的第二篇论文上，并在第一篇文章后立即寄给了爱因斯坦。这篇文章不像他的前一篇论文，它不是一个已知结果的再推导，而是试图重塑辐射的量子理论，直接与爱因斯坦1916年的经典工作相矛盾。在这篇标题为《物质存在下的辐射场热平衡》的论文中提出了一个大胆的假设。虽然在量子发射和吸收之间的平衡导致平衡状态，但不管存在或不存在外部辐射，发射过程被假定为完全自发的。玻色去掉了爱因斯坦的受激发射假说，他称它为"负辐射"，在他的理论中说它是"不必要的"。为了使事物平衡，他必须假定吸收概率也有不同并且依赖辐射的能量密度，这个假设比爱因斯坦假设的更复杂。

爱因斯坦自从他在专利局任职以来就是一个善于发现瑕疵理论中的荒诞含义的大师。他发表了一篇决定性的注释附在翻译的这篇论文中。首先，他指出玻色假说"与代表量子理论极限情况的经典理论的普遍和正确的原则相抵触……在经典理论中，辐射场可能以相等的概率将正能量或负能量转移到共振器中"。第二，玻色对吸收性质的奇怪假设意味着一个"冷体吸收的红外辐射肯定比低强度的更高频率的辐射要少……可以肯定的是如果这是真的，如果这种效应确实存在的话，它早就被发现了。"由于这些令人信服的论据，玻色唯一发表的这个延伸量子理论的尝试对这个领域没有产生多大影响，纯粹只有历史的兴趣。

尽管如此，爱因斯坦对玻色的第一篇论文的赞赏还是在一瞬间改变了他的职业生涯。爱因斯坦祝贺玻色"向前迈进了一步"的支持明信片让达卡大学的副校长见到了，它"解决了所有的问题"。玻色回忆说："那件小东西（明信片）给了我一张去欧洲学习两年的护照……条件相当慷慨……然后我拿着爱因斯坦的明信片就从德国领事馆拿到了签证。"

1924年年中，玻色到达巴黎，并被介绍给著名的物理学家保罗·朗之万（Paul Langevin），他是爱因斯坦的私人朋友。玻色立即写信给爱因斯坦，询问爱因斯坦对他的第二篇论文的看法（他还不知道在爱因斯坦的帮助下这篇论文已经被发表了），并表示他愿意"在你手下工作，这意味着实现我一个盼望已久的希望"。爱因斯坦很快回答说："我很高兴我有机会很快认识你。"然后总结了拒绝玻色第二篇论文结论的理由，最后说，"当你来到这里时，我们可以详细地讨论这个问题。"

尽管爱因斯坦的回答很温暖，但他还是不愿意马上就到柏林，部分原因是爱因斯坦的有力批评使他不敢肯定他的新建议，他想进一步改进。此外，他似乎已经发现了文化环境的改变，他决定定居在巴黎当地的印度同胞知识分子圈子里。他这样说："因为我是一名教师……并且必须教授理论和实验物理学……然后，我的动机变成了我在巴黎学习可以学到各种技术……如来自居里夫人的放射性和 X 射线光谱学。"1972 年玻色的一位采访者指出："甚至四十多年过去了，人们仍然觉得玻色怕大多数欧洲人。"这无疑促成了他对居里夫人会见的失败，他想加入她的实验室。她曾接待过一位印度访问者，形成了一个固执己见的看法，认为他的法语一定不好，所以合作失败了。因此，她和玻色第一次完全用英语交谈，同时热情地欢迎他，坚决要求他在开始工作前需要四个月的语言准备。虽然"她很好"，但是已经学了十年法语的玻色却没有机会打断她的独白。"所以我没有机会告诉她，"他后来解释说，"我知道足够的法语，可以在实验室里工作。"

尽管错过了这个机会，玻色还是在巴黎逗留了将近一整年学习 X 射线技术，然后在 1925 年 10 月鼓起勇气移居柏林，几周后终于见到了爱因斯坦。在这一年中，爱因斯坦已经研究了玻色的新颖的计数方法，并将其扩展到处理量子理想气体，从而促使了真正的惊人发现。对于玻色来说，"会见是最有趣的……他向我提出问题。他想知道我的假设，这种特殊的统计是否真的意味着一些新的关于量子的相互作用，以及我是否能得出这项研究的细节。"沃纳·海森堡的第一篇论文是关于量子力学的新方法，我们称之为矩阵力学。爱因斯坦特别建议玻色试图理解"光量子统计和辐射的跃迁概率在新理论中看起来是什么样子"。

然而，玻色却未能取得进展。他似乎很难消化这些快速的新发展，并对一位朋友绝望地写道："我在这几个月里诚心要努力工作，但一旦你戒掉了这种习惯就很难开始。"在爱因斯坦的赞助下，玻色广泛地访问了柏林的科学精英们，并经历了围绕原子理论革命所掀起的旋风。但他在欧洲逗留期间没有文章发表，1926 年末，他回到了达卡。那时，新的量子力学已经从他身边走过。

玻色在他后来的印度职业生涯中成为一位受尊敬的教师和管理者，但他发表的文章很少，而且在科学经典中没有什么留存下来。他不时地写信给爱因斯坦，在爱因斯坦晚年他试图到普林斯顿访问他，但他被拒绝签证，因为"你的参议员麦卡锡反对我先到过俄罗斯这一事实"。爱因斯坦死后，他雄辩地颂扬他说："他不屈不挠，永远不会屈服于暴政，他对人们的爱常常使他说出一些有时被误解的令人不快的真理。他的名字将与这个时代的物理科学的所有大胆成就保持着不可磨灭的联系，而他的人生故事则是一个可以用纯粹的思想来实现的令人眼花缭乱的例子。"对于他自己来说，玻色似乎满足于他在科学史上的角色，他巧妙地总结了他的职业生涯："我回到印度时，写了一些论文……它们并不那么重要。我不再真正从事科学了。我就像一颗彗星，一颗曾经出现过再也没有回来过的彗星。"

第25章 CHAPTER 25
量 子 骰 子
QUANTUM DICE

爱因斯坦有一句著名的值得纪念的话"我相信上帝不掷骰子",就在爱因斯坦用这句话拒绝新量子力学之前两年,爱因斯坦自己受玻色的启发改变了掷骰子的法则。玻色无意中引入了一种计算物理系统状态的新方法,以便从直接考虑光量子气体中将光量子视为粒子而不是波导出普朗克定律。正是爱因斯坦现在将解释和扩展这个微观世界的新表征以解决气体理论中长期存在的悖论,并揭示低温下原子气体的戏剧性的和先前不可想象的行为。

爱因斯坦成为年轻的统计物理学天才("玻耳兹曼重生")是通过早在 15 年前能斯特的赞助实现的,当时能斯特认识到只有爱因斯坦的固体比热的量子理论将验证他自己著名的"热定理":所有系统的熵随着温度变为零时都应该趋向于零。爱因斯坦的量子原理和德国最有影响力的科学家的利益的这种幸运汇合,在爱因斯坦赢得舒适的柏林生活中发挥了重要作用,不受教学和行政责任的影响。爱因斯坦现在要为这个故事添加续集。

自 1912 年以来能斯特一直争论说,在足够低的温度下原子或分子气体必然发生类似于爱因斯坦所说的粒子冻结进入其最低量子态的现象。然而,对于一个气体这是如何产生的是一个很大的难题。气体粒子不同于原子核的电子在宏观距离上是自由移动的。在量子理论中,一个粒子被约束移动的体积越大,它所允许的能级越小,叫作它的"基态"。当你计算出在一个人体大小的容器中一个气体粒子的能量时,这个能量比起热能尺度 KT 来它小到微乎其微,甚至当温度降低到绝对温度[⊖]以上几度也是这样。所以根据现在公认的爱因斯坦1907 年的理论和彼得·德拜对此进行的改进，气体粒子并没有像固体的振动一样被冻结。普朗克、索末菲和其他人从量子力学的观点分析了气体，但没有找到服从能斯特定理的熵函数。当然，正如我们所了解的，熵是关于计算可能性的，而所有以前的尝试都是从玻耳兹曼的同一个观点来计算可能性。玻耳兹曼的这一观点认为原子或分子即使在外观上是相同的，实际上也是有区别的、可区分的实体。在同样的不言自明的意义上，一对精心制作的骰子在外观上是相同的，但却是不同的实体。玻色含蓄地否认的正是这个非常明显的但非常基本的我们宏观世界的外推，爱因斯坦现在明确地否认它。爱因斯坦将再次告诉全世界，我们对自然界常识属性的集体直觉是错误的。

　　爱因斯坦在读到这部分内容后一定立刻意识到了玻色的方法能够让他解决长达十年之久的问题。1924 年 7 月 10 日，在接受、翻译和提交玻色的第一篇论文发表几周后，爱因斯坦正向普鲁士学院宣读自己的论文，标题为《单原子理想气体的量子理论》。这是他在玻色发表的第一篇文章末尾的著名的"译者评论"中所提到的工作："使用的方法也产生了理想气体的量子理论，我会在其他地方详细说明。"他在气体理论论文的开头讲得很清楚："量子理论……在此之前，没有任何假设的理想气体是不存在的。这一缺陷将在玻色建立的新的分析的基础上加以弥补……下列内容的特征可以归结为玻色方法的显著影响。"

　　爱因斯坦在该论文的下一节直接遵循同样的方法。玻色应用于光量子气体的计算方法现在应用到原子气体上。这种分析只在两种重要方面有所不同。首先，按照玻色的正确假设，当光子气体只是通过失去光子而冷却时它失去能量。正如我们已经知道的，根据量子理论光子在原子中电子激发到更高的能级时被吸收和消失（类似地，当原子重新发射能量，电子量子跃迁到较低的水平时，光子可以从无到有）。这是爱因斯坦在他著名的 1916 年论文中详细分析的过程，这使玻色开始寻求普朗克定律的完美推导。一个盒子内的光子总量随盒子温度的降低而减少。原子气体的情况是完全不同的。因为原子不能就这样

⊖ 自 1908 以来，物理学家们获得了一个如此低的温度，这是继荷兰物理学家海克·卡末林·昂内斯（Heike Kamerlingh Onnes）对液化和冷却氦气进行的获得诺贝尔奖的研究之后得出的。爱因斯坦和昂内斯很熟，在第一届索尔维大会上见过面，在爱因斯坦定期访问莱顿期间经常相互交流。

消失[⊖]，所以在分析原子气体时，与光子气体不同的是爱因斯坦必须加上气体粒子的数量是固定的约束。其次，不同于总是以光速移动的光子，气体粒子可以通过减速而失去能量。对于理想气体，这正是爱因斯坦所考虑的情况，事实上，所有的原子能量都是原子运动的动能[⊖]。

爱因斯坦在原子数固定的约束下导出了量子理想气体的所有基本方程，比光子气体要复杂得多，并且得不出类似于描述经典气体的 $PV = RT$ 的相对简单的公式（"状态方程"）。因此，爱因斯坦必须采用一种更微妙的分析这些方程的模式。他定义了一个"简并参数"，一个变量比率，如果这个变量比率远大于 1 将回到经典方程 $PV = RT$，但是，如果它接近于 1，将导致一个新的不同的气体定律。因此，这个参数标志着气体的"量子性"，因为它随着温度的降低而减少。这个理论意味着当气体温度变得越来越低时量子效果将变得越来越重要。为了看到是否可以观察到这些偏离常规的定律，他代入了数字，他发现对于典型的常温气体这种简并参数非常大，约为 60000，与室温下所有气体遵循经典定律（$PV = RT$）的观测相一致。气体分子服从均分定理 $E_{mol} = 3KT/2$，并且没有量子效应的迹象。

接着，他分析了如果温度和简并参数减小到可以观察到与经典行为的偏差时，通常行为的量子修正将会采取什么形式。果然，他发现每个粒子的能量开始下降到均分值以下，因此尽管气体的宏观尺度很大，但它开始出现量子冻结的一些前兆。因此，他的结果暗示玻色的统计方法即使在理想气体中也能恢复能斯特定理。

爱因斯坦似乎不太可能意识到玻色方法的全部含义，因为当他写第一篇论文介绍玻色新的计数方法时，他像玻色一样甚至没有一句话是用来解释或保护它的。显然，爱因斯坦还没有完全意识到这一新统计理论的含义有多奇怪。因此，在写给学院的论文发表两天后，在一封对能斯特的评论中他承认新方法的本质仍然"晦涩难懂"。在两个月后的九月，他在给能斯特的信中暗示事情正在变得清晰，但其含义是太奇怪了，因此让人产生怀疑："这个理论很漂亮，

⊖ 在非常高的能量下有大量的粒子（如电子和正电子）湮没和消失，但这些过程在这里并不相关。

⊖ 忽略原子间的相互作用是一个很好的近似，如果气体稀释到足以使原子大部分时间很好地分离，那么它们的相互作用是弱的。

但它有什么道理吗？"到十二月初，他开始承认："量子气体的事情变得非常有趣，"他再次写信给能斯特，"我越来越相信，在它背后潜藏有真实和深刻的东西。我高兴地期待着我能与你争吵的那一刻。"那么，爱因斯坦对玻色的方法有什么样的认识，使它的含义如此有趣和深刻呢？某些平凡的像统计方法这样的平凡事物是如何导致我们的物理世界观发生革命性的改变呢？

任何认真的赌徒都知道统计学的法则是自然法则，就如同引力一样。机会游戏是基于混沌和不可预测的系统，例如，在旋转轮盘上弹跳的球，或者一对用力掷到桌面上的骰子。由于每次投掷略有不同，骰子最终的停止位置敏感地依赖于每次投掷的小细节，这些事件是有效的随机过程，其中每个面出现的概率是相同的，等于六分之一。另外，一个骰子的哪一面向上与另一个骰子哪一面向上是完全独立的。从这些简单的原则可以得出一对骰子掷多次的结果，由此赌场可以设置一个点，从以骰子为基础的游戏中赚取非常可观的收入。

机会游戏，如骰子或纸牌，都是基于相同的基本统计原则：基本单位（纸牌、骰子、硬币）的每一种具体配置都是同样可能的，这与统计物理学中熵概念的基本假设完全相同。原子世界的行为就像一个巨大的多面骰子，不断地滚动和重复滚动。事实上，玻色的组合公式本质上是一个关于当掷下一大堆多面骰子时可能的状态数的陈述。要理解他的答案的奇异性，请考虑掷两个骰子的简单情况。可用的配置自然地由一对数字指定，骰子 1 面朝上的数，骰子 2 面朝上的数。例如，（1，4）是骰子 1 显示 1 并且骰子 2 显示 4 的特定配置。有 36 个可能的对 [（1，1），（1，2），（2，1），…，（5，6），（6，6）] 同样可能发生。然而，当一个人不是看一个特定的配置，而是看一次投掷的总得分（定义为一个配置的两个数字的和）时，统计数据会变得更有趣。现在人们很快意识到有六种配置的总得分为 7（即六种情况下总和为 7），只有一种情况下总和为 2。因此，滚动到总和为 7 的机会是 6/36＝1/6，滚动到总和为 2 的机会是 1/36。这些计算以及骰子的所有其他统计特性直接源于这样的事实，即存在两个独立的不同骰子，每个骰子在投掷时随机显示其一个面，并且每次投掷是独立的。

现在，如果你有一对不同颜色的骰子（例如，第一个是红的，第二个是蓝的），并且你不停地滚动多次，你肯定会发现（红 3，蓝 4）和（红 4，蓝 3）发生的次数大致相等，你可以看出你的总和为 7 的一些情况来自（3，4），一些情况来自（4，3）。然而，如果有人为你做了一对十分完美的骰子，你完全辨别不出哪个是哪个，你把这对骰子放在密闭的盒子里，在投掷它们之前摇它们。在这种情况下每次你得到一个 4 和一个 3，你将不能辨认它是（3，4）或（4，3）。你还能指望这样做在得到 7 的概率上能产生任何差别吗？绝对不能。这个概率是一个物理定律：有两个不同的独立的物理可能性，在一次给定的滚动中动态定律可以或不可以导致这种可能性，为得到正确的答案必须将每个要发生的概率加起来。是不是能够辨认哪个概率实际发生就一点都不重要了。

那么，比如说，2 个原子或电子被某些复杂的微观动力分布成 6 个不同的量子能级，它们的行为会怎样呢？2 个原子就像 2 个"量子骰子"，并且每个原子所占据的能级可类比为骰子的面。如果原子是独立的不同物体，无论它们看上去有多相同我们不得不说原子 1 在能级 3，原子 2 在能级 4 的概率与原子 1 在能级 4，原子 2 在能级 3 是不同的。因此这两种可能性必须全都贡献给可能状态的数目（二者全都贡献给系统的熵）。

这是一个令人费解的，人们未能认识到的玻色计数光量子方法背后的假定，爱因斯坦将它用到原子上，并且他一定是在他的第一篇原子理想气体的文章之后某个时候才完全掌握它的。新的原理是：在原子领域两个相同粒子作用的交换不导致不同的物理状态。这和物理学家是不是把这些状态看作相同或不知道如何区分它们没有丝毫关系。

这是一种本体论而不是认识论的断言。

我们怎么知道这是本体论的断言呢？再次考虑我们的量子骰子。根据玻色-爱因斯坦统计，现在只有二十一种可能的配置，而不是三十六种。六个相同数字仍然像以前一样在那里［（1，1），（2，2），...］。当我们切换到量子骰子时，这些状态的数量并没有改变；即使使用经典的统计数据也只有一种方法可以获得蛇眼（1，1）等。但是现在，对于另外三十个两个数字不同的其他配置，我们以配对的方式确认它们的身份就只剩下十五个。配置（3，4）和（4，3）合并为一个单一的整体"3-4 和 4-3"，并且对所有其他不同的对也这样做。现在，我们的骰子突然有了不同的表现。7 不是最有可能的得分，6、7 和 8 都同样可能，并且发生的概率为 1/7。（有了这个新的规则，有人可能会想到把一对量子骰子偷偷塞进一个古典娱乐场，大赚一笔。）

概率有了进一步的变化，这在物理学中有着深远的意义。用玻色-爱因斯坦方法滚转得出相同数字的概率大大增加。经典地，滚转得出相同数字的概率是

$6/36 = 1/6 = 16.6\%$，切换到量子骰子使它变成了 $6/21 = 28.5\%$，得出相同数字的概率增加超过 70%。按照玻色-爱因斯坦统计可用的配置更少，粒子做不同的事情可用的配置就更少，结果粒子有聚束在同一状态的趋势！粒子越多，这个倾向就越大。对于三个量子的"骰子"，如果可区分骰子的古典统计数字持有支配地位的话，滚动出三个相同数字的概率是它的两倍以上。如果有一兆万亿量子粒子，正如在一个摩尔气体中这种效应是巨大的。它真正改变了物质的行为。

　　很好，但是当你交换原子时你真的很关心发生了什么吗？嗯，我们应该关心。因为当它们缺乏这种个性时，我们很难想象原子是我们日常意义上的粒子。毕竟，正如我们想象的那样，可以把一个骰子涂成红色的另一个骰子涂成蓝色的（标记它们），难道我们就不能标记原子 1 和原子 2 来区分它们吗？不，我们不能（根据爱因斯坦）。原子根本上是不可区分的和不可能被标记的。自然界是这样的，它们不是独立的实体，有自己独立的时空轨迹。它们在聚合时存在于一种怪诞、模糊的单一状态。因此，从不同方向得出的玻色-爱因斯坦统计世界观加强了波粒二象性的概念。在这种情况下这种世界观适用于光和物质并预示着新的发现，即微观世界存在于一个潜在性和现实性的奇异混合之中。

　　爱因斯坦在 1925 年 1 月 8 日向普鲁士科学院宣读的第二篇论文中阐述了这个革命性的想法。他还预言了一种完全意想不到的凝聚现象，这种现象会对量子物理学产生深远的影响。他介绍这篇新论文如下："当我们认真对待用玻色方法推导普朗克辐射公式时，就不能忽视它是理想气体的理论。在正确地应用这一方法时，辐射就被认为是量子气体，所以量子气体和分子气体的类比必须是完整的。在早期的发展之后又补充了一些新的东西，而在我看来这些新的东西增加了这个主题的兴趣。"

　　这些有趣的"新事物"首先是以数学悖论的形式出现的。在他的第一篇论文中，他导出了量子理想气体密度与气体温度的关系式。经过仔细检查，人们注意到这个方程的奇怪特征。在方程的左边是容器中气体的密度，这个量可以通过压缩容器的体积来无限地增加，而容器保持在一个固定的温度[⊖]。在方

⊖　气体可以保持在一个固定的温度，只是通过将容器从导热材料中取出并与一个大的"浴池"接触来增加或减少必要的热量，相应的它的密度（以及压力）也将增加。

程的右边是一个密度随温度变化的数学表达式。但是如果温度是固定的，则密度不能大于某一最大值。这就导致了一个明显的矛盾，正如爱因斯坦指出的，这个等式违背了一个"不言而喻的要求，一个气体的体积和温度是可以任意地给出的"。他问，当在固定的温度下通过压缩到更小的体积使密度增加，一直到密度大于最大允许值会发生什么呢？

爱因斯坦提出这个问题后，他用一个大胆的假设巧妙地解决了这个问题："我认为在这种情况下……越来越多的分子进入了编号为 1 的量子态（基态），没有动能的状态……一种分离发生了。气体的一部分凝结了，剩下的仍然是一种饱和的理想气体。"他在这里用一种普通的气体（如水蒸气）作比喻，当它冷却到一个温度时它开始部分凝结成液体，同时仍然剩下一部分液体变成蒸汽⊖。他的假设解决了这个悖论的原因是，在推导原始文献中的密度与压力的关系时他做了一个无害的数学变换，它忽略了气体的单量子态，在这种状态下每个分子的能量为零⊖。在统计物理学的历史上从未有过忽略一个单一的状态会对气体的热力学性质（如密度）的值产生任何差异的。相反，正如我们先前所看到的，涉及的状态数量通常是难以想象的大，物理学家们经常是做一些近似，不假思索地忽略数十亿个状态。但爱因斯坦毫不费力地认识到在玻色-爱因斯坦统计的这个新世界中，这种单一的零能量会吞噬所有分子的宏观部分，产生一种新的量子"液体"，现在称为玻色-爱因斯坦冷凝液。

这一慷慨的"玻色-爱因斯坦"命名没有得到广泛承认，因为很少的物理学家意识到玻色在他的开创性论文中对量子理想气体只字未提，所以预测量子凝聚的论文应只属于爱因斯坦，这是一部杰作。年轻叛逆者的大胆结合广义相对论成熟的创造者的精湛技术，以完全自信的方式得出了这个令人振奋的结论。水平差一些的物理学家不会注意到由于忽略一个状态而引入的微妙的数学错误，或者，即使注意到了，也可能会拒绝它的逻辑含义，因为它是如此的离奇以至于出现一些基本的错误。这种凝结现象看起来是如此的奇怪，甚至到今

⊖ 这种普通气态的状态被称为"相分离"，并且气体被称为"饱和的"，因此爱因斯坦在这个新的语境下使用这个术语。

⊖ 量子专家可能担心粒子在有限体积中静止违背了不确定性原理。这些担心或许是正确的，这里的"零能量"意味着一种基本上无穷小的能量，远小于由气体容器的宏观尺寸决定的天然热能尺度 KT。

天仍然如此，其原因是普通气体的冷凝是由气体分子之间的弱引力引起的，仅当气体相对稠密时这种现象才变得很重要。但爱因斯坦正在考虑的是理想气体的理论，在这样的气体中分子间的相互作用假定是完全不存在的。它的凝聚现象纯粹是由新发现的同一粒子的量子"同一性"驱动的，不是由电磁力产生的，而是由爱因斯坦首次认识到的这种奇怪的统计"伪力"产生的。把它作为一种真实的物理现象提出来需要巨大的勇气。

玻色-爱因斯坦凝聚是现代凝聚态物理学的基本支柱之一。它是固体的超导现象和液体（如氦）在低温下的超流动性的基础⊖，是五种诺贝尔奖的主题。这些物质与爱因斯坦理论的理想气体不同，在原子和电子之间有很大的相互作用力，尽管从理论上讲玻色粒子的"统计引力"在产生其独特性质方面起着关键作用。尽管如此，这仍是个大新闻，有得诺贝尔奖的价值，1995 年原子物理学家终于得到了这个领域的圣杯。他们创造了一种相互作用可忽略的理想气体，冷到足以观察纯粹的玻色-爱因斯坦凝聚现象⊖——这个爱因斯坦的最后一个伟大的实验预测，在他第一次说明这个现象之后成为他一生的成果。

爱因斯坦的步伐再一次像以前一样对于物理世界来说是走得太快了。一些主要的原子物理学家，如玻尔、索末菲、马克斯·玻恩以及即将出名的沃纳·海森堡和沃尔夫冈·泡利都忽视了这一现象。甚至是爱因斯坦钦佩的同事普朗克和他的伟大朋友埃伦费斯特，还有玻耳兹曼以前的学生都认为这是不可接受的，他们认为玻色-爱因斯坦统计方法显然是错误的。在冷凝液的文章中爱因斯坦明确地回应了他们的批评："埃伦费斯特等人报告说，在玻色辐射理论和我的（理想气体）理论中，量子或分子的行为在统计学上并不相互独立……这完全正确……（玻色和爱因斯坦计算状态的公式）间接表达了一种关于全新而神秘的分子相互影响的隐含假设。"就是这样。统计独立性（这里指的是计算配置的经典方法）已经过时，统计吸引力进来了。量子粒子成群，请习惯它吧。

⊖ 超导性是在低温下像铝一样的固体在没有电阻的情况下导电，因此不消耗能量的一种现象。超流动在液体中也有类似的作用，因此它们失去黏度和流动性而不发生能量消耗。

⊖ 在这些实验中所需的温度是绝对零度以上的 170 亿分之一摄氏度，是当时人类创造的最低的温度。

　　爱因斯坦接着展示了只有玻色-爱因斯坦统计可以挽救两个统计物理学家所珍视的事物：能斯特的热力学第三定律和熵的可加性（当一个系统结合了两个系统时，它们的总熵是它们各自熵的总和），要想使热力学有意义这是一个不太明显但最基本的要求。在把物理学带到新量子理论的边缘之后，他搁置了他的论点。

　　尽管爱因斯坦的突破对量子研究的主流没有多大影响，一个鲜为人知但已经很受尊敬的物理学家一直在仔细研究爱因斯坦关于量子理想气体的论文，他是奥地利的欧文·薛定谔，他最近被任命为苏黎世大学的理论物理教授（爱因斯坦的第一个学术位置）。薛定谔以前曾研究过广义相对论和量子理想气体，在爱因斯坦发表了第一篇关于理想气体的论文之后不久，他在因斯布鲁克见到了爱因斯坦。他在 1925 年 2 月写信给爱因斯坦，当时他还不知道爱因斯坦关于凝聚的里程碑式的第二篇论文，薛定谔表示了对爱因斯坦在第一篇论文中将玻色方法应用于原子的有效性的怀疑。几周后，爱因斯坦用他典型的友好的幽默方式做了回答："你的责备不无道理，尽管在我的论文中没有错误……在我使用的玻色统计中，量子或分子不被认为是相互独立的客体。"他接着画了一个小图表，说明了在两种状态下只有两个粒子这个例子。指出两个粒子处于不同的状态只有一种配置，而不是经典统计中那样的两种配置。对薛定谔来说，爱因斯坦的回答是一个启示："只有通过你的信，我才了解了你的统计方法的独特性和独创性，"薛定谔在 1925 年 11 月写道，"尽管玻色的论文已经出版了，但我以前根本没有领会过……玻色的工作对我来说似乎并不特别有趣。只有你的气体简并理论才是根本性的新东西。"

　　薛定谔想跟进爱因斯坦在论文结束时所做的建议，可以用近来法国年轻物理学家路易斯·德布罗意（Louis de Broglie）引进的物质波概念来理解爱因斯坦奇怪的统计方法。几个月后，这个新启发的研究方向将从根本上改变新兴的量子理论形式，并将薛定谔供奉在永恒的物理学神殿中。

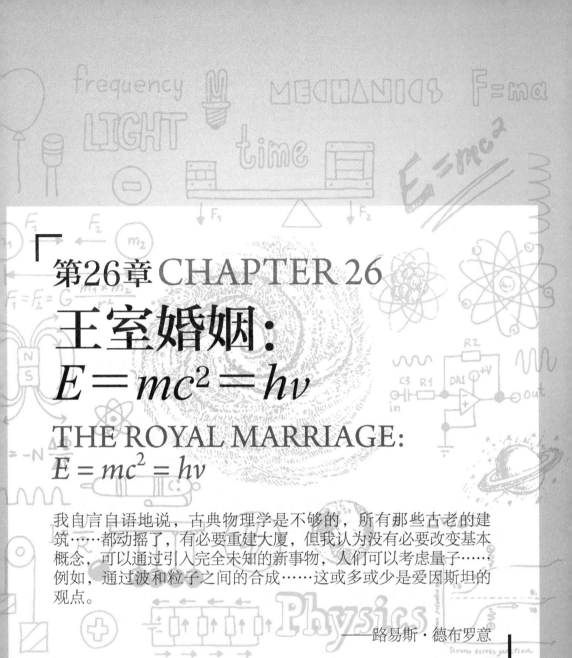

第26章 CHAPTER 26

王室婚姻：$E=mc^2=h\nu$

THE ROYAL MARRIAGE:
$E = mc^2 = h\nu$

我自言自语地说，古典物理学是不够的，所有那些古老的建筑……都动摇了，有必要重建大厦，但我认为没有必要改变基本概念，可以通过引入完全未知的新事物，人们可以考虑量子……例如，通过波和粒子之间的合成……这或多或少是爱因斯坦的观点。

——路易斯·德布罗意

"我们知道的德布罗意的一个弟弟在他的论文中对玻尔-索末菲的量化规则进行了一次非常有趣的尝试。我相信这是第一个微弱之光照亮这个最糟糕的物理谜题。我也发现了一些东西支持他的解释。"

这是爱因斯坦于 1924 年 12 月写信给洛伦兹时说的，就在他完成了关于量子理想气体的杰作的时候。在 1924 夏天他思考玻色统计的含义时，他的邮箱又收到了第二篇像晴天霹雳一样的文章。这是他的老朋友法国物理学家保罗·朗之万寄来的一篇博士论文，朗之万对这篇论文有几分怀疑。"论文有点奇怪，但毕竟玻尔也有点奇怪，所以请你看看它是否有价值。"就像对待玻色一样爱因斯坦希望能以开放的心态看待这个年轻人的想法，并认识到他们所代表的重要洞察力。他热情而雄辩地给朗之万回信说："路易斯·维克多·德布罗意的文章给我留下了深刻的印象。他掀开了大面纱的一角。在我的工作中，我最近得到的结果似乎证实了他的观点。如果你见到他，请告诉他我是多么的尊重和同情他。"

路易斯·德布罗意，像玻色一样从早期接触现代物理学开始就崇拜爱因斯坦。但不像玻色，他有充分的理由期待爱因斯坦有一天会认真对待他的想法。路易斯的哥哥毛里斯（Maurice）是法国最杰出的实验物理学家之一，也是 1911 年第一届索尔维大会上的两位科学秘书之一（因此爱因斯坦在他的信中间接提到了德布罗意）。除此之外，德布罗意是法国著名的贵族家族，毛里斯和路易斯与他们的前辈（有部长、将军和著名文学人物）一样有名。毛里斯本人拥有德布罗意公爵的称号，而路易斯继承了神圣罗马帝国亲王的爵位，按照法兰西一世皇帝的命令，他们祖先维克多·弗兰西斯（Victor François）公爵的所有直系后代都被授予爵位，以报答他的军事功绩。

路易斯·维克多·彼埃尔·雷蒙德·德布罗意（Louis Victor Pierre Raymond de Broglie）1892 年 8 月 15 日出生，是他父亲维克多·德布罗意 5 个孩子中最年轻的一个。他的哥哥毛里斯比他大 17 岁，是第二个孩子和第一个儿子（因此是公爵）。他像父亲和导师一般对待路易斯，特别是在维克多死后。路易斯写给他哥哥的信说："在我的生活和职业生涯的每一个阶段，我发现你都在我身边指导和支持我。"毛里斯的职业生涯从 1895 年成为一个海军军官开始，但是他违背家里的愿望在 1904 年放弃了这条路径改为献身于科学，迈出了不寻常的一步，在邻近的凯旋门的家乡的房子里建了一个私人实验室。他将成为法国物理界具有巨大影响力的人物，成为法兰西学院郎之万的接班人，多次被提名为诺贝尔奖得奖人，包括在 1925 年同一年他年轻的兄弟也第一次被提名[⊖]。

路易斯的姐姐和她亲密的伙伴波琳（Pauline）热情洋溢地描述了年轻的王子：

这个小弟弟变成了一个可爱的孩子，身材苗条，有一张小笑脸，眼睛闪烁着调皮，头发卷曲得像一只贵宾犬……他的欢乐充满了整个房间。他一直在说话，即使在餐桌上，最严厉的命令也不能使他闭嘴……他有惊人的记忆力……似乎对政治历史有特别的品味……他即兴演讲的灵感来源于报纸的报道，他可以完整背诵第三共和国部长的名单……作为政治家，路易斯的未来是伟大的。

他 1909 年中学毕业后，又在詹森·德萨伊（Janson de Saily）精英学校学习，毕业后获得历史研究许可，他被鼓励去"继续攻读历史文凭"。然而，这种早期的激情正在消亡，他对未来开始感到迷茫。"我可以看到，获得历史文凭需要经常去图书馆，制作大量的书目和诸如此类的东西。这对我来说并没有太大的吸引力，那是我'道德危机'年的开始。"他在若干方向犹豫不决的情况下学习了一年的法律……"我不是很同意我哥哥的想法，要我选择综合理工学校或学习外交……这两样我都不想做，也不想跟他学物理，这就增加了危机。"最后他致力于学习一门高等数学的课程，到了年底，据他哥哥所说：

⊖　与路易斯不同，毛里斯从未获奖，尽管他的研究在 1922 年颁发给玻尔的奖项中被显著引用。

"犹豫已经结束，他已经越过彷徨期，他的思想转向了物理学，尤其是理论物理学。"

这场危机和转变的确切时间尚不清楚，但它与毛里斯在索尔维第一次担任秘书密切相关。索尔维大会为路易斯提供了一个独特的窗口来思考新的原子理论。德布罗意回忆道："从我哥哥给我的1911年的索尔维大会的记录开始，我就开始思考量子了，大概是在1912年初，""我充满了年轻人的热情，对那些处理过的问题产生了浓厚的兴趣，我决心尽我所能去理解这个神秘的量子。马克斯·普朗克十年前引入了理论物理学，但其深层的意义尚未掌握。"两年后，在1913年他毕业了，获得了科学文凭，他在考试中非常出色。"他的热情正在回归，"毛里斯回忆道，"他确信自己最终走上了正确的轨道。"

然而，在这个年轻人就要进入量子研究的知识冲突中时，欧洲的一切都被一场更原始的冲突吞噬了，导致了德布罗意毕业后被应召的短暂兵役无限期延长。他最终被分配到一个无线电报机构，在埃菲尔铁塔下面工作，在那里安装了一台发射机。而他的哥哥回忆说，路易斯"后悔他对量子理论的思索被打断"，并抱怨"灵感破碎了"。路易斯本人对这一经历颇有体会，"因为那使我联想到……真实的事物。这给我留下了一定的印象，并使我仔细研究了波传播的各种理论，所有的电子学理论……这肯定有助于澄清我对这一切的看法。"1919年退役后，德布罗意准备认真开始他的研究。

德布罗意与他的哥哥不同，决心成为一个理论家，但在法国这不是一个合适的选择，因为在欧洲讲德语国家才是量子理论发展的地方。德布罗意的亲密朋友兼理论家里昂·布里渊（Leon Brillouin）回忆说："在法国组织中的确没有职业向理论物理学家开放。那些对理论有好奇心的人会马上进入纯数学……我的很多同事都告诉我，你疯了吗？进入理论物理学没有未来。"尽管如此，布里渊和德布罗意还是加入了围绕量子理论工作的保罗·朗之万小组。

德布罗意的第一个想法是集中在光量子理论上，与大多数其他物理学家不同的是，他自1912年第一次接触爱因斯坦的著作以来就一直相信这一点。

在这个时候我从来没有怀疑过光子的存在。我认为爱因斯坦已经发现了光子，研究光子有许多困难……但最终这是一个要解决的问题，我们不能否认光子的存在……必须注意到的是我还很年轻。我还没有做任何理论性的工作，正是这个原因我没有像朗之万那样依附于电磁理论……因此，我认为这是必须的。

　　此外，他的哥哥毛里斯在他的广泛的 X 射线光电效应的研究中也一直竭力解决光的微粒特性。路易斯和毛里斯在 1920 年和 1921 年间就合作用玻尔的理论解释这些实验。特别引人注目的是，X 射线辐射似乎能够把所有的能量都传递给一个点状的电子，这是一个观察到的很难与 X 射线是扩展的球状波的描述相符合的现象。当毛里斯谈到他在 1921 年索尔维大会（爱因斯坦没参加）的实验时，他得出结论，辐射"必须是微粒的"……或者如果是波动的，它的能量必须集中在波浪表面的点上。

　　德布罗意的第一个重大贡献有着显著的与玻色非常相似的动机：不依靠电磁理论（不使用经典物理学）导出"辐射理论的许多已知结果"。"我们所采用的假设是光量子。"然而，与每一个致力于量子问题的物理学家不同的是，德布罗意确信解锁它的关键在于恰当地使用相对论，他把相对论描述为爱因斯坦的"无与伦比的洞察力"。论文的第二段，他引入了一个非常独特的概念，量子被认为是光的"原子"，具有非常小但非零的质量。在近 20 年的量子研究中，爱因斯坦和该领域任何其他人都没有提出过这样的建议。光子（量子）被设想为具有能量（$E = h\nu$），和动量，（$p = h\nu/c$），但是它们的能量和动量不伴随着静止质量，正是因为光子按照定义是以光的速度移动的，并且在任何参照系中都不能静止。尽管如此，德布罗意断言光子应该被认为具有静止质量，满足爱因斯坦最著名的方程 $E = mc^2$！因此，他认为，将此与普朗克关系（$E = h\nu$）相结合这个质量必须等于 $h\nu/c^2$。不用担心这个质量会随光的频率而连续变化，似乎很奇怪的是在当前的工作中他简单地假设这个质量是"无限小的"，而光子的速度是"无限接近"c，所以光子的通常关系 $E/c = p$ 仍然成立，是非常好的近似[⊖]。

　　必须指出的是在现代量子理论中光子的质量正好为零，而在 4 年后才出现的量子力学的第一个完整的公式中有限光子质量不起任何作用。因此，这两个最著名的现代物理学方程的强迫婚姻（$E = mc^2$ 和 $E = h\nu$）以快速离婚结束。然而，在第一篇论文中德布罗意只使用这个假设来重新推导电磁理论的一个已知结果，即光施加的压力，并且这个压力是普通非相对论性粒子值的一半[⊖]。

　　⊖　注意这里 c 不再被认为是光的速度，而是光的极限速度。

　　⊖　在根据其能量密度进行适当测量时。

从文章中的这一点出发，他使用标准的统计和热力学关系，非常像爱因斯坦在1902～1906年的工作，得出黑体辐射定律不是普朗克公式，而是维恩定律[⊖]。原因是，他和以前很多人一样认为量子在统计上是独立的。正如玻色的工作所讨论的那样，这个假设必然导致维恩对普朗克定律的近似。他完全忽略了玻色偶然发现的奇怪的统计牵引力，两年后爱因斯坦就会阐明这个统计牵引力。这篇论文由于两个原因是有意义的。首先，德布罗意介绍了用普朗克常数定义的单位计数单个光子态的方法，玻色在两年后重新发现了它[⊖]。第二，德布罗意明确地假定相对论的公式被用于"光的原子"，因此断言在量子理论中相对论力学起着重要的作用，而以前它起的作用很小。这种新颖的观点将很快使他取得历史性的突破。

德布罗意在1922年初首次涉足光量子理论之后，他确信，"光原子"和其他大粒子（如电子或原子）的行为之间必然存在某种对称性。据他的朋友布里渊说，他对放射性衰变过程的实验图像着迷，其中大量的粒子（如电子和正电子）从原子核发射出来，由于磁场施加的力而沿着弯曲的轨道，而同时发射的光子却沿着一条直线，因为它没有电荷。显然，德布罗意直觉地感觉到："好的，所有这一切必须非常相似。要么它们都是波，要么它们都是粒子……（所以他试着）去看看是否能使一切都成为波。"德布罗意回忆说，"关键的思想"是在1923年夏天迅速建立的，也许是在7月。"我有一个想法，就是必须把波粒二象性扩展到物质粒子，尤其是电子。"在这一年的9月和10月，他提交了三篇简短的笔记，其中包含了后来发表在论文中的"基本事物"。

在思考如何将波与物质粒子联系起来的过程中，德布罗意一直挣扎在一个明显的悖论上。就像他对光子一样，他坚持把爱因斯坦和普朗克的两大方程结合起来，从而把频率与粒子的静止质量联系起来：$m = h\nu/c^2$，但现在他大胆地把这个公式应用到电子中，他认为电子的质量不是小到不可测量。德布罗意坚持认为这是"自然法则……即每个适当的质量 m 都可以和频率

⊖ 德布罗意曾经提到，如果一个人不仅要考虑光的孤立原子，而且考虑"单原子、双原子、三原子"光分子的混合物，那么就可以得到普朗克定律，但是当需要"某些任意假设"时，他就会拒绝考虑这一定律。他和别的人追寻这个想法，但是后来被玻色统计的概念取代了。

⊖ 像玻色一样，德布罗意发现他的答案差了2倍，他需要把这个因子"手工"插入来解释光的两种可能极化（这是当时在光量子理论中还不存在的经典电磁学的概念）。

$\nu = mc^2/h$ 的周期性现象联系起来。"换句话说，德布罗意假设了每一个粒子即使在静止的时候也有一种内部"振动"，它像一个滴答的时钟。此外，如果是这样的话，德布罗意然后推理，当粒子以速度 v 运动时它的"滴答"节拍必须减慢，因为爱因斯坦的相对论预言了时间膨胀的普遍效应：时钟相对于观察者运动时被测量变得更慢。因此，运动粒子的振动频率 ν_1 比在静止时的振动频率低。

然而，德布罗意同时考虑相对论的最基本的假设，即物理定律在所有参照系中都是相同的，因此运动粒子的能量必须仍然通过普朗克常数与某些频率相关（当粒子移动时，$E = h\nu$ 必须仍然成立）。但是由于粒子在运动的框架中的能量较大（除了它的静止质量能量之外它还具有动能，$\frac{1}{2}mv^2$），为了满足普朗克关系，它必须具有比它的"静止频率" ν 更高的频率，ν_2。因此，有两个频率应该与粒子运动相关联，一个比它的静止频率大，一个比它的静止频率更小，哪个是物理上有意义的呢？

两者都是，这是德布罗意的回答。当粒子移动时，"它在它的波浪上滑动，因此粒子的内部振动（ν_1）与波的振动（ν_2）在发现它的点上相位是一致的。"引导粒子的"虚幻波"正好以同样的速度移动，使得波峰与粒子的峰值重合。这个粒子像一个幸运的冲浪者一样永久地附着在完美波浪的波峰上。德布罗意指出，要做到这一点，"相波"的速度（他称之为虚构的波）必须具有一个特定的值，$V_{\text{phase}} = c^2/v$，它比光速快。因为相波的移动比光快，所以根据相对论它不能携带能量，只是用来指导粒子运动。

这就是德布罗意的描述：每个粒子都有一些未指定的内部振荡，必须与神秘的引导波保持同相，引导它的方向但前进得比光更快，以便始终保持与粒子的振荡"共振"。即使按照新量子理论的标准这也是一个相当疯狂的想法。总之，当郎之万告诉爱因斯坦这个理论"有点奇怪"的时候，他大大地低估了德布罗意的工作。

⊖　根据相对论，$\nu_1 = \nu_0(1 - v^2/c^2)^{1/2}$。

⊖　也是从相对论中得出，$\nu_2 = \nu_0 (1 - v^2/c^2)^{-1/2}$，它比 ν_0 大，因此 ν_1 较低。

⊖　由于任何大质量粒子的速度必须小于光速，因此波速度 $V_{\text{phase}} = (c/v)c$ 必然大于光速。

但德布罗意至少有一个进一步的结果支持了他的极端猜测。他将这一假设应用于绕氢原子旋转的电子。电子将在一个圆形轨道中移动，连续发射这些相位波，对于每一个电子回路，这些相位波会在每个粒子的前面放大和重叠19000倍。他又问了一个问题：每次波峰和粒子重合时，粒子的振荡和波的振荡是同步的吗？几乎奇迹般地，他能够证明这个要求相当于氢原子中允许电子轨道的玻尔-索末菲规则⊖。正是这个结果显然使爱因斯坦印象深刻，在他关于玻色-爱因斯坦凝聚的论文中引用它作为"玻尔-索末菲量子规则的一个非常了不起的几何解释"。

虽然德布罗意的关键思想是在1923年秋季建立的，他在1924春季准备了一份更长的、更全面的文件作为他的论文，并把它交给了他的导师郎之万，他显然很关心接受这样的文章会不会说他支持无稽之谈。在春天的某个时刻郎之万对爱因斯坦说，"对我来说这篇论文看起来很牵强"，这是他最初的反应，同事们也有同样的看法。爱因斯坦很好奇，同意读这篇文章。德布罗意回忆说："爱因斯坦在1924年夏天读了我的论文，并写了一份非常有利的报告。因为郎之万非常尊重爱因斯坦，所以他对这一观点进行了大量的评价，这也改变了他对我的论文的看法。"

然后，德布罗意在1924年11月在一个著名的但一头雾水的"陪审团"（在法国这样称呼它）面前进行答辩，由未来的诺贝尔奖获得者让·佩兰主持，包括著名数学家艾莉·卡坦（Elie Cartan）、杰出的结晶学家查尔斯·莫古因（Charles Mauguin）和他的导师朗之万。他们的裁决是积极的，德布罗意因为他的"绝顶的聪明"而受到赞扬。一位参加论文答辩的学生后来说："从来没有这么多的人。"德布罗意的哥哥从佩兰那里得到一个坦率的意见，佩兰告诉他："所有我能告诉你的是，你的兄弟非常聪明。"

德布罗意的论文在恰好的时候引起了爱因斯坦的注意。爱因斯坦现在正深入阅读德布罗意的第二篇分析量子原子气体的统计特性的文章。除了他认识到在玻色统计中隐含了粒子的不可分辨原理，以及量子凝结的可能性之外，还暗示着他已经做了一个更重要的数学发现。正如爱因斯坦在1909年的开创性工作中对光量子气体所做的那样，他现在研究了在特定体积的量子

⊖　适当地推广包括相对论效应。

气体中能量的波动。对于光子气体和盒子中的原子气体，盒子的一个小区域中的能量可以在时间上随机变化，同时平均起来保持相同的能量。这只是与热平衡相应的不断互换的反映。爱因斯坦对光的波粒二象性的最早洞察出现在1909 年，他推导出了这些能量波动的典型大小的公式。他发现它由两个贡献组成，其中一个可以通过光波的干扰来解释，但是另一个看起来恰好与能量为 $E = h\nu$ 的粒子气体所预期的波动相似。正是 1909 年发现的这后一个粒子项支持了爱因斯坦的光量子假说，并促使他宣称未来的量子理论将涉及波和粒子概念的"融合"。现在，在采用玻色统计之后，他终于有了正确的理论来评估原子气体的这一相同的量。他发现出现了完全相同的结构：波动是两项的总和，一个"粒子项"和一个"波动项"。但在这种情况下，"波动项"令人感到惊讶。

这种原子和光之间的平行性给爱因斯坦留下了深刻的印象。很大程度上是因为，正如他在他的第二篇量子气体的文章中所说的："我相信它不仅仅是一个类比，因为一个物质粒子……可以由一个……波场代表，正如德布罗意在一篇了不起的论文中所说的。"爱因斯坦继续说，"这个振荡场的物理性质仍然是模糊的，原则上必须允许它自己被与其运动相应的现象来证明。因此，穿过开口的一束气体分子必须经历弯曲，类似于光束的弯曲。"这是测试这种扩展的波粒二象性的关键。而在之前，人们在寻找光波的微粒行为，例如，光电效应中的光子和原子的局部碰撞，现在人们应该寻找粒子的波行为：原子流在经过边缘附近时应出现自身干涉，显示称作衍射的波的现象。1924 年 9 月，爱因斯坦在他阅读了德布罗意的论文后不久，就开始向物理学家们提出建议进行这样的探索$^\ominus$。

爱因斯坦对德布罗意物质波概念的认可和推广对物理学界认真研究这一思想起着决定性的作用。"当时的科学世界正全神贯注地倾听爱因斯坦的每一句话，因为他当时正处于名气的巅峰，"德布罗意指出，"这位杰出的科学家通过强调波力学的重要性，做了大量的工作来加速它的发展。没有他的论文，我的论文可能要到很晚才能被承认。"即使有了爱因斯坦的文章，这篇论文仍然被怀疑地看待。索末菲的一位学生的回忆说："德布罗意的

$\ominus$ 德布罗意大约在一年前也提出了这样一个对电子干扰的探索。

论文也在慕尼黑讨论过，每个人都持有异议（这些异议并不难找到），没有人认真对待过这个想法。"因此，在爱因斯坦的第二篇关于量子气体的文章之后，几乎立即就开始的观察物质波的研究主要是以爱因斯坦的名字来进行的。

沃尔特·埃耳赛（Walter Elsasser）是第一个在这一方向找到证据的实验者，用他初稿的引论来说明这一点："爱因斯坦最近通过借助统计力学的方式得出了一个非常显著的结果。也就是说，他做了一个合理的一个波场与物质粒子的每一个平移运动有关的假设……这种在爱因斯坦之前就已经由德布罗意提出的波的假设得到了爱因斯坦理论如此强烈地支持，因此为它寻找实验测试似乎是恰当的。"在两年内，这些测试给出了一个明确的结论：电子束确实呈现出波浪状的干涉。这一发现是如此惊人，以至于德布罗意在爱因斯坦的大力支持下，在 1929 年获得诺贝尔物理学奖，仅仅在他的文章广为人知 4 年后。

但是，这个巨大的成功证实了德布罗意的特定模型以及超光速相波吗？一点也不。在现代量子力学中几乎没有这个概念的踪迹幸存下来，绝大多数当代物理学家完全不知道德布罗意论证物质波的根据。只有德布罗意的论文中幸存下来的唯一方程是如此简单，以至于爱因斯坦可以在 1905 年以后的任何时候把它写下来$^\ominus$。这是著名的关系 $\lambda = h/p = h/mv$，它把一个大质量粒子的动量 $p = mv$ 与它的"德布罗意波长"联系起来。它是从爱因斯坦方程 $E = h\nu$，从光量子扩展到物质粒子得到的$^\ominus$。正确地说，这个公式对于现代量子理论来说是必不可少的，但是在相对论或德布罗意的相波中没有产生任何吸引力。

德布罗意本人在 31 岁就完成了毕业论文，之后再也没有对物理学做出根本性的贡献，尽管他与玻色不同仍然活跃在研究中。他是一个"引不起兴趣"

$\ominus$ 后来，在物理学家伊西多·艾萨克·拉比（I. I. Rabi）的直接询问下，爱因斯坦坦承他确实在德布罗意之前想到物质波的著名方程式 $\lambda = h/p$，但因为"没有实验证据"没有发表。

$\ominus$ 逻辑是：对于一个光子，$E = h\nu$，对于一个光波 $E = pc$。如果假设这两个关系成立，并且使用波频率与波长的关系 $\nu = c/\lambda$，则我们得到 $\lambda = h/p$。如果我们假设大质量粒子以比光速慢的速度运动同样的关系成立，因此 $p = mv$，我们发现 $\lambda = h/mv$。这是基于薛定谔方程的全量子推导，不依赖于在这个简单论证中使用的假设。

的课堂教师，他准时开始和结束他的讲课，在课堂上或课后都不允许提问。他多年来组织的研讨会都是些陈词滥调的事情，只有短暂的开放式的枯燥而缺乏激情的交流。在他周围聚集的弟子们"没有很高的智力水平"，营造了一种"奉承和吹捧的氛围"。例如，即使是在"量子力学"成为标准术语之后，量子力学也不被认为是好的形式，而是认为德布罗意"波力学"的学术贡献是最好的。他的研究生涯跨越了五十余年（他活到九十五岁），现在人们普遍认为他对法国理论物理学发展的影响力并不很大。

德布罗意一生中大部分时间都在标准量子理论的范围内勤奋地工作。这个标准量子理论是从薛定谔、海森堡和玻尔的著作开始出现的，他在 1927 年时最初反对过它。1952 年，在六十岁的时候，他再次拒绝了这一方法加入了爱因斯坦阵营，寻找一种新的、更美的令人满意的理论。1954 年，爱因斯坦在他去世前一年，亲切地写信给德布罗意："昨天我读了……你关于量子和决定论的文章，你的想法是如此清晰，给了我很大的快乐……我一定像沙漠里的鸟，一只鸵鸟，把它的头藏在相对论的沙子里，而不是面对邪恶的量子。事实上，就像你一样，我确信必须寻找一个子结构，一个当前量子理论隐藏的必然。"

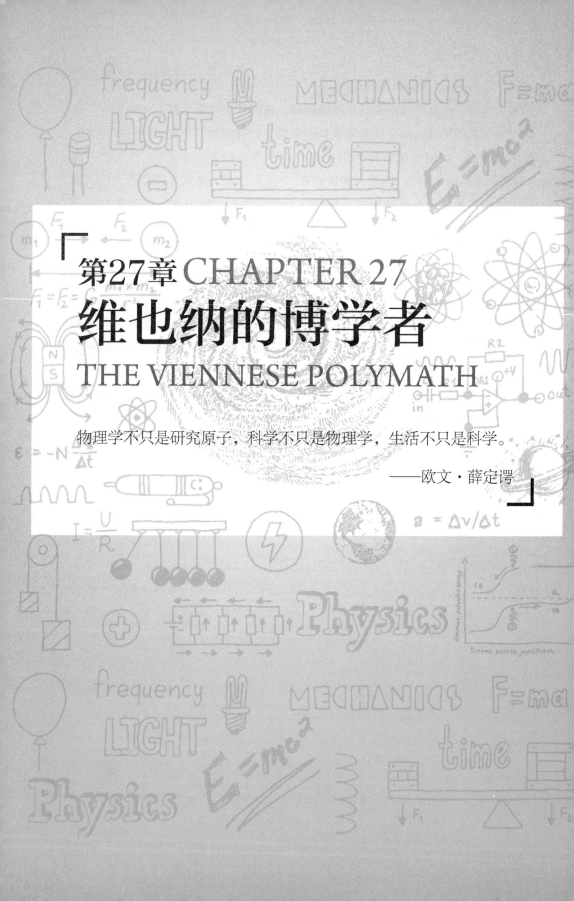

第27章 CHAPTER 27
维也纳的博学者
THE VIENNESE POLYMATH

物理学不只是研究原子，科学不只是物理学，生活不只是科学。

——欧文·薛定谔

"当你开始这项工作的时候，你没有想到会有什么美妙的事情发生，对吧？"这个问题是 1926 年秋季一位年轻的女性崇拜者向 39 岁的奥地利物理学家欧文·薛定谔提出的。他的不寻常的婚姻允许他有许多这样的"友谊"。这位女性提问所涉及的工作是提出最著名的量子力学方程"波动方程"，以其发明人的名字命名。薛定谔的科学同行们抑制不住地表示了他们的赞扬。普朗克含蓄地说："我读过你的文章，就像一个好奇的孩子在悬念中寻找他一直困扰的谜题。"爱因斯坦从普朗克那里知道了这篇文章，简单地写道："你的文章的想法显示了真正的天才。"

薛定谔在做这项开创性工作的时候是苏黎世大学的一位教授。占据了爱因斯坦曾经担任的第一个学术职位的同一把交椅○。薛定谔正处于他所谓的"漫游的第一阶段"之中，在这段时间里，各种不同的位置换来换去，就像爱因斯坦在十五年前一样，但学术地位不断上升。事实上，在 1927 年他的波动方程取得巨大胜利之后，薛定谔成为最近退休的普朗克主席的继任者，最终成为在柏林的爱因斯坦的同事。甚至在那之前，爱因斯坦和薛定谔在创造新原子理论的斗争和竞争中就成了盟友，而且他们有共同的智力习惯。像爱因斯坦一样，薛定谔几乎独自完成了所有的研究，而不像其他量子理论学派，如玻尔、

○　当爱因斯坦得到理论物理学方面的位置时，只处于副教授（特级）的水平，随后升级为全职教授。

索末菲、马克斯·玻恩、沃纳·海森堡、帕斯库尔·约当和沃尔夫冈·泡利等，他们主要是合作方式。此外，薛定谔和爱因斯坦对哲学有着真诚的尊重和兴趣[⊖]，他们有着相似的科学哲学，受恩斯特·马赫的实证主义的影响，但有着强烈的理想主义。

然而，与爱因斯坦不同的是，薛定谔在苏黎世被任命的主要原因是他广博的知识、杰出的数学能力和才智，而不是因为他所取得的任何突破。1926年，当他终于在科学史上写下自己的名字时他已经三十九岁了，大大超出了一个理论物理学家预期的突破年龄。事实上，他的研究风格从未涉及向未知的大胆的飞跃，他的做法是批评和改进他人的工作。

在我的科学工作中……我从来没有遵循过一条主线……我的工作……并不是完全独立的，因为如果我对一个问题感兴趣，其他人也一定有兴趣。我很少是第一个，但往往是第二个，可能是由一个矛盾或纠正错误的愿望启发的，但得到的结果可能比纠正错误重要得多。

从某种意义上说，他的巅峰之作波动方程在很大程度上是建立在爱因斯坦和德布罗意的洞察力之上的，但在这种情况下，这种延伸是有历史意义的。事实上，量子理论在1925年被认为只是一个局外人。当时的两个研究主线，一个是玻尔-索末菲原子理论，另一个是爱因斯坦-玻色-德布罗意的量子统计理论。一个对二者都能理解的批评家对这两个理论都不怎么看好。

欧文·薛定谔本人虽然是一个具有很强个人魅力的人，但他个人感情方面的名声并不是太好。在他70多岁时的自传中，他说他一生中只有一个"经常被指责为轻浮，而不是真正的友谊"的亲密朋友，轻浮这个词低估了他对异性的行为。他在自传的结尾发表了一个最令人信服的免责声明，"我不应该把我的生活画得整整齐齐，因为我不擅长讲故事，此外，我还得把画像中的一个非常重要的部分删掉，也就是说处理我与女人的关系。"因此，有些事情我们无以得知，例如，一个神秘女人的名字（不是他的妻子），这个神秘的女人陪他度过了1925年的圣诞滑雪假期，其间薛定谔发现了波动

⊖ 薛定谔对哲学的兴趣是如此之大，以至于在1918年战争结束之前，他一直计划"致力于哲学"，而不仅仅是物理学，他只是期望得到在乌克兰切尔诺夫策的职位，结果发现随着奥地利对该地区的控制这个职位已经消失了。

方程⊖。

　　出生于 1887 年，生长在代表世纪之交的艺术与文化绽放的维也纳帝国时期。欧文·薛定谔更接近爱因斯坦这一代人，玻恩则更接近一群不断涌现的杰出青年理论家（海森堡、泡利、狄拉克）⊖。玻恩和薛定谔一起推动了量子革命的完成。薛定谔是一个独生子，由溺爱他的母亲和姑姑抚养长大，从小就表现出了惊人的智力天赋。他的父亲曾在大学研究化学，并对追求艺术和研究植物学有着浓厚的兴趣，他满足于自己经营的家族油毡生意，寄希望于他的儿子以实现他未实现的职业抱负。在 11 岁的时候，薛定谔就读于维也纳最古老的中学阿卡德米什高级中学（Akademisches Gymnasium），他连续八年成为全班最优秀的学生。"我在所有科目上都是一个好学生，热爱数学和物理，同时也精通古语法（拉丁语和希腊语）的严格逻辑。"他回忆道。与爱因斯坦不同的是，独立自主的薛定谔和他的老师们相处得很融洽，回首往昔，他只能"找到赞美我的母校的词语"。他的智力水平让他的同学们感到惊讶，其中一位同学说："我记不起有哪个问题是我们的第一名回答不上来的。"

　　1906 年，当他在维也纳大学入学时，他的才华已经广为人知。一位朋友汉斯·瑟林（Hans Thirring）回忆起在数学图书馆遇到一位金发碧眼的年轻人，一位同学低声告诉他说："这就是薛定谔。"他们的第一次见面给瑟林灌输了这样一种信念："这个人真的很特别……一个工作狂。"在薛定谔成年时，他的学识是传奇性的，他能用德语、英语、法语和西班牙语轻松地演讲，背诵并写诗歌（甚至在晚年出版了许多），成为叔本华哲学和印度教精神文本《奥义书》的真正专家。薛定谔"将希腊文荷马史诗原著译成英语，或将旧普罗

⊖　当薛定谔在 1933 年的最后一份公共文件中谨慎处理他的日记时，他吐露说他从来没有和一个
　　"不愿意且不想终身和他生活的女人"睡过。有一些证据支持了这一点。

⊖　一位英国理论物理学家，保罗·阿德里安·毛里斯·狄拉克（Paul Adrien Maurice Driac），是与
　　泡利和海森堡一起在量子力学中起奠基作用的三位成员中的最后一位。他出生于 1902 年，甚
　　至比海森堡年轻，而且在听过海森堡 1925 年 7 月在剑桥的演讲后，很快他就发明了他自己的在
　　数学上优雅的量子方程式。几年后，他发现了"狄拉克方程"，即考虑到相对论效应的量子波方
　　程。然而，他在大约 1925 ~ 1926 年间很少与爱因斯坦互动，因此与我们的历史叙述不太相关。
　　爱因斯坦在 1926 年 8 月谈到过他："我和狄拉克有些麻烦。在天才与狂人之间令人目眩的道路
　　上，这种平衡是可怕的。"

旺斯诗歌译成德语"，并坚持终身研究古希腊思想家的著作。对他来说这不是他的"闲暇时间"，而是"正当地希望在对现代科学的理解上有一定的收获"。有人说薛定谔的物理学文章，"不仅是数学，它们可以以散文文学的形式愉快地阅读。"

在薛定谔大学年代末段确定以物理学为主要重心之后，他继续从事研究工作，主要是在实验物理或与大学实验工作有关的理论问题上。"我学会了欣赏测量的重要性。我希望有更多的理论物理学家这么做。"然而，在这段时间结束时，大约 1914 年，当他获得了大学授课资格后他就觉得自己不适合做实验，认为奥地利实验物理学是二流的。尽管如此，他继续做一些实验工作，他作为一名受过广泛训练的物理学家对实验和理论都很熟悉，当他开始寻找学术职位时这将是非常有价值的。

1914 年，薛定谔正要潜入理论物理学的汹涌潮流中，此时，玻尔的原子理论刚孵化出来，爱因斯坦的广义相对论也已出现在近地平线上。但是，就像德布罗意那样，大战爆发了。薛定谔被任命为一名炮兵军官，在此服务了三年然后转为气象服务。一般来说，薛定谔的军事任务不是最具挑战性的，也不是最危险的，在这段时期里，他主要经历了无聊以及某种程度的沮丧。然而，在他 1915 年初的任务中，他被卷入了意大利前线伊松佐河周围的一场主要战役中，并得到了表扬："他在面对敌人重型炮火射击时表现出了冷静和无畏。"

在战争期间，他写信给他的许多女朋友，但只有一个人去前线拜访他，一位来自萨尔茨堡的年轻女子。她叫安娜玛丽·贝特尔（Annemarie Bertel），是他 1913 年在朋友那里认识的。她在第一次见面时就钦佩和爱慕薛定谔："我对他印象深刻，首先因为他长得很好看。"他们 1920 年结婚，几年后，婚姻演变成一种亲密而非一夫一妻的关系，双方都公开有婚外情。虽然欧文在这方面更积极。对于安娜（如人们所知），这是与一个伟人生活在一起的代价。"我知道与一只金丝雀生活在一起比与一匹赛马生活在一起更容易。但我更喜欢赛马。"

当 1918 年薛定谔全身心投入到物理学研究时，他并没有特别关注量子理论的问题。他师从伟大的玻耳兹曼的主要门徒弗里茨·哈瑟诺尔（Fritz Hase-nohrl）学习理论物理学，玻耳兹曼与麦克斯韦和吉布斯一道创立了统计力学。玻耳兹曼于 1906 年自杀，同一年薛定谔开始他的研究，但玻耳兹曼的原子世界观现在占了上风，它已经成为现代物理学的一个支柱。薛定谔回忆说："在物理学中对我来说还没有任何感知比玻耳兹曼的理论更重要，尽管有普朗克和爱因斯坦。"

在战争期间，他以爱因斯坦早期研究分子布朗运动和扩散工作的精神，在几本笔记本上写满了统计计算的笔记。在回归平民生活时，他发表了两篇基于这些笔记的论文，其中第二篇涉及放射性衰变率的波动，是他写的最长的文章，延伸到六十个期刊页。这是应用数学的一次尝试，并向全世界宣布他将作为一名统计物理学家而受到重视。在同一时期，他还发表了他的第一篇关于量子理论的论文，重点介绍了爱因斯坦的比热量子理论的进一步发展，以及两篇分析广义相对论方程的短文。1919 年，基于对爱因斯坦工作的肯定，他进行了一个实验，试图用一个非常小的光源来区分波和粒子的光理论。实验大体上类似于爱因斯坦在 1921 年提出的失败实验（他的"巨大过失"），并给出了同样模棱两可的结果。

薛定谔作为批评家和博学者建立了自己的研究风格，一个能在许多子领域同时熟练工作的人，他接受别人的想法，要么推翻它们，要么澄清和扩展它们。虽然他的辐射实验并没有大获成功，但也引来索末菲要他访问慕尼黑的邀请，在这里他迷上了（旧）原子光谱量子理论，得益于玻尔以及索末菲学派的精美工作所做的详细阐述[⊖]。1920 年，他被任命为弗罗茨瓦夫大学的全职教授，投身于原子光谱的研究，这是爱因斯坦从未愿意做的事情[⊜]。到了 1921 年 1 月，他在碱原子理论中向前迈出了一步，促使了与玻尔的通信，玻尔写道："你的论文我很感兴趣……前一段时间我也做了同样的考虑。"[⊜]如果不是 1925 年这个关键的一年旧的理论被两个革命推翻（其中一个是他自己创造的），他会继续研究玻尔-索末菲的理论，不断地做出体面的但非决定性的贡献。

1922 年，他被招募到苏黎世，同时是当代量子理论和当代统计物理学的认证专家，但仍然是一个没有自己杰作的大师。未来四年他所有的工作几乎都在原子光谱或气体的统计力学方面。令人惊讶的是由于阿尔伯特·爱因斯坦的

⊖　很可能是在这个时候，他研究并理解了 1917 年爱因斯坦对玻尔-索末菲理论的重新表述，他后来高度赞扬了这一理论。

⊜　前文提到过爱因斯坦不愿意做教学工作。——译者注

⊜　一个物理学家对另一个物理学家的赞美总是这样，除非前者寻求优先权。

推动导致了薛定谔的伟大发现。正如我们看到的，在 1925 年 2 月爱因斯坦发表理想气体和玻色-爱因斯坦凝聚量子理论后不久，薛定谔恭敬而坚定地写信给爱因斯坦，暗示他的论文中包含了一个错误。在爱因斯坦的回答中向他解释了新的统计数据是如何工作的，使薛定谔眼界大开，他被"爱因斯坦的统计方法的独创性"迷住了。他立即开始加深对这种新形式的统计方法的理解，他将很快把它描述为"与玻耳兹曼-吉布斯类型完全不同的统计"。

到了 1925 年 7 月，他对这个问题有了新的认识，写了一篇题为《关于理想气体熵的统计定义的评论》文章，对比了普朗克与爱因斯坦关于气体熵的定义。普朗克有一段时间以来一直在暗示气体粒子的不可分辨的形式比玻色和爱因斯坦的不可分辨的形式要弱[⊖]，这足以挽救能斯特定律，但并没有得出玻色-爱因斯坦统计学所暗示的奇怪的统计吸引力。薛定谔意识到普朗克的方法是不合逻辑的，因为它排除了太多的状态。按照爱因斯坦的新的计数方法，当应用于骰子时会得出（4，3）和（3，4）这两个骰子"状态"只是一个状态，因此对于每个这样的不相等的一对，应该只计算一个状态，而不是两个，减少了系统的数目，从而降低系统的熵。然而，对于相同数字的情况（只有一种方法可以滚动蛇眼的情况）没有这样的减少，因此与经典骰子相比，量子的双重"状态"（相同数字）的数量没有减少。然而，一旦你深入理解了普朗克的方法，就归结为把每一个双重的情况计算成只有一半的状态，这显然是错误的。薛定谔确切地说："为了使两个分子能够交换它们的角色，它们必须具有不同的作用……一个作用是几乎自动地引出了爱因斯坦最近提出的理想气体熵的定义（玻色-爱因斯坦统计）。"薛定谔对普朗克这一相当重要的批评是由普朗克本人代表薛定谔向普鲁士科学院宣读的，这在当时是一种奇特的时代习俗。

这种解释给爱因斯坦留下了深刻的印象，显然他自己并没有领会到这一点。1925 年 9 月，他写信给薛定谔说："我非常感兴趣地阅读了你对理想气体熵的启发性思考。"然后，他为薛定谔草拟了另一个方法来解决理想气体问题，他曾用这种方法粗略地工作过，但结果令人困惑。当薛定谔在 11 月 3 日写信给爱因斯坦时，除了赞赏爱因斯坦对玻色统计的发展之外，他还提出详细

⊖ 对于专家读者来说，这就是在分区函数（状态计数）中"除以 $N!$"，它在高温下近似正确，在现代的文献中仍然适用。

地完成爱因斯坦建议的另一种方法，并且他在短短几天内就做到了。他没有像爱因斯坦那样遇到很多麻烦，就找到了答案，这证实了爱因斯坦最初的论点，并与爱因斯坦联合发表了一篇文章："基本的想法是你的……你必须决定你这个孩子的未来命运……我不必强调这样一个事实：我能和你一起发表一篇联合论文，这将是我的莫大荣幸。"

接着发生了一场感人的交流，爱因斯坦坚持说他不应是一个合著者："既然你已经完成了整个工作，我感觉我就像一个'剥削者'，就像社会党人所说的那样。"薛定谔立即提出异议："我从来不会开玩笑……认为你是一个'剥削者'……有人可能会说：'当国王去建造房屋时，车夫们都在工作。'"12月4日，他寄给爱因斯坦一份完整的论文草稿，第二作者空白。爱因斯坦把这篇论文提交给普鲁士科学院，但是没有签自己的名字。爱因斯坦的直觉又是正确的，推理中有微妙的错误，而且这种方法本身是笨拙的，与在现代文本中仍然存在的爱因斯坦的第一种方法形成鲜明对比。

然而，仅仅几个星期后，薛定谔又写了一篇理想气体的文章，直接导出了波动方程。就在11月初他写信给爱因斯坦之前薛定谔终于设法弄清楚了德布罗意的论文。因为爱因斯坦在他的量子气体研究中大力推荐，他一直在寻求这篇论文。薛定谔现在已经弄清了这篇论文，他告诉爱因斯坦："因为它，你的第二篇量子气体文章第八节（波粒子部分）……我也第一次完全搞懂了。"两周后，他写信给另一位物理学家说他非常倾向于"回归到波理论"。

他的最终的理想气体文章于12月15日提交，就在他圣诞假期之前，是他最后一次努力消化爱因斯坦的新量子统计，文章的标题很简单，命名为《关于爱因斯坦的气体理论》。他在不使用玻色奇怪的状态统计情况下得出了与爱因斯坦相同的答案。他认为玻色的计算需要太多的"牺牲智慧"。他说："除了认真对待运动粒子的德布罗意-爱因斯坦波理论之外，别无他法。根据这个理论，粒子只不过是波辐射背景上的一种'白色波峰'。"他解决问题的数学方法与爱因斯坦不同，但却展示了如何得出完全相同的最终方程式。从现代物理学家的角度来看⊖，这两种计算是等价的，有着同样的意

⊖ 爱因斯坦立刻看到了这个等价关系，在他的论文发表后他对薛定谔说："在我看来，你在理想气体理论和我自己的理论上的工作没有根本的区别。"

义。但是薛定谔认为，通过将基本的物体解释为波而不是粒子，奇怪的不可分辨性在某种程度上变得可以接受了。他的结论是把粒子称为嵌入在海浪中的"信号"或"奇点"，与爱因斯坦 1909～1910 年失败的思想和他在 20 世纪 20 年代早期建立的引导粒子的"鬼场"思想十分相像。除此之外，薛定谔现在清楚地认为粒子是"鬼魂"，是"蜉蝣"，因为通过将波看作基础，他就以"自然"的方式解释了玻色-爱因斯坦统计。后来他说："波动力学诞生于统计学。"

1925 年圣诞节前几天，薛定谔出发去瑞士阿罗萨村庄的山丘小屋，决心找到一个新的方程式来描述这些物质波。虽然他带着雪橇（他是一位专家级登山运动员），并有一位不知名的"老女友"陪伴着他[⊖]，但这次旅行似乎真的聚焦在波动方程上。尽管爱因斯坦称赞德布罗意，但还没有得出一种新的类似于麦克斯韦的电磁波方程可以预测或解释原子的未解奥秘。他提出了一些具有启发性的数学关系，它与玻尔的旧量子理论和量子力学理论联系在一起，但只是在最基本的层面上。量子理论的中心奥秘，量化，并不是由德布罗意的工作真正解决的。为什么自然界不是连续的？为什么只在某些能量上电子才能结合到原子核上？

薛定谔看到了答案。在受限介质上的经典波或振动的性质是受到一定的自然约束的。考虑长度为 L 的一根琴弦两端固定。它可以演奏的音符是由弦振动引起的，这些振动是弦中横向位移的波，但它们不能像在一个开放的（基本上无限的）介质中具有连续变化的波长。最长的波长 λ 为弦长的 2 倍。为什么这是最长的波长？首先，考虑到在弦上的任何波在箝制点弦的位移必须为零。远离这些固定点，弦的最简单的位移形式是它在给定的时刻在相同的方向（左或右）的横向位移，最大位移在中点，并且在两个箝制端都减小到零。这种来回振荡的位移引起一定音高的声波。由于通过测量介质中波峰和波谷之间的距离对应于全波长的一半，所以波长是 $\lambda = 2L$。这将确定小提琴可以发出的最低的音符（对于给定的弦张力）。次低音符将有 $\lambda = L$，这意味着在弦的中心不会有位移（即使这个点没有被箝制）。一般来说唯一允许的波长是 $\lambda = 2L/n$，

其中 n 是整数（$n=1$，2，3，…）。要点是：对于受限波自然会自动产生这些整数值。德布罗意曾暗示过这一点，但现在薛定谔意识到这是量子成为量子理论的关键。

旧量子理论的数学并没有以自然的方式做到这一点。玻尔和他的追随者采取了连续的数学表达式（不涉及整数），并以强行的方式将它们简单地限制为整数。相反，薛定谔正在寻找一个没有连续解的简单的方程，其中每个解都会有机地连接到一个整数。

如上所述，波动方程通过波长的量化具有了这种性质。它们是描述空间和时间连续变化的微分方程。但是当波被限制时，只有某些波长在物理上是可能的。所以薛定谔正在寻找描述电子的物质波微分方程，这个方程必须描述一个物质场和一个扩展的"扰动"，该场在空间和时间上是变化的，但由于电子与原子核之间的吸引力，在原子核附近这个扰动是被限制住的。

麦克斯韦的电磁波方程是当时物理学中唯一的基本波动方程式，但由于光子是无质量的，无法安全地引入普朗克常数（正如爱因斯坦早在十五年前就为此感到沮丧）。薛定谔的挑战是建立一个以麦克斯韦模型为基础的波动方程，它包括普朗克常数和代表电子电荷和质量的物理常数 e 和 m。然而，麦克斯韦的波动方程确实包含了电磁波的波长，对于被限定在特定区域的驻波来说，它会导致量化值和整数。所以关键的想法是写一个类似于电磁波的方程，但是代表一个新波场的电磁波的方程，一个用现在叫作"波函数"的数学表达式描述的"物质波"，并用德布罗意的关系 $\lambda = h/p = h/mv$ 来代替 λ。

用这种方法，薛定谔得出一个含有普朗克常数 h 和电子质量 m 的方程。电子速度 v 可以通过电子的总能量和势能之差从方程中消除。轨道上的电子势能当然取决于它的电荷。为氢原子得出的"与时间无关"的薛定谔方程包含"神圣的三位一体"，h，m 和 e。现在胜利的时刻到了：因为只有某些波长是允许的，这意味着方程中唯一未知的电子总能量只能接受某些允许的值。原子中电子的能量不是强制性量子化的，而是由于空间中被约束在固定区域的波的基本性质而量化的$^{\ominus}$。

$\ominus$　这个简单的论点当然是薛定谔推理的一部分，并不是讲他怎样首次提出方程式，怎样略去了他失败的最初尝试得出一个符合爱因斯坦相对论的方程式。

薛定谔从他的"滑雪"之旅回来后，立即将他的新方程提交进行严格的测试：对于氢原子这种情况它能重现氢原子层不同"壳层"的能级，这是几十年来光谱测量所知的，并且用旧量子理论的特殊方式可以解释。测试的结果是一个响亮的"是"。计算的细节只花了几个星期，1926年1月27日《物理学纪事》收到了薛定谔的第一篇开创性论文。论文中如此叙述取得的突破："在本文中，我想考虑一下……氢原子的简单例子……并表明惯用的量子条件可以用另一个假设代替，其中'整数'的概念……不是引进的……我相信，这个新概念能够非常深刻地概括和发现量子规则的真实本质。"

在给出其氢方程的详细解之后，他简述其解释及其渊源"当然，需要强烈推荐的是应将（波函数）与原子中的一些振动过程联系起来，这比玻尔-索末菲的电子轨道更接近现实。"但他认为这个理论还不够成熟，需要进一步发展。然而，"首先，我想提一下，我的这个理论是由路易斯·德布罗意先生的启发性论文引起的。我最近已经证明爱因斯坦气体理论可以基于这样的考虑……关于原子的上述思考可以被表示为气体模型理论的一种推广。"后来薛定谔说："我的理论受到德布罗意的启发……并得到爱因斯坦简短的但极有远见的评论。"

在这篇论文之后的六个月内紧接着又增加了五篇，这位精明的工匠薛定谔单独工作，从他的波动方程的解基本上确定了原子光谱的所有已知的性质。这是一个令人惊叹的展示，甚至他的竞争对手玻恩后来评论说："在理论物理学中还有什么比薛定谔的六篇关于波动力学的论文更宏伟？"一向保守的索末菲也称薛定谔方程"是20世纪所有惊人发现中最惊人的一个"。因此，到了1926年6月，物理学家已发现了大多数在原子尺度上描述原子物理的新定律和数学方法。他们只是不知道它们意味着什么。然而，很快出现的一种解释将挑战薛定谔和爱因斯坦所珍视的哲学原则。

第28章 CHAPTER 28
混乱，然后是不确定
CONFUSION AND THEN UNCERTAINTY

如果我们仍然要忍受这些该死的量子跳跃，我很抱歉我曾经和量子理论打过交道。

——薛定谔写给玻尔的信，1926年10月

"我确信你在量子条件的制定上取得了决定性的进展，正如我同样相信海森堡-玻恩的路线偏离了轨道。"爱因斯坦在 1926 年 4 月晚些时候写信给薛定谔时如是说。海森堡-玻恩路线是一种研究"量子条件"的不同方法，它引入了"量子力学"这一术语作为对"量子理论"朦胧概念结构的更为严格的替代。这个方法比薛定谔要早 6 个月开花结果，并且与薛定谔的工作不同是它与爱因斯坦最近在研究量子气体上所取得的成功无关。

一个根本的观点是：既然原子实际上是不可能在空间和时间上观察到的，人们应该停止试图用经典力学中的时空轨道来描述它们。相反，人们应该用可观测的原子变量来进行描述，这些原子变量本身可能不容易被可视化，例如，光入射到原子上的吸收频率，以及每个频率被吸收的强度。二十三岁的天才沃纳·海森堡使用这种方法做出了第一个突破，他在 1925 年 7 月得出了他的方法。到薛定谔开始工作之时，爱因斯坦已经在这个新的框架上挣扎了很长一段时间。因为海森堡在哥廷根他的密友马克斯·玻恩的研究小组工作，所以玻恩立即告诉爱因斯坦海森堡最初发现的原子新世界，他在 1925 年 7 月 15 日的一封信中写道，海森堡的论文"看起来相当神秘，但确实真实而深刻"。

海森堡并不是唯一的年轻天才找到了加入哥廷根玻恩研究团队的路。玻恩的六个研究助理和他的一个博士生将走上获得诺贝尔奖之路⊖，其中的三位——恩利克·费米（Enrico Fermi）、沃尔夫冈·泡利和海森堡将为正在崛起的量子大厦奠定基石。玻恩只比爱因斯坦小三岁，出生于普鲁士的西里西亚，像许多爱因斯坦最亲密的朋友一样是犹太人的后裔。他在1915～1919年间被任命为柏林的副教授，恰好及时地见到爱因斯坦的广义相对论的令人敬畏的成功。他和他的妻子海德薇格（Hedwig）与爱因斯坦形成了终生的友谊，尽管玻恩对他的朋友保持着一定的敬畏，在爱因斯坦死后，他将他称为"我心爱的主人"。玻恩对物理学做出了卓越的贡献，最终获得了诺贝尔奖，但他不是一个威风凛凛的知识分子，表现得卑恭而谦虚。说到泡利，他以才华横溢而闻名于世，玻恩说："我从一开始就拿他没有办法……他永远不会照我说的去做。"玻恩回忆说，"海森堡大不相同，看上去像个质朴的农家男孩，头发短小而秀丽，眼睛明亮，表情迷人……我很快就发现他和其他人一样聪明。"

1924年秋天，在海森堡花了几个月的时间拜访玻尔之后，他以一种全新的原子量子理论思想的萌芽回到了哥廷根，这种思想不同于旧的玻尔-索末菲的方法。玻尔-索末菲的方法对氢和一些其他的原子起作用，对更复杂的原子和分子似乎就失效了。事实上，到了1924年，自从玻尔开创性的工作以来10年过去了，自普朗克的工作以来整整四分之一个世纪过去了，许多物理学家开始怀疑原子的基本定律完全超越了人类的理解范围。1925年5月，这个让人头痛的泡利绝望地写信给一位朋友："现在物理学再次陷入混乱——无论如何对我来说太难了，我希望能成为一名电影喜剧演员或类似这样的人。"然而，海森堡正准备摆脱困境。

海森堡的想法是跟踪一个粒子的连续轨迹，这在经典物理学中由三个笛卡儿坐标 x、y、z 表示，它们随时间连续变化，并用行和列排列的数字列表代替每个坐标，就像数独的谜题一样。列表中的每个数字不是固定的而是以正弦频率在时间上振荡，具有特征频率。当应用于原子中的电子时，这个特征频率对

⊖ 除海森堡、泡利和费米之外，其余的还有麦克斯·德尔布吕克（Max Delbruck）博士、尤金·维格纳（Eugene Wigner）、格哈德·赫尔茨贝格（Gerhard Herzberg）和格佩特·迈尔（Goeppert-Mayer，第二位获得物理学奖的女性）。

应于原子吸收和发射光的可观察的"过渡频率"。然而，海森堡首先考虑的是力学中最基本的"简谐振动问题"——人们熟悉的由弹簧上的质量构成的线性谐振子。他能够证明，用他的新的位置定义和一个类似的动量定义，谐振子的能量是守恒的。也就是说，只要能量取普朗克很久以前发现的特殊值，它就不随时间而改变，并以 $h\nu$ 为阶梯进行量化（这里 ν 是振荡器的频率）。因此在这里，在海森堡的新算法中，量子理论的全部数量也自然地从数学中产生而不是外部强加的，正如它们后来在薛定谔的波方法中自然出现的那样。海森堡在北海黑尔戈兰岛的一次过敏性疾病中恢复过来时首次发现这一点，他兴奋得工作了一整夜，醒来时躺在一块岩石上看着日出，心里想："好事来了！"

好的事情确实发生了。这种思维方式与物理学家在原子理论中试图做的一切完全正交，打破了僵局。海森堡告诉他的朋友泡利，他兴高采烈地说，这个想法给了他新的"欢乐和希望……有可能再向前迈进"。海森堡写下了他的初步想法，他大胆地提出了建立一种新的量子力学的目标，这种新的量子力学"完全基于在原则上可以观察到的数量上的关系"。玻恩和另一位聪明的学生帕斯库尔·约当很快意识到，海森堡的"数列"是数学家称之为矩阵的对象，而海森堡发明的组合规则则是已知的矩阵乘法规则。用矩阵表示物理量的一个奇怪的问题是，当矩阵相乘时一般 X 乘 Y 不等于 Y 乘 X。这种奇怪现象在最终的理论中具有深刻的意义。几个月内，玻恩、海森堡和约当共同完成了一篇权威性的论文，宣布在新量子力学中计算可观查量的规则，这个规则在他们的版本中被称为"矩阵力学"。

尽管玻恩认可海森堡的想法，但爱因斯坦从一开始就对这个突破略带怀疑地做出了回应。1925 年 9 月，他写信给埃伦费斯特做了一个典型的朴实的判断："海森堡下了一个很大的量子蛋。在哥廷根他们相信它，但我却不相信它。"尽管他有怀疑，他意识到海森堡取得了实质性的进展，1925 年 12 月，他告诉贝索说矩阵力学是"近来理论所产生的最有趣的东西"，让他无法抗拒对这个奇特结构的挖掘，"一个非常聪明的名副其实的女巫乘法表……因为它非常复杂，不会被反驳"。尽管有讽刺意味，他还是仔细研究了这个理论，发现了一些技术上的异议，并传达给约当⊖。

⊖ 在这一时期爱因斯坦写了不少信给海森堡，全都丢失了。海森堡记得至少有一封写了"真正的钦佩"。

玻色在 1925 年秋季抵达柏林时回忆说："海森堡的论文发表了。爱因斯坦对这件事非常兴奋。他想让我看看光量子的统计数据……在这个新理论中看上去会是什么样子。"但是爱因斯坦的保留意见开始占据上风，1926 年初他写信给埃伦费斯特说："我越来越倾向于认为，尽管我对矩阵力学很钦佩但它可能是错误的。"正当他强化他的负面观点时，在 1 月，重新活跃的泡利给出如何利用矩阵力学推导出基本的氢光谱，这显然是决定性的证据表明该理论是正确的。当然，正是在这个时候，薛定谔用完全不同的波动方程方法得到了同样的结果。

薛定谔的方法在表面上更符合古典物理学的世界观，它是基于类似于麦克斯韦时空上的连续波方程，并且似乎是通过熟悉的振动波的特性到达量子化的能量。德国物理学的王权，如爱因斯坦、普朗克、能斯特和维恩等都立即跳上了薛定谔的彩车。现在有点陷入困境的玻恩后来回忆说薛定谔的论文："所产生的影响比我们大得多。就好像我们根本就不存在似的。所有的人都说，我们现在拥有了真正的量子力学。"但是，玻恩不久就会有一个关键的盟友，尼尔斯·玻尔已经倾向于认为常规的原子的时空图像是有致命缺陷的，他的人格力量最终会占上风，尽管前进的道路是曲折的。

最初双方都认为他们面临着在两种根本不同的理论之间做出选择。这使爱因斯坦在他给埃伦费斯特的同一封信中说矩阵力学"可能是错误的"，而薛定谔的创新不像矩阵力学这个地狱般的机器，而是一个清晰的想法——在其应用中是合乎逻辑的。几周后，在 5 月初，他告诉贝索："薛定谔已经发表了两篇关于量子规则的优秀论文，其中有一些深刻的真理。"但是，每一个的周期都是短暂的。在一场爱因斯坦经常主持的著名的柏林座谈会上发生了戏剧性的变化。一个年轻的学生哈特穆特·卡尔曼（Hartmut Kallmann）记录了这些事件："当海森堡和薛定谔的理论讲座进行时，房间挤满了人。在这些报告的结尾，爱因斯坦站起来说：'现在听着！到目前为止我们还没有一个精确的量子理论，现在我们突然有了两个量子理论。你们会同意我的看法这两个理论是互相排斥的吗？哪一个理论是正确的？也许这两个理论都不对。'就在这时，我永远不会忘记沃尔特·戈登（Walter Gordon）站起来说：'我刚从苏黎世回来。泡利证明了这两个理论是一致的⊖。'"实际上是在 3 月中旬，薛定谔在泡利

⊖　卡尔曼很可能把城市记错了，因为当时戈登在汉堡和泡利一起工作。薛定谔在苏黎世。

（他甚至懒得公布他的证据）之前，证明了矩阵力学的方程式可以从他的波动方程中得到，反之亦然，矩阵力学也可以用来推导薛定谔方程。这两个理论在数学上是等价的。

在这时，辩论转向了新理论的意义问题，以及两种理论在美学和概念上的不同的优点。薛定谔在他的论文中证明了它们的等价性，但却与矩阵法一刀两断，他说，由于矩阵法的难度和缺乏透明度，如果说他"不排斥它的话，也不鼓励它"。他一再声明，他的做法更具"可想象性"，促使烦透了的海森堡在给泡利的信中声明："他写的关于可视性的东西几乎没有任何意义……我认为这是废话。"

事情发生在 7 月，薛定谔对柏林和慕尼黑的保守的物理中心进行了成功的巡回演讲，因为柏林的这个中心要招募他接替普朗克，而维恩和索末菲在慕尼黑物理中心负责。巧合的是，海森堡在薛定谔讲话时在慕尼黑，他在演讲结束的提问时间提出了一些未解决的波动力学问题。在薛定谔做出回应之前，海森堡几乎被维恩"轰出了房间"，他大喊："年轻人，薛定谔教授一定会及时处理所有这些问题。你必须明白，我们现在已经不再接受关于量子跳跃的所有无稽之谈。"气的发抖的海森堡立即写信给玻尔，玻尔的回应是邀请薛定谔来哥本哈根。一场马拉松式的概念性摔跤比赛随后进行，结束时，薛定谔病倒在床上筋疲力尽，但未被说服。玻尔坚持的观点是，当薛定谔的波动方程恢复了自然的连续性描述并应用于原子时，它将不可避免地回到量子现象所说明的自然过程的基本不连续性。大约在同一时间，爱因斯坦和他的亲密朋友马克斯·玻恩也正在这个问题上角力。

对爱因斯坦来说，这两个理论的数学等价性只是把他对矩阵力学的怀疑扩展到波动力学。当原子结构的历史谜题几乎每周都被揭开时，他没有被同事们所感到的鼓舞所感染。在另一个座谈会上，出现了新发现的电子自旋的证据，博斯（Bose）在一辆电车上碰到他："我们突然发现他跑到我们所在的隔间里，接着他开始兴奋地谈论刚才听到的事情。他不得不承认，由于这些新理论相互关联和解释的许多事情，因此似乎是一件了不起的事情，但他为这一切的不合理性而感到非常烦恼。我们默不作声，但他几乎总是在说话，没有意识到他让其他的乘客感到惊奇和兴奋不已。"

爱因斯坦现在觉得的不合理主要集中在薛定谔波函数的意义上，在某种程度上波函数代表了电子与原子核结合的行为。薛定谔最初试图论证他的物质波可以聚集在原子尺度的局部区域中，承载着像粒子一样的隆起或"峰"。但进一步的研究很快表明，这样的"波包"不能长时间共存。在数学上事实与光波非常相似，而这一想法的失败也重复了爱因斯坦在 1910 年未能在麦克斯韦波动方程中找到粒子行为的失败。爱因斯坦很可能很快就发现了这个问题。薛定谔的退路是断言根本没有电子粒子，"实际的电子"是在比原子稍大一些的空间上展开的电荷密度的波。但是这种描述还有一个基本的问题。爱因斯坦在 6 月份给同事保罗·爱泼斯坦的一封信中表达了这一点："我们都在这里被薛定谔的量子理论所吸引……奇怪的是在 q 空间中引入的一个域，这个想法的有用性是令人相当惊讶的。" 爱因斯坦发现的如此奇怪的"q 空间"是什么？

当时物理学家们所知道的所有的波是在我们正常的三维空间中的振荡场或扰动，甚至是电磁波，根据爱因斯坦的说法，电磁波不需要介质（以太）存在。波中的粒子数除了像声波一样通过介质密度或像电磁波通过介质强度，不进入方程。但是电子波不能用这种方式来表示。可以研究孤立的自由电子，可以测量它们的电荷（它是 $-e$），数值与质子的电荷相同（在符号上是相反的）。元素周期表要求氢有一个电子、氦有二个电子、锂有三个电子等。因此，例如，为了描述氦中的电子需要有不同量子态的两个电子的波动方程，总电荷加起来是二倍的 $-e$。从数学上讲，只有一种办法能做到这一点，即使用薛定谔方程："两个电子"的波函数必须"生存"在六维空间中，一个三维用于第一电子而另一个三维用于第二个电子。此外，在诸如铀 235 的大原子中电子的波函数必须存在于 705 维空间中！这是"q 空间"，一个抽象的空间，它"复制"我们的三维空间 N 次，以表示 N 个电子。爱因斯坦在他给薛定谔的第一封信中承认了这一奇怪的特征，对他来说这是一个巨大的线索，一个经典的波图像可能无法通过薛定谔方程恢复。

爱因斯坦并不是唯一一个对如何解释薛定谔波困惑的人。马克斯·玻恩也对电子是一种常规波的想法持保留态度。他与著名的实验学家詹姆斯·弗兰克（James Franck）密切合作，弗兰克曾测量了与原子碰撞的电子束。他回忆说："每天，我看到弗兰克在计算粒子，而不是测量连续波的分布。"在他得知薛定谔方程的那一刻，他对它的物质波所代表的东西有一种直觉。他回忆了爱因斯坦的观点，即电磁场是一个引导光子的"鬼场"。"我经常和他讨论这个问题。他说只要没有更好的东西，就可以使用这个方法。"但是现在，玻恩觉得物质波是真实的描述：薛定谔波函数是代表概率的引导波。数学家和物理学家已经习惯于把概率分配给一个连续的空间，基本上是把空间划分成无穷小的区域。波恩认为薛定谔的波函数代表了这样一种概率密度[⊖]，它实际上在空间中像波一样确定性地移动，但只是描述了在每个特定的空间区域中找到一个电子粒子的可能性有多大。

1926 年 6 月底，玻恩公开提出他的想法，提交了一篇题为《碰撞现象的量子力学》的论文。他提出了一个定向物质波的问题（代表一个原子束中的电子流），它与原子的电场相互作用，然后在所有方向上"散射"，就像水波撞击柱子，向四面八方发出圆波一样。这是否真的意味着每一个电子"破裂"并像一片涂抹了电的"浮油"那样向四面八方扩散呢？这正是薛定谔想要采取的观点，但玻恩没有这种看法。他坚持认为，扩展的圆周波只是决定找到一个整体的、点状的电子在特定方向上出现的可能性。为了测试这个想法，你需要一次又一次地做同样的实验，并计算每个方向上的电子数。"由此，决定论的整个问题就出现了。从量子力学的观点来看，在任何情况下都不存在由因果关系决定碰撞效果的大小……我自己倾向于在原子世界中放弃决定论。"在他的观点中，我们需要采用较弱的决定论形式："粒子的运动遵循概率定律，但概率本身按照因果律传播。"

当薛定谔得知玻恩的解释时，他被激怒了，并与他进行了一场"尖锐的争论"。正如玻恩回忆的，"薛定谔相信（物质波）意味着物质的某种连续分布，我非常反对它（因为弗兰克的实验）……因为当有人反对他的想法时他总是这样非常无礼的。"尽管薛定谔反对，玻恩的波函数的概率解释几乎立即被广泛采用，并且是玻恩最终获得诺贝尔奖的基础。然而，曾经启发玻恩这一关键步骤的爱因斯坦成为少数几个拒不合作的人。1926 年 11 月，玻恩写信给他亲爱的朋友爱因斯坦："我完全满意，因为我把薛定谔波场视为你的'鬼场'，从你的角度来说它一直证明是更好的……薛定谔的成就只不过是纯粹的数学而已，他的物理学是相当糟糕的。"但到这时，爱因斯坦的保留已凝固成不可动摇的信念。就在几天之后他发表了他著名的、令人震惊的回应："量子力学需要大量的尊重。但一些内心的声音告诉我这不是真正的答案。这个理论

⊖　更确切地说，它是表示概率密度的波函数的绝对平方。

提供了很多，但它几乎不能使我们更接近'老人'的秘密。至少在我看来，我相信他不会掷骰子。"

几个月前，爱因斯坦私下会见海森堡讨论量子力学。海森堡提出了他的观点，即新理论应该只限于描述可观测的量，而不是不可观测的电子轨道。爱因斯坦拒绝了这一观点，导致海森堡回答说："这不正是你的相对论所做的吗。"爱因斯坦回答说："也许我用了这种推理方式……但这完全是胡说八道⊖。……是这个理论决定了什么是可以观察到的。"这次与海森堡的对话不为人知，一年后，在思考量子力学的意义时，海森堡又想起这次会见，"一定是在午夜过后的一个晚上，我突然想起我和爱因斯坦的谈话，尤其是他所说的，'是这个理论决定了什么是可以观察到的'。我马上就相信，打开关闭这么久的大门的钥匙必须在这里找到。"几天之内，他就用新的量子力学来证明他的不确定性原理。人们可以非常精确地观察到电子的位置，或者非常精确地观察到电子的动量，但不能同时精确地观察到二者。这就是这个理论所决定的。甚至这种爱因斯坦强烈反对的他的认识也是被他自己的洞察力所激发出来的。

⊖ 后来，在回答他的朋友菲利普·弗兰克的同样责备时，爱因斯坦用精辟的反驳回答说："一个好的笑话不应该重复太多次。"

第29章 CHAPTER 29
永无止境
NICHT DIESE TÖNE

所有五十年的有意识的思考也没有让我更接近这个问题的答案："什么是光量子？"当然，今天每个无赖都认为他知道答案，但他是在欺骗自己。

——爱因斯坦给贝索的信，1951年

"我今年 67 岁了，我坐在这里所写的有点像我自己的讣告……这来之不易，今天 67 岁的人绝不是 50 岁、30 岁或 20 岁的人。每一次回忆都被今天的真实面目所左右，因此被一种欺骗性的观点所左右。"爱因斯坦在他开始写的自传草稿中证实了他最初的免责声明。读者希望从这个人身上知道有趣的轶事或个人生活的细节将会感到失望。四十六页的文章是密集地描述了他的科学哲学、物理理论的演变，以及他对科学的实际贡献，最后以他在统一场理论的最新尝试的技术陈述结束。然而，他对光量子的革命性工作，以及他开创性的1905～1907 年的比热量子理论，仅用了一个长句子概括。波粒二象性的早期发现用了不到一页，结束时说，目前的量子理论对波粒二象性的解释只是"暂时的出路"。他关于辐射量子理论的基础性工作和玻色-爱因斯坦凝聚的惊人发现一点也没有提及。他对量子力学的批判比他对量子力学的贡献要多得多。相反，相对论、狭义相对论和广义相对论，是在美丽和严格的细节中阐述的。

在 1926 年决定性的一年之后，他拒绝了新的量子理论作为对现实的终极描述，他试图通过经典思维实验来展示这个理论包含着内在的矛盾。然而，他很快就接受了新量子理论逻辑结构的一致性，并评论说："我知道这个理论没有矛盾，但在我看来，它含有某些不合理的地方。"到了 1931 年 9 月，他仁慈地提名海森堡和薛定谔为诺贝尔奖候选人，并评论说"我相信这个理论无疑包含了一部分终极真理"。

但是，尽管爱因斯坦不情愿地支持了量子理论，但在他的余下的职业生

涯中他从未把量子形式体系应用到一个具体的物理问题中，除了他在 1935
年与年轻的合作者波多尔斯基和罗森合著的一篇著名的批评论文以外。这篇
文章通过对量子理论所暗示的"远距离幽灵行为"的思维实验而受到关注，
作者声称这一理论对现实的描述是不完整的。现在这种"EPR"实验已经实
现了，充分证实了这种效应的存在，这是一种远距离粒子之间的反直观的相
关性。这种效应被称为"纠缠"，构成了量子信息科学新领域的基础。现在
许多人认为爱因斯坦对 EPR 效应的认识和预测是他对物理学的最后一个重
大贡献。

不仅是爱因斯坦，还有他支持的德布罗意和薛定谔这两位量子先驱者对
量子理论的进一步应用做出的贡献都不算大，两人最终都加入了爱因斯坦的
行列从哲学的观点上拒绝它。因此，量子理论的发现和发明的历史是从玻
尔、海森堡、玻恩和他们的学生和合作者的角度来讲述的。（爱因斯坦、德
布罗意和薛定谔在他们的量子理论著作中没有学生或合作者。）在薛定谔发
现"真正的量子力学"之后，矩阵力学大师们的方法立即贬值了，只是简
单地处理这个工作，并给他们提供符合他们理解的解释。具有讽刺意味的
是，薛定谔是正确的，他的方法比海森堡和玻恩的更直观，更形象化，它已
经成为压倒一切的首选方法。但是，有了玻恩对波函数的概率解释、海森堡
的不确定性原理与玻尔的神秘的互补原理⊖，"哥本哈根解释"登上了王位，
"波动力学"一词消失了，全都称为量子力学。这些概念所隐含的人类对物理
世界的认识的局限性被所有的实践物理学家所接受。对新一代人来说，爱因斯
坦成名主要是因为大家都钦佩的相对论，其次是他顽固地拒绝接受优雅的万物
新原子理论。

然而，如果我们根据历史记载研究新概念的支柱就会出现一幅截然不同的
图画。爱因斯坦肯定与普朗克分享能量量化的发现，因为在爱因斯坦很多年之
后成为第一个宣布能量量化的人之前，普朗克从来没有认识到作用量子暗示了
机械能的量子化。爱因斯坦首先用量子化的能级解释了固体的比热，这就证明
了热力学的第三定律，并把化学家如能斯特带入了量子领域。爱因斯坦在其关
于光量子的论文中发现了第一个携带力的粒子，光子，现在是所有基本力的范

⊖　一个关于原子世界不可能统一的哲学原理，它的用途是有争议的。

例。在这之后，他发现了光的波粒二象性，并且在 1909 年，基于他的严格正确的波动论证，预言了必须出现一个"融合理论"来调和这两个观点。1916 年，他的量子辐射理论结合了玻尔、普朗克和他自己的光量子理论，把普朗克的黑体定律建立在坚实的基础上。在这里，他首次提出原子过程内在随机性的核心概念，成熟的理论将接受这一核心概念。他还引进产生量子跃迁的概率概念，他区分了自发和受激跃迁，如激光的发明。1924～1925 年间，他让玻色的统计方法从默默无闻中脱颖而出，解释了它的含义和为什么必须是正确的，并得出了它所暗示的令人难以置信的凝聚现象，这是玻色自己没有想到的。最后，他开发了经验法则，即电磁波强度可以被认为是确定在某一区域中发现光子的概率，这一想法激发了玻恩对物质波的决定性解释，虽然他从未发表过它。

总而言之，能量的量子化，载力粒子（光子）、波粒二象性、物理过程的内在随机性、量子粒子的不可分辨性、波场概率密度——这些是量子力学的关键概念。正如玻恩后来所说："因此，爱因斯坦显然参与了波动力学的奠基，没有任何借口可以驳倒它。"这些成就的规模如何？获得四个诺贝尔奖不足为奇，而不是他在 1922 年勉强接受的那一个。但我们并不是说爱因斯坦很在乎这些荣誉。

爱因斯坦清楚地理解新理论的结构和引入激进概念来解释原子的必要性，但他为什么拒绝接受这个理论并坚持用截然不同方法解决量子问题呢？在我看来，这是他从事科学的生活经历和他选择生命的根本动机的结果。

在他的科学生涯中，爱因斯坦曾离开主流观点徘徊过两次。即使是许多已经把他看作历史天才的同事，也只是把他的观点看作是疯狂的推测，而不是认真对待。狭义相对论不是这样一种情况，因为它建立在洛伦兹和其他人的工作基础上。当然，它揭示了一个壮观的物理和认识论的见解，它是唯一的爱因斯坦主义。当然，第一次是光量子的"胡说八道"，为此当普朗克提名他到普鲁士科学院时普朗克不得不道歉，而在爱因斯坦提出光量子整整 20 年后玻尔仍然嘲笑它。第二次是广义相对论。在后一种情况下，这个想法并没有引起人们的嘲笑，只是不理解。没有危机需要引力理论来彻底解决，人们不知道这个古怪的人到底要做什么。

广义相对论的发展并不是一帆风顺的，走进死胡同又返回，技术错误最终得到纠正，然后是，当美丽的最终方程出现、正确预测水星的岁差和星光的弯曲时，大开眼界的时候到了。爱因斯坦回忆了这样的斗争："多年在黑暗中寻找一个可以感知但无法表达的真理的岁月，强烈的欲望以及信心和疑虑的交替，直到突破后得到清晰的理解，只有他自己经历过的人才知道这一切的艰难。"后来，他拒绝了现代量子理论，他说："是因为我对引力理论的经验决定了我的期待。"

而且，就在新量子理论发布之前，1925 夏天，爱因斯坦经历了类似的他相信光量子存在的辩护。1924 年，玻尔和合作者提出了一种光和物质相互作用的新方法，它牺牲了能量和动量守恒的原理，并将统计考虑引入到理论中，尽管最终得出的结果在某种方式上与最终的量子理论不一致。在文章中玻尔直截了当地说，光量子理论"显然不是光传播问题的令人满意的解决方案"。爱因斯坦坚决反对玻尔的新理论，因为他认为守恒定律必须是精确的，否则他心爱的热力学将被低估。他还指出了美国物理学家亚瑟·霍利·康普顿（Arthur Holly Compton）最近进行的一项实验，它似乎证实了 X 射线光子与电子（处理为粒子）碰撞的守恒定律。然而，人们仍然认为康普顿的实验留下了动量和能量只平均起来是守恒的，而不是在每个个体碰撞中守恒的可能性。这一平均守恒的可能性在 1924 年底被博思（Bothe）和盖革的标志性实验排除，其中对单独的碰撞做了测量并决定性地显示两个粒子服从守恒定律的结论。

1925 年 1 月玻恩写信给玻尔："前几天我在柏林。每个人都在谈论博思-盖革实验，其结果有利于光量子说，爱因斯坦欣喜若狂。"1925 年 4 月，在海森堡建立矩阵力学前两个月，玻尔承认"是尽可能把我们的革命努力（排除光量子）搞得像葬礼一样光荣的时候了"。显然是爱因斯坦绝对正确的直觉最后一次获胜了。因此，当海森堡-玻恩-薛定谔的原子的最新统计理论联合征服了舞台时，爱因斯坦一定有一种似曾相识的感觉。只要坚持足够长，他就会被证明是正确的。

爱因斯坦对这一理论最著名的异议是"骰子抱怨"：坚持个体事件的内在随机性，放弃僵化的因果关系。但是薛定谔的 q 空间图实际上破坏了爱因斯坦对概率论的反对。尤金·维格纳是第二代量子先驱的领袖人物，他在 20 世纪 20 年代初在柏林学习，并回忆说爱因斯坦非常喜欢他的引导场概念，"这与量子力学的现状有很大的相似性"，但是"他从未发表它……因为它与守恒原理相冲突"。然而，在薛定谔波的 N 维空间中，即使结果不确定，守恒定律仍然存在。在量子力学中，如果两个粒子碰撞，即使在碰撞之前对粒子特性有充分的了解，也不可能在每一个单独的情况下预测两个粒子在碰撞后的行进方向。人们只能陈述它们在碰撞后在某一对方向上出现的概率。尽管如此，这两个粒子进入时总动量和能量不同的概率为零。它们就像一对魔术硬币，当单个翻转它们时，会随机地以相同的概率给你正面或反面，但是当成对翻转时，总是出现相反的面。因此量子不确定性仍然尊重守恒定律。

也许正是由于这个原因，爱因斯坦后来对量子理论进行了批判。但他关注更多的不是其不确定性，关注更多的是其陌生的认识论地位。在量子力学中测量的实际行为是理论的一部分，刚才提到的那些魔法硬币存在于（正、反）-（反，正）不确定状态，直到它们被测量之后才被迫"决定"它们处于哪个状态。这是真的，即使硬币被抛得很远很远，这意味着通过测量任意距离的另一枚硬币的状态"改变"才能获得一枚硬币的状态。这是爱因斯坦所憎恶的"远距离幽灵行为"，现在被称为"量子纠缠"，但超越了相对论的明显矛盾，整个概念结构似乎打破了客观世界的真实性与主观世界人类感知性之间的障碍。"你真的相信月亮只存在于我看它时吗？"他常说。这种观念从根本上挑战了爱因斯坦的信条。

在他的自传中他说："物理学是一种试图概念性地理解现实的方法……与它是不是被观察无关。"在一封给玻恩的信中他说，他晚年强调了这个主题："我们已经成为我们科学期望的对映体。你相信上帝在一个客观存在的世界里以完全的规律和秩序在掷骰子吗？而我以一种疯狂的推测方式试图捕捉这些规律和秩序。"这种二分法的重要性，即短暂的、主观的和微不足道的个人与宇宙永恒秩序的关系是他的个人哲学核心。作为一个非常年轻的人，他拒绝了"大多数人在一生中追求的虚无的希望和奋斗"。一个人可以用这样的方式"满足胃"而不是"思想和情感"。但是他很快意识到还有另外一种生活方式："在那边有一个独立于人类的巨大世界站在我们面前，就像一个永恒的谜团，至少我们的思索和探求可以部分地接近它。对这个世界的思索使我们获得解放。"当他在这一追求中登上成功的顶点时，他向马克斯·普朗克致敬："我相信……引导人们走向艺术和科学的最强烈的动机之一是摆脱日常生活的痛苦，从自己的日常欲望桎梏中摆脱痛苦的懦弱和绝望……性情温和的人渴望逃避个人生活进入客观感知和思考的世界。"

在贝多芬的第九交响曲中，作曲家在三个令人惊叹的美丽动作之后，让男中音在合唱部分用如雷贯耳的声音来结束最后的乐章："哦，朋友，不是这些音符。"作曲家正在寻找和他以前的作品一样壮观的不同的东西，更好的东西。同样，爱因斯坦也不满足他的量子创作的音乐性，他将用余生寻找最后的乐章使他的原子交响乐变得更加和谐。

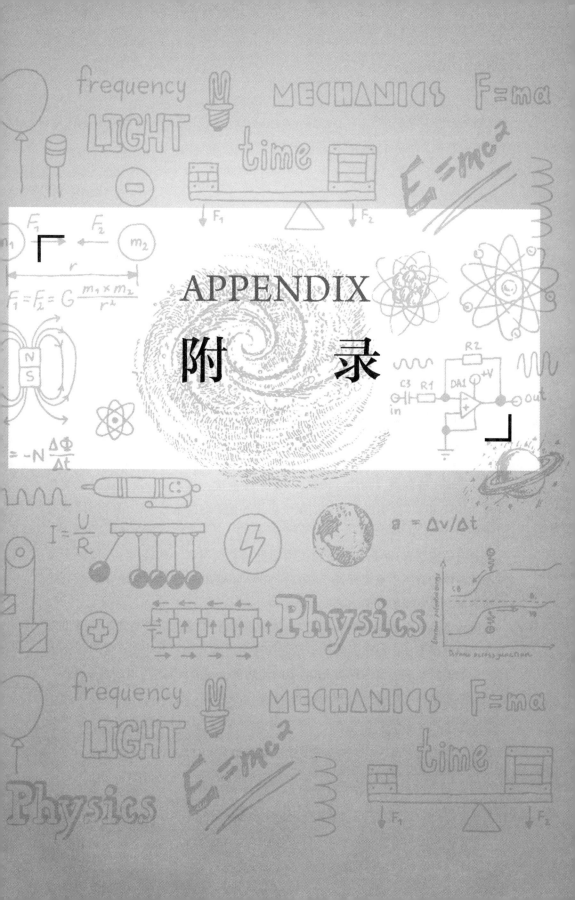

APPENDIX

附　　　录

附录 A　物理学家（按出现顺序）

马克斯·普朗克（1858—1947）：德国理论家、热力学专家和诺贝尔奖获得者（1918 年），他引进了最初的量子思想和他著名的常数 h 以解释黑体辐射定律。

威廉·维恩（1864—1928）：德国诺贝尔奖获得者（1911 年），他做了黑体辐射定律的第一项重要理论工作，在 1896 年得出维恩定律，现在被认为是正确的普朗克定律的近似。

海因里希·韦伯（1843—1912）：德国实验家和热力学研究者。苏黎世理工学院物理系主任，当时爱因斯坦是他的学生，常与他发生冲突。他对比热温度变化的测量影响了爱因斯坦 1907 年的比热量子理论。

马塞尔·格罗斯曼（1878—1936）：瑞士数学家，爱因斯坦在苏黎世理工学院的同班同学。他的家庭关系对爱因斯坦在伯尔尼获得专利局的工作起了关键性的作用。后来，在 1913 年，他成为苏黎世联邦理工学院（ETH）的教授，并与爱因斯坦在广义相对论的一篇基础论文上有过合作。

米列娃·玛丽克（1875—1948）：有前途的物理学学生，爱因斯坦的第一任妻子，在没有拿到文凭后她放弃了从事物理学研究。

艾萨克·牛顿爵士（1643—1727）：经典力学的创始人，建立了牛顿三定律并发明了微积分。如果你正在读这本书，你知道他是谁。

迈克尔·法拉第（1791—1867）：英国科学家，他的实验引出了电场和磁场的概念，爱因斯坦非常钦佩他。

詹姆斯·克拉克·麦克斯韦（1831—1879）：苏格兰理论物理学家，首先发现了以他名字命名的经典电磁学的完整方程式。他也是统计力学的先驱。

路德维希·玻耳兹曼（1844—1906）：奥地利理论物理学家，与麦克斯韦和吉布斯一起创立统计力学学科。他发现了熵的基本微观规律，$S = k\log W$，其中，k 是自然界的基本常数，称为玻耳兹曼常数。

约西亚·威拉德·吉布斯（1839—1903）：美国物理学家和数学家，与玻耳兹曼和麦克斯韦一起创立了统计力学。

亨德里克·安东·洛伦兹（1853—1928）：荷兰理论家和诺贝尔奖获得者（1902 年），他最初怀疑普朗克定律的可靠性。他成为爱因斯坦的一位亲近的朋友并像父亲一样，他称爱因斯坦是他从未遇到过的最伟大的思想家。

洛德·瑞利（1842—1919）：英国数学物理家和诺贝尔奖获得者（1904年），他是一位波理论专家，特别是在声学方面。他提出的瑞利-金斯定律是基于古典统计力学，导致了不正确的紫外线灾难。

詹姆斯·金斯（1877—1946）：英国物理学家和天文学家，对瑞利-金斯定律做出了贡献，也是该定律的捍卫者。

斯万特·阿伦尼乌斯（1859—1927）：瑞典物理学家和物理化学家，由于他的电解法获得了诺贝尔奖（1903 年），他影响了在物理和化学方面诺贝尔奖的建立和授奖。

阿诺德·索末菲（1868—1951）：德国的理论物理学家，是建立原子量子理论玻尔-索末菲理论的重要贡献者。

约翰尼斯·斯塔克（1874—1957）：德国的实验物理学家和诺贝尔奖获得者（1919 年），光电效应专家，他领导了纳粹反对犹太人物理的运动。

瓦尔特·能斯特（1864—1941）：德国物理化学家和诺贝尔奖获得者（1920 年），他提出热力学第三定律并招聘爱因斯坦到柏林。

尼尔斯·玻尔（1885—1962）：丹麦物理学家和诺贝尔奖获得者（1922 年），他提出了第一个成功的原子的量子理论，并在解释量子力学的最终形式中发挥了领导作用。

欧内斯特·卢瑟福（1871—1937）：出生在新西兰的英国物理学家和诺贝尔化学奖获得者（1908年）。他的实验揭示了原子的核结构。

保罗·埃伦费斯特（1880—1933）：奥地利犹太人物理学家，莱顿教授，对量子理论做出了有意义的贡献。他是爱因斯坦的一个亲密朋友。

亚瑟·爱丁顿（1882—1944）：英国天文学家，他领导日食探险队，证实了爱因斯坦的广义相对论。

萨特延德拉·纳特·玻色（1894—1974）：印度理论物理学家，在他1924年寄给爱因斯坦的关于光子的论文中，他首次提出将量子粒子处理为不可区分的正确的统计方法。

欧文·薛定谔（1887—1961）：奥地利理论物理学家和诺贝尔奖获得者（1933年）。他发明了量子力学的波动方程方法，这是现代物理学中使用的主要方法。

路易斯·德布罗意公爵（1892—1987）：法国理论物理学家和诺贝尔奖获得者（1929年）。他提出了物质波的概念，这是爱因斯坦光量子概念的补充，并影响了爱因斯坦关于原子量子气体的研究。

马克斯·玻恩（1882—1970）：德国犹太理论物理学家，诺贝尔奖获得者（1954年）。他在形成被称为矩阵力学的海森堡的量子力学方法，以及提供薛定谔波的概率解释中发挥了重要作用。他也是爱因斯坦最亲密的朋友之一。

沃纳·海森堡（1901—1976）：德国理论物理学家和诺贝尔奖获得者（1932年）。他在1925年发明了第一个现代量子力学的正确公式，矩阵力学。两年后，他提出了他的不确定性原理。

沃尔夫冈·泡利（1900—1958）：奥地利理论物理学家和诺贝尔奖获得者（1945年）。他有着聪明而苛刻的个性，发现了电子不服从玻色统计，因为只有一个电子可以占据给定的量子态，即泡利排斥原理。

附录 B　三大热辐射定律

概述

所有物体都发出电磁辐射，因为它们包含一定量的热能，这些热能在任何时候激发它们的原子和分子达到更高的能量状态。这些激发的原子和分子然后发射辐射（光子）并回落到它们的最低状态（基态），而另一些原子和分子则不断地被激发，从而保持能量平衡（热平衡）。物体的热能随着温度的升高而增加，因此随着温度的升高，它发出能量更高、频率更高的辐射。但是，热辐射不同于无线电波或激光，例如，它不是以单一频率发射的，而是在宽频带上发射的，其中最大量的辐射以特定的频率（辐射曲线的"峰值"）发出，此特定的频率取决于温度。

1900 年左右，挑战物理学家的关键问题是在给定温度下在每个发射带中发射多少辐射形式的能量。由于热力学原理被称为基尔霍夫定律，一个完美的发射器也必须是一个完美的辐射吸收体（一个完全的黑色物体），被称为黑体，它发出的辐射被称为黑体辐射。这并不一定意味着眼睛看上去它是黑色的，如果它被加热到足够高的温度，它会以可见光的频率发光，眼睛是可以看见的。因此，当时热物理学的圣杯是在给定温度下确定给定频带内的热辐射能量（单位体积）的通用数学公式，我们将这个公式称为"热辐射定律"。有三大史上比较重要的辐射定律。

1）普朗克定律：这一定律是在 1900 年秋由马克斯·普朗克提出的，当时他很清楚维恩定律失效了。为了证明这一新定律，普朗克必须引入能量量子化的概念（尽管他并没有这样说），促使了量子革命的发生。它要求引入普朗克常数 h，它出现在辐射定律和基本关系 $\varepsilon = h\nu$ 中，将振动分子的能量 E 的允许增量与振动频率相关联。他的定律与实验数据符合得很好，至今仍然适用。在现代物理学看来它是正确的辐射定律。

2）维恩定律：该定律是 19 世纪 90 年代初威廉·维恩提出的。一直到 1900 年，许多人包括普朗克，相信它是正确的。结果证明是近似于正确的普朗克定律，在某一给定温度，当高于给定的普朗克定律的峰值频率观察时效果很好。对于黑体实验第一次测量时所能达到的温度，较高的频率在电磁光谱的可见段或附近，因此比低于峰值频率的红外波段更容易测量。

3）瑞利-金斯定律：这个定律的一个版本是在 1900 年由瑞利勋爵临时提出的，并且它在低频率上近似于正确的普朗克定律，也就是在远低于普朗克定律预测的峰值频率时是正确的。然后在 1905 年瑞利提出了它的正确形式，其中包含了詹姆斯·金斯所做的工作。在大致相同的时间它被推导出来，但随后被阿尔伯特·爱因斯坦拒绝。爱因斯坦的拒绝是因为它导致了"紫外线灾难"。这个不祥的描述是物理学家保罗·埃伦费斯特发明的，因为瑞利-金斯定律预测热辐射的总能量应该是无限的。爱因斯坦认为这个性质使这个定律不能成立，而金斯则主张允许一个漏洞使这个理论成立，直到1911年普朗克定律被普遍接受为止。

辐射定律的数学表述

本节假设人们知道指数函数 e^x 的性质，例如，字母 e 代表无理数，它是自然对数的基。计算热辐射的目标是所谓的辐射能谱密度，即 $\rho(\nu, T)$，它描述了在黑体绝对温度 T，以频率 ν 为中心的一个小的时间间隔内黑体所发出的辐射能量。根据普朗克定律，这个函数的正确形式是

$$\rho(\nu, T) = \frac{(8\pi\nu^2/c^3)h\nu}{e^{h\nu/kT} - 1} (普朗克定律) \tag{B.1}$$

式中，h 是普朗克常数，k 是玻耳兹曼常数，c 是光速。注意在分子括号中的因子是1924年玻色给爱因斯坦的信中提到的分子，这封信含有他新推导的辐射定律。

指数函数，当它的指数，在本例中的 $h\nu/kT$ 大于1时（$h\nu > kT$），尤其是远大于1时就可以忽略分母中的 -1 项，得出辐射定律的近似形式

$$\rho(\nu, T) \approx (8\pi h\nu^3/c^3) e^{-h\nu/kT} (维恩定律) \tag{B.2}$$

这是维恩提出的辐射定律的形式，我们现在知道当频率 $\nu \gg kT/h$ 时它是很好的近似。这定义了"高频"的含义是什么，它是一个相对的项，并取决于黑体的温度。可见光在地球表面的温度下被认为是高频率的，但在太阳表面的温度下不是这样的。

在低频的另一个极限范围，当 $\nu \ll kT/h$ 时，指数函数接近于1。事实上，$e^x \approx 1 + x$（这里 x 代表 $h\nu/kT$），如果我们将它放入普朗克定律的等式（B.1），则 $h\nu$ 因子在分子和分母之间被抵消，并且普朗克定律中固有的能量量子化的所有踪迹消失。得到的公式是

$$\rho(\nu, T) \approx (8\pi\nu^2/c^3) kT (瑞利-金斯定律) \tag{B.3}$$

请注意，这种近似的热辐射定律表明，在一个给定的频率下能量的量与温度成正比。正是这个实验线索导致普朗克得出正确的辐射定律。然而，对于给定的温度，能量密度也与频率的平方成正比。如果这个辐射定律对于所有的频

率都是正确的，人们就会得出荒谬的结论：高频的能量密度趋于无穷大。这是爱因斯坦在1905年所反对的紫外线灾难。

　　图 B.1 所示为三种辐射定律的比较。

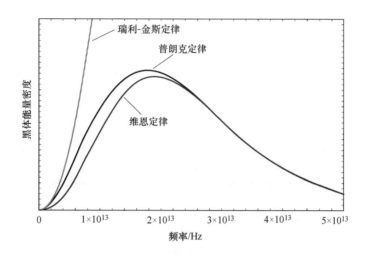

图 B.1　室温下黑体的三个辐射定律曲线图

　　垂直轴为能量密度，水平轴为频率。最浅的灰色曲线一直增加到无穷大，是瑞利-金斯定律，注意在非常低的频率它与普朗克定律（黑色曲线）吻合。黑色曲线是普朗克定律，具有峰值，然后衰减，但在低频段比维恩定律（灰线）上升得更快。低于峰值时，维恩定律与普朗克定律有较大差别，但高于峰值时非常吻合。

参考文献

爱因斯坦的著作和通信

Einstein, Albert. "Autobiographical Notes." In *Albert Einstein: Philosopher-Scientist*, pp. 1–94. Edited by P. A. Schilpp. La Salle: Open Court, 1970.

Einstein, Albert. *The Born-Einstein Letters, 1916–1955: Friendship, Politics and Physics in Uncertain Times*. Translated by Irene Born. New York: MacMillan, 1971.

Einstein, Albert. *The Collected Papers of Albert Einstein*. Translated by Anna Beck and consultation by Don Howard. 12 vols. Princeton: Princeton University Press, 1987–2009. References are to the English translations unless otherwise noted.

Einstein, Albert. *Einstein Besso Correspondance, 1903–1955*. Translated into French by Pierre Speziali. Paris: Hermann, 1972. English translations in the text by the author.

Einstein, Albert. *Ideas and Opinions*. Translated by Sonja Bargmann. New York: Random House, 1954.

爱因斯坦传记

Bernstein, Jeremy. *Albert Einstein*. Edited by Frank Kermode. New York: Penguin Books, 1973.

Calaprice, Alice. *The Quotable Einstein*. Princeton: Princeton University Press, 1996.

D'Amour, Thibault. *Once Upon Einstein*. Translated by Eric Novak. Wellesley: A. K. Peters, 2006.

Dukas, Helen, and Banesh Hoffman, eds. *Albert Einstein: The Human Side*. Princeton: Princeton University Press, 1979.

Folsing, Albrecht. *Albert Einstein: A Biography*. Translated and abridged by Ewald Osers. New York: Penguin Press, 1998.

Frank, Phillip. *Einstein: His Life and Times*. Translated by George Rosen and edited by Schuichi Kusaka. New York: Da Capo Press, 1947.

French, A. P., ed. *Einstein: A Centenary Volume*. Cambridge, MA: Harvard University Press, 1979.

Hentschel, Ann M., and Gerd Grasshoff. *Albert Einstein: Those Happy Bernese Years*. Bern: Staempfli, 2005.

Highfield, Roger, and Paul Carter. *The Private Lives of Albert Einstein*. London: Faber & Faber, 1993.

Hoffmann, Banesh, with the collaboration of Helen Dukas. *Albert Einstein: Creator and Rebel*. New York: Viking Press, 1972.

Isaacson, Walter. *Einstein: His Life and Universe*. New York: Simon & Schuster, 2001.

Levenson, Thomas. *Einstein in Berlin*. New York: Bantam Books, 2003.

Moszkowski, Alexander. *Conversations with Einstein.* Translated by Henry L. Brose. New York: Horizon Press, 1970.

Neffe, Jurgen. *Einstein: A Biography.* Translated by Shelley Frisch. New York: Farrar Strauss Giroux, 2007.

Pais, Abraham. *Einstein Lived Here.* New York: Oxford University Press, 1994.

Pais, Abraham. *Subtle Is the Lord.* Oxford: Oxford University Press, 2005.

Schilpp, P. A., ed., *Albert Einstein: Philosopher-Scientist.* La Salle: Open Court, 1970.

Seelig, Carl. *Albert Einstein: A Documentary Biography.* Translated by Mervyn Savill. London: Staples Press, 1956.

Woolf, Harry, ed. *Some Strangeness in Proportion: Einstein Centennial.* Reading: Addison-Wesley, 1980.

爱因斯坦和量子理论

Bolles, Edmund Blair. *Einstein Defiant: Genius versus Genius in the Quantum Revolution.* Washington, DC: John Henry Press, 2005.

Klein, Martin J. "Einstein and Wave-Particle Duality." *The Natural Philosopher,* vol. 3, 1964, pp. 1–49.

Stachel, John. "Einstein and the Quantum" and "Bose and Einstein." In *Einstein from B to Z,* vol. 9, pp. 367–444. Edited by Don Howard. Boston: Birkhauser, 2002.

量子理论和量子力学

Haar, D. Ter. *The Old Quantum Theory.* Oxford: Pergamon Press, 1967.

Hermann, Armin. *The Genesis of Quantum Theory (1899–1913).* Cambridge, MA: MIT Press, 1971.

Kuhn, Thomas S. *Black-Body Theory and the Quantum Discontinuity, 1894–1912.* Chicago: University of Chicago Press, 1978.

Lindley, David. *Uncertainty: Einstein, Bohr, and the Struggle for the Soul of Science.* New York: Doubleday, 2007.

Mehra, Jagdish, and Helmut Rechenberg. *The Historical Development of Quantum Theory,* vols. 1–5. New York: Springer-Verlag, 1982–1987.

Pais, Abraham. *Inward Bound: Of Matter and Forces in the Physical World.* New York: Clarendon Press, 1986.

Van der Waerden, Bartel Leendert, ed. *Sources of Quantum Mechanics.* Amsterdam: North-Holland, 1967.

Wheaton, B. R. *The Tiger and the Shark: Empirical Roots of Wave-Particle Dualism.* Cambridge: Cambridge University Press, 1983.

其他科学家的传记材料

Abragam, A. "Louis De Broglie." *Biographical Memoirs of Fellows of the Royal Society,* vol. 34, 1988, pp. 22–41.

AHQP Interviews of Louis De Broglie, by T. S. Kuhn, A. George, and T. Kahan, on January 7 and 14, 1963. Archives for the History of Quantum Physics Collection, Niels Bohr Library and Archives, American Institute of Physics, College Park, MD, www .aip.org/history/ohilist/LINK.

AHQP Interview of Max Born, by T. S. Kuhn and F. Hund on October 17, 1962. Archives for the History of Quantum Physics Collection, Niels Bohr Library and Archives, American Institute of Physics, College Park, MD, www.aip.org/history /ohilist/LINK.

Barkan, Diana Kormos. *Walther Nernst and the Transition to Modern Physical Science*. Cambridge: Cambridge University Press, 1999.

Barut, Asim O., Alwyn van der Merwe, and Jean-Pierre Vigier, eds. *Quantum Space and Time—the Quest Continues: Studies and Essays in Honour of Louis De Broglie, Paul Dirac and Eugene Wigner*. Cambridge: Cambridge University Press, 1984.

Blanpied, W. "Satyendranath Bose: Co-founder of Quantum Statistics." *American Journal of Physics*, September 1972, pp. 1212–1220.

Coffey, Patrick. *Cathedrals of Science*. Oxford: Oxford University Press, 2008.

Crawford, Elisabeth. "Arrhenius, the Atomic Hypothesis, and the 1908 Nobel Prizes in Physics and Chemistry." *Isis*, vol. 75, 1984, pp. 503–22.

Cropper, William. *Great Physicists: The Life and Times of Leading Physicists from Galileo to Hawking*. Oxford: Oxford University Press, 2004.

Crowther, James Gerald. *Scientific Types*. New York: Dufour, 1970.

Duck, Ian, and E.C.G. Sudarshan, eds. *100 Years of Planck's Quantum*. Singapore: World Scientific Publishing, 2000.

Heilbron, J. L. *Dilemmas of an Upright Man: Max Planck as Spokesman for German Science*. Berkeley: University of California Press, 1986.

Heisenberg, Werner. *Encounters with Einstein: And Other Essays on People, Places, and Particles*. Princeton: Princeton University Press, 1989.

Heisenberg, Werner. *Physics and Philosophy: The Revolution in Modern Science*. World Perspectives, vol. 19. Edited by Ruth Nanda Anshen. New York: Harper & Brothers, 1958.

Klein, Martin J., ed. *Letters on Wave Mechanics*. New York: Philosophical Library, 1967.

Klein, Martin J. *Paul Ehrenfest: The Making of a Theoretical Physicist*, vol. 1. Amsterdam: North-Holland, 1970.

Kragh, Helge S., *Dirac: A Scientific Biography*. Cambridge: Cambridge University Press, 1990.

Lorentz, H. A. *Impressions of His Life and Work*. Edited by G. L. de Haas-Lorentz. Amsterdam: North-Holland , 1957.

Marage, Pierre, and Grégoire Wallenborn, eds. *The Solvay Councils and the Birth of Modern Physics*. Science Networks, vol. 22. Basel: Birkauser Verlag, 1999.

Maxwell, J. C. *The Scientific Papers of James Clerk Maxwell*, vol. 2. Edited by W. D. Niven. Dover, NY: Dover Publications, 1965.

Maxwell, James Clerk. "Molecules." *Nature*, September 1873, pp. 437–441, Victorian Web, http://www.victorianweb.org/science/maxwell/molecules.html, accessed July 20, 2008.

Mehra, Jagdish. "Satyendra Nath Bose." *Biographical Memoirs of Fellows of the Royal Society*, vol. 21, 1975, pp. 117–154.

Mendelssohn, K. *The World of Walther Nernst: The Rise and Fall of German Science, 1864–1941*. Pittsburgh: University of Pittsburgh Press, 1973.

Moore, Walter. *Schrödinger: Life and Thought*. Cambridge: University of Cambridge Press, 1989.

Nagel, Bengt. "The Discussion Concerning the Nobel Prize for Max Planck." In *Science, Technology and Society in the Time of Alfred Nobel: Nobel Symposium 52*. Edited by C. G. Bernhard, E. Crawford, and P. Sorbom. New York: Pergamon Press, 1982.

Pais, Abraham. *Subtle Is the Lord*. Oxford: Oxford University Press, 2005.

Planck, Max. *Scientific Biography and Other Papers, 1949*. Translated by Frank Gaynor. New York: Philosophical Library, 1949.

Schrödinger, Erwin. *What Is Life? The Physical Aspect of the Living Cell with Mind and Matter & Autobiographical Sketches*. Cambridge: Cambridge University Press, 1958.

Scott, William T. *Erwin Schrödinger: An Introduction to His Writings*. Amherst: University of Massachusetts Press, 1967.

Stachel, John. "Einstein and Bose." In *Einstein from B to Z*, vol. 9, pp. 519–538. Edited by John Stachel and Don Howard. Boston: Birkhauser, 2002.

Strutt, Robert John. *The Life of Lord Rayleigh*. Madison: University of Wisconsin Press, 1968.

Tolstoy, Ivan. *James Clerk Maxwell*. Edinburgh: Canongate, 1981.

Wali, K. "The Man behind Bose Statistics." *Physics Today*, October 2006, p. 46.

原创科研论文 (编年)

1. Max Planck, "On an Improvement of Wien's Equation for the Spectrum," *Proceedings of the German Physical Society*, vol. 2, p. 202 (1900); reprinted in translation in Haar, *The Old Quantum Theory*, 79–81.

2. Max Planck, "On the Theory of the Energy Distribution Law of the Normal Spectrum," *Proceedings of the German Physical Society*, vol. 2, p. 237 (1900); reprinted in translation in Haar, *The Old Quantum Theory*, 82–90.

3. Lord Rayleigh, "Remarks upon the Law of Complete Radiation," *Philosophical Magazine*, vol. 49, pp. 539–540 (1900); reprinted in *Scientific Papers by Lord Rayleigh*, vol. 6, doc. 260, pp. 483–485, Dover, New York (1964).

4. Lord Rayleigh, "The Law of Partition of Kinetic Energy," *Philosophical Magazine*, vol. 49, pp. 98–118 (1900); reprinted in *Scientific Papers by Lord Rayleigh*, vol. 6, doc. 253, pp. 433–451, Dover, New York (1964).

5. Albert Einstein, "On the General Molecular Theory of Heat," *Annalen der Physik*, vol. 14, pp. 354–362 (1904); reprinted in *CPAE*, vol. 2, doc. 5, pp. 68–77.

6. Albert Einstein, "On a Heuristic Point of View concerning the Production and Transformation of Light," *Annalen der Physik*, vol. 17, pp. 132–148 (1905); reprinted in *CPAE*, vol. 2, doc. 14, pp. 86–103.

7. Albert Einstein, "On the Electrodynamics of Moving Bodies," *Annalen der Physik*, vol. 17, pp. 891–921 (1905); reprinted in *CPAE*, vol. 2, doc. 23, pp. 140–171.

8. Albert Einstein, "On the Theory of Light Production and Light Absorption," *Annalen der Physik*, vol. 20, p. 199 (1906); reprinted in *CPAE*, vol. 2, doc. 34, pp.

192–199.

9. Albert Einstein, "Planck's Theory of Radiation and the Theory of Specific Heat," *Annalen der Physik*, vol. 22, pp. 180–190 (1907); reprinted in *CPAE*, vol. 2, doc. 38, pp. 214–224.

10. Albert Einstein, "On the Present Status of the Radiation Problem," *Physikalische Zeitschrift*, vol. 10, pp. 185–193 (1909); reprinted in *CPAE*, vol. 2, doc. 56, pp. 357–375.

11. Albert Einstein, "On the Development of Our Views concerning the Nature and Constitution of Radiation," *Physikalische Zeitschrift*, vol. 10, pp. 817–826 (1909), presented at the 81st Meeting of the German Scientists and Physicians, Salzburg, September 21, 1909; reprinted in *CPAE*, vol. 2, doc. 60, pp. 379–394.

12. "Discussion Following the Lecture: On the Development of Our Views concerning the Nature and Constitution of Radiation," *Physikalische Zeitschrift*, vol. 10, pp. 825–826 (1909), presented at the 81st Meeting of the German Scientists and Physicians, September 21, 1909; reprinted in *CPAE*, vol. 2, doc. 61, pp. 395–398.

13. Albert Einstein, "On the Present State of the Problem of Specific Heats," *Proceedings of the Solvay Conference*, October 30–November 3, 1911; reprinted in *CPAE*, vol. 2, doc. 26, pp. 419–420.

14. Niels Bohr, "On the Constitution of Atoms and Molecules," *Philosophical Magazine*, vol. 26, p. 1 (1913); reprinted in *The Old Quantum Theory*, by D. Ter Haar, pp. 132–159.

15. Albert Einstein, "Emission and Absorption of Radiation in Quantum Theory," *Proceedings of the German Physical Society*, vol. 18, pp. 318–323 (1916); reprinted in *CPAE*, vol. 6, doc. 34, pp. 212–216.

16. Albert Einstein, "On the Quantum Theory of Radiation," *Physikalische Gesellschaft Zurich, Mitteilungen*, vol. 18 (1916); reprinted in *CPAE*, vol. 6, doc. 38, pp. 220–233.

17. Albert Einstein, "On the Quantum Theorem of Sommerfeld and Epstein," *Proceedings of the German Physical Society*, vol. 19 (1917); reprinted in *CPAE*, vol. 6, doc. 45, pp. 434–443.

18. S. N. Bose, "Planck's Law and the Light Quantum Hypothesis," *Zeitschrift für Physik*, vol. 26, p. 178 (1924); reprinted in O. Theimer and B. Ram, "The Beginning of Quantum Statistics," *American. Journal of Physics*, vol. 44, pp. 1056–1057 (1976).

19. S. N. Bose, "Thermal Equilibrium in the Radiation Field in the Presence of Matter," *Zeitschrift für Physik*, vol. 27, p. 384 (1924); reprinted in O. Theimer and B. Ram, "Bose's Second Paper: A Conflict with Einstein," *American Journal of Physics*, vol. 45, pp. 242–246 (1976).

20. Albert Einstein, "Quantum Theory of the Monatomic Ideal Gas," *Proceedings of the Prussian Academy of Sciences*, vol. 22, p. 261 (1924); reprinted in translation in I. Duck and E.C.G. Sudarshan, eds., *Pauli and the Spin-Statistics Theorem*, World Scientific, Singapore (1997), 82–87.

21. Albert Einstein, "Quantum Theory of the Monatomic Ideal Gas, Part Two," *Proceedings of the Prussian Academy of Sciences*, vol. 1, p. 3 (1925); reprinted in translation in I. Duck and E.C.G. Sudarshan, eds., *Pauli and the Spin-Statistics Theorem*, World Scientific, Singapore (1997), 89–99.

22. Albert Einstein, "On the Quantum Theory of the Ideal Gas," *Proceedings of the Prussian Academy of Sciences*, vol. 3, p. 18 (1925); reprinted in translation in I. Duck and E.C.G. Sudarshan, eds., *Pauli and the Spin-Statistics Theorem*, World Scientific, Singapore (1997), 100–107.

23. Louis de Broglie, "Black Radiation and Light Quanta," *Journal de Physique et le Radium*, vol. 3, p. 422 (1922); reprinted in *Selected Papers on Wave Mechanics by Louis de Broglie and Leon Brillouin*, vols. 1–7, Blackie and Sons, London (1928).

24. Louis de Broglie, "A Tentative Theory of Light Quanta," excerpt from *Philosophical Magazine*, vol. 47, p. 446 (1924); reprinted in I. Duck and E.C.G. Sudarshan, eds., *100 Years of Planck's Quanta*, chapter 4, World Scientific, Singapore (2000), 128–141.

25. Louis de Broglie, "Studies on the Theory of Quanta," PhD thesis, originally published in *Annales de Physique*, vol. 3, p. 22 (1925).

26. Erwin Schrödinger collected nine of his seminal papers on the wave equation into a volume titled *Abhandlungen der Wellenmechanik* (Treatise on Wave Mechanics), which was originally published in 1927. These papers are available in English translation in E. Schrödinger, *Collected Papers on Wave Mechanics*, Chelsea Publishing, New York (1978). The nine papers are titled "Quantisation as a Problem of Proper Values, Parts I, II, III, IV," "The Continuous Transition from Micro- to Macro-Mechanics," "On the Relation between the Quantum Mechanics of Heisenberg, Born and Jordan, and That of Schrödinger," "The Compton Effect," "The Energy-Momentum Theorem for Material Waves," and "The Exchange of Energy According to Wave Mechanics." Note that the term "proper value" was the chosen translation for the German term *Eigenvalue*, which has become standard mathematical terminology in English as well.